"十二五"普通高等教育本科国家级规划教材
普通高等教育农业农村部"十三五"规划教材
全国高等农业院校优秀教材
北京高等教育精品教材

食品微生物学实验原理与技术 第三版

SHIPIN WEISHENGWUXUE SHIYAN YUANLI YU JISHU

李平兰　贺稚非◎主编

U0307379

中国农业出版社
北　京

内 容 提 要

　　本教材实验内容分成三个部分，即食品微生物学基础实验技术、食品微生物学安全实验技术、食品微生物学应用实验技术。第一部分着重介绍微生物学实验的基本操作和技能训练，涵盖了显微镜使用技术，微生物的形态结构观察，微生物的分离、纯化和培养，培养基的配制与灭菌技术，微生物生理生化反应，微生物生长、遗传育种与菌种保藏等基础实验内容；第二部分重点介绍了食品中有害微生物及真菌毒素、抗生素等的检测；第三部分着重介绍了食品中有益微生物的筛选及应用。共安排实验 78 个，每个实验相对独立，可供全国各大院校相关专业酌情选做。本版教材增加了一些现代分子微生物学、免疫学的实验方法与新技术，并通过二维码形式对相关理论知识进行拓展，对几种基本实验操作进行展示。

　　本教材取材广泛、涉及面广、内容新颖、结构合理、重点突出，主要是作为高等院校食品科学与工程专业、食品质量与安全专业、食品生物工程专业等食品类专业的主干课程"食品微生物学"的实验课教材，也可作为从事食品微生物工作的有关教师及科研人员的实验参考书。

第三版编审人员

主　编　李平兰（中国农业大学）

　　　　贺稚非（西南大学）

副主编　高文庚（运城学院）

参　编　（按姓氏笔画排序）

　　　　刘　军（中国农业大学）

　　　　刘　慧（北京农学院）

　　　　刘国荣（北京工商大学）

　　　　许喜林（华南理工大学）

　　　　芮　昕（南京农业大学）

　　　　杜小兵（西南大学）

　　　　李丽杰（内蒙古农业大学）

　　　　时向东（河南农业大学）

　　　　陈福杰（河北农业大学）

　　　　武　运（新疆农业大学）

　　　　尚　楠（中国农业大学）

　　　　郑海涛（中国农业大学）

　　　　赵　亮（中国农业大学）

　　　　梁志宏（中国农业大学）

主　审　江汉湖（南京农业大学）

　　　　张　簃（中国农业大学）

第三版前言

自 2005 年《食品微生物学实验原理与技术》出版以来，受到同行专家和使用院校的一致好评，先后被评为北京高等教育精品教材（2007 年）、全国高等农业院校优秀教材（2014 年），入选普通高等教育"十一五"国家级规划教材、"十二五"普通高等教育本科国家级规划教材、普通高等教育农业农村部"十三五"规划教材。近年来，随着微生物学实验原理和技术的快速发展，现代检测技术在食品生产和检测领域得到广泛应用，食品安全国家标准逐步修订完善，有必要对第二版教材的相关内容进行更新修订，以适应本学科发展的需求。

第三版编写仍遵循第二版的编写宗旨、基本要求及基本的内容架构，在第二版基础上进行了内容的更新、补充和修订，努力体现实验教材的科学性、系统性和可操作性。实验内容仍分成三个部分，即食品微生物学基础实验技术、食品微生物学安全实验技术、食品微生物学应用实验技术。第一部分着重介绍微生物学实验的基本操作和技能训练，涵盖了显微镜使用技术，微生物的形态结构观察，微生物的分离、纯化和培养，培养基的配制与灭菌技术，微生物生理生化反应，微生物生长、遗传育种与菌种保藏等基础实验内容；第二部分重点介绍了食品中有害微生物及真菌毒素、抗生素等的检测；第三部分着重介绍了食品中有益微生物的筛选及应用。教材共安排了 78 个实验，每个实验相对独立，可供全国各大院校相关专业酌情选做。为方便教学，并使编排形式紧凑、简练，书写格式一致，每个实验基本上按照目的要求、基本原理、实验材料、实验方法与步骤、实验结果、注意事项、思考题等部分进行编写。对实验中所列的常见培养基进行了相应的标注，并在附录中对应列出。

第三版教材在内容和编排形式上进行了调整，主要体现在如下几个方面：

1. 在编排形式上，为了方便读者学习，根据内容需要，通过二维码拓展相关知识内容，如血清学反应的概念与特点、琼脂免疫扩散实验中沉淀反应类型的介绍、生长曲线分析仪介绍等。读者通过扫描二维码，即可浏览与实验相关的理论知识。在基础实验部分通过二维码展示实验操作视频，如玻璃器皿的包扎、几种微生物分离操作等，方便教师教学和学生自学。操作视频的展示，使读者能够更直观地了解操作细节，规范学生基本操作，保证实验教学效果。

2. 调整了部分实验顺序，使内容布局更科学、更系统、更合理，适当删除了某些已经淘汰、过时或不太重要的实验内容，增加了一些现代分子微生物学、免疫学的实验方法与新技术，如感受态细胞的制备和转化等，力求做到既避免与理论教材脱节又能使学生主动思考，增强学生的创新能力。同时还增加了一些与食品安全相关的真菌毒素的检测和功能性微生物菌株的筛选等实验。对部分实验原理进行了修订，使其更具有针对性。附录中常用培养基按照实验中使用顺序进行排序，方便读者查阅。

3. 对第二部分相关内容进行了更新，力求与最新食品安全国家标准相统一。增加了食品样品的采集与处理相关内容，强调了样品前期处理对检测结果的重要性，使食品安全实验操作更为全面。实验内容更注重生物安全介绍，注明生物安全柜等必备设备，有利于提高操作人员的生物安全意识和管理水平。

本教材由李平兰、贺稚非任主编。实验1、2由时向东编写；实验3、4、7、18、19由刘慧编写；实验5、6、9、64由郑海涛编写；实验8、21、27、28、63由尚楠编写；10、11、13、14、15、17、20、22、50由贺稚非、杜小兵、陈福杰编写；实验12、23、41、42、56、57、67、68、70、72由李平兰编写；实验16、51、52、55由梁志宏编写；实验24、25、26由芮昕编写；实验29、30、31、60由刘军编写；实验32、33、34、69由赵亮编写；实验35、38、49、54、58、61、62由李丽杰编写；实验36、37由武运编写；实验39、40、73由许喜林编写；实验43、44、45、46、47、48、59、74、75、76、77由高文庚编写；实验53、65、66、71、78由刘国荣编写；附录部分由李丽杰修订与整理。全书由中国农业大学李平兰负责统编、定稿。南京农业大学江汉湖教授、中国农业大学张篪教授担任主审。

教材修订过程中，承蒙中国农业大学的大力支持。中国农业大学食品科学与营养工程学院食品微生物组部分研究生参与编排和校阅，做了大量具体的工作。另外，教材修订还获得中央高校教育教学改革经费中国农业大学教材建设项目（4561-00119101）的资助，得到山西省重点学科建设项目（FSK-SC）支持。教材编写中参考了国内外专家学者的科研成果、学术著作及一些教材的部分内容，在此一并表示诚挚的谢意。

由于水平有限，本书难免还有不当之处，敬请读者批评指正。

编　者

2020 年 12 月

第一版前言

微生物学是生命科学研究中最活跃的学科领域，而微生物学实验原理与技术是微生物学建立和发展的基础，曾为整个生命科学技术的发展做出过积极而重要的贡献，同时也是生物工程技术的核心和主体。随着分子生物学的诞生，各学科相互交叉渗透，极大地丰富了微生物学实验原理与技术的内容，并将其推向一个新的发展阶段。而微生物学实验也广泛地渗透到了现代生命科学的各个分支领域，不断发挥着它的独特作用。因此，微生物学实验是一门十分重要的基础实验。

全国农业院校的食品学科大多建立于20世纪80年代改革开放的初期，经过20年的发展，现已成为我国食品科学人才培养的最为重要的人才基地。在学科发展的起步阶段，食品微生物学课程一直沿用过去轻工院校编写的教材。然而，经过20年的发展，这些教材已远远不能适应今天的教学需要。当然，在此期间也陆续出版过几本优秀的食品微生物学教材，为全国农业院校食品微生物学课程的开设起到了积极有效的作用。但一直没有一本与其配套的食品微生物学实验原理与技术的教材。

为了适应21世纪科学技术更为迅猛发展的需要，迎接微生物学迅速向分子生物学水平和微生物产业化发展的机遇和挑战，为社会培养微生物领域的高素质科技人才，教育部在面向21世纪课程教材的基础上，评选出了一批优秀的教材作为国家"十五"重点规划教材来进一步完善和提高，《食品微生物学》就是其中的一本，而《食品微生物学实验原理与技术》作为《食品微生物学》的配套教材由全国十几所院校教学第一线的教师共同编写。

本教材针对食品微生物学是多学科组成的特点，分析总结了以往开课内容及效果，去除了重复的实验内容，适当删除了某些已经淘汰、过时或不太重要的实验内容；集中或改变某些原来分别在普通微生物学、微生物生理学、微生物遗传学、食品微生物学、发酵微生物学、卫生微生物学和发酵食品学中单独开设的小实验，编写成系统、连贯、实践性强、教学效果较好的系列实验；同时增加了一些近年来新出现的与食品加工、保鲜及安全关系较为密切的相关微生物的检测以及具有某种功能特性微生物菌株选育的内容。此外，还适当增加了一些现代分子微生物学的实验方法与新技术，力求做到既避免与理论教材脱节又能启发学生的主动思考能力和创新思维能力。我们希望通过微生物学实验让学生验证理论，巩固和加深理解所学过的专业知识，熟悉和掌握微生物基本实验操作技能，培养学生理论联系实际，独立分析问题和解决问题的能力，进一步启发和提高学生的创新意识和创新能力。

　　全书共分三部分。第一部分为基础微生物学实验技术，第二部分为食品微生物学实验技术，第三部分为与其相关的其他食品微生物学实验技术，书后还有附录和参考文献。以上内容共 66 个实验，每个实验相对独立，因而各个院校可根据具体情况酌情选做。

　　本书由李平兰、贺稚非任主编，参加编写的还有刘慧、田洪涛、许喜林、李理、时向东、张晓东、王成涛、尹源明、郭爱玲、杜小兵、陈晓蔚、江晓、梁志宏等。实验 1、2、22 由时向东编写；实验 3、4、9、10、11、12、14 由刘慧编写；实验 5、6、7、8、15、16、17、44、57 由贺稚非和杜小兵编写；实验 19、20、21 由张晓东编写；实验 25、26、27、66 由王成涛编写；实验 28、29、43 由江晓编写；实验 30、31 由陈晓蔚编写；实验 32、33、34 由尹源明编写；实验 35、36、37、38 由郭爱珍编写；实验 13、45、46、47 由梁志宏编写；实验 48、49、58 由许喜林编写；实验 50、51、54、55、56 由田洪涛编写；实验 59、60、61、62 由李理编写；实验 18、23、24、39、40、41、42、52、53、63、64、65 由李平兰编写。附录部分由李平兰、王成涛、梁志宏等编写与整理。李平兰负责全书的统编定稿。南京农业大学江汉湖教授担任主审，中国农业大学牛天贵教授担任副主审。

　　本书在编写过程中，得到了各编委所在单位和领导的支持。中国农业大学食品科学与营养工程学院食品微生物学科研究生吕燕妮、沈清武、江志杰、欧阳清波等在实验试做及编写过程中提供了帮助，研究生周伟、刘子宇、孙成虎、梁锋、傅鹏、靳志强、王玉文等对本书进行了编排和校阅，做了大量具体的工作。在本书出版之际谨向他（她）们表示诚挚的谢意！

编　者

2005 年 5 月

食品微生物学实验室守则

微生物学实验课的目的是训练学生掌握最基本的操作技能，了解微生物学的基本知识，加深对微生物学基本概念、基本理论及原理的理解。通过实验，培养学生观察、思考、分析问题和解决问题的能力，树立实事求是、严肃认真的科学态度和良好的合作精神，养成勤俭节约、爱护公物的优良品德。

为了上好食品微生物学实验课，并保证安全，实验时须注意如下事项：

1. 每次实验前须对实验内容进行充分预习，了解实验目的、原理和方法，做到心中有数。

2. 实验室内要保持安静和整洁，勿高声喧哗，尽量避免随便走动，以免染菌。

3. 实验操作应严格按操作规程进行，万一遇有带菌物品洒漏、皮肤破伤或菌液吸入口中等意外情况发生时，应立即报告指导教师，及时处理，切勿隐瞒。

4. 实验操作须认真谨慎、细心观察并及时做好实验记录，对于当时不能得到结果而需要连续观察的实验，则须在指定时间内观察，并记录每次观察的现象和结果，以便日后分析。

5. 使用仪器、设备时，要认真小心，如有损坏，须做好登记。对耗材和药品的使用要杜绝浪费，用完后放回原处。

6. 实验过程中，切勿使乙醚、丙酮、乙醇等易燃药品接近火源，如遇火险，应先关掉火源，再用湿布或沙土掩盖灭火，必要时用灭火器。

7. 每次实验需要培养的材料，应标明自己的组别及处理方法，放于指定地点进行培养。实验室的菌种和物品等，未经教师许可，不得擅自带出实验室。

8. 每次实验结果，应以实事求是的科学态度填入报告表格中，并进行计算或分析，力求简明准确，并连同思考题一起及时交给指导教师批阅。

9. 凡实验用过的菌种以及带有活菌的各种器皿，应先经高压灭菌后才能洗涤。制片上的活菌标本应先浸泡于3%来苏儿溶液或5%石炭酸溶液中，半小时以后再行洗刷。如系芽孢杆菌或有孢子的菌，则应适当延长浸泡时间。

10. 实验完毕，须把所用仪器擦拭干净后放回原处，并将实验室收拾整齐干净。离开实验室前，一定要用肥皂将手洗净，同时要关闭门窗以及水、电、煤气等开关。

目 录

第三版前言

第一版前言

食品微生物学实验室守则

第一部分　食品微生物学基础实验技术 ································· 1

实验1　普通光学显微镜的使用 ································· 1

实验2　电子显微镜样品的制备及使用 ····················· 3

实验3　细菌的简单染色和革兰氏染色 ····················· 6

实验4　细菌特殊结构的染色 ································· 10

实验5　放线菌的形态观察 ··································· 15

实验6　酵母菌形态的观察及死活细胞的鉴别 ·············· 18

实验7　霉菌的形态观察 ····································· 20

实验8　噬菌体的观察及效价测定 ··························· 24

实验9　微生物的培养特征 ··································· 26

实验10　微生物细胞大小的测量 ····························· 28

实验11　微生物细胞的直接计数法 ··························· 31

实验12　厌氧菌的亨盖特滚管法计数 ························· 33

实验13　培养基的制备及实验室常用灭菌方法 ··············· 35

实验14　微生物的分离、纯化与接种技术 ··················· 39

实验15　细菌等单细胞微生物生长曲线的测定 ··············· 42

实验16　环境微生物的检测 ································· 44

实验17　环境因素对微生物生命活动的影响 ················· 45

实验18　微生物鉴定用常规生化反应试验 ··················· 47

实验19　微生物鉴定用微量生化反应试验 ··················· 57

实验20　微生物的菌种保藏技术 ····························· 62

实验21　微生物菌种的复壮技术 ····························· 65

实验22　微生物的紫外诱变育种 ····························· 67

实验23　酵母菌原生质体融合技术 ··························· 69

实验 24　细菌凝集实验 ·· 71

实验 25　琼脂免疫扩散实验 ·· 73

实验 26　荧光抗体技术 ·· 74

实验 27　酶联免疫吸附实验（ELISA） ·· 77

实验 28　细菌 DNA 的 G＋C 摩尔百分含量测定 ·· 79

实验 29　基于 16S rRNA 基因序列分析的细菌鉴定 ···································· 81

实验 30　基于 18S rRNA 基因序列分析的真菌鉴定 ···································· 83

实验 31　毕赤酵母感受态细胞的制备和转化 ·· 86

实验 32　细菌感受态细胞的制备和转化 ·· 87

实验 33　乳酸菌质粒提取 ··· 92

实验 34　基于 RAPD 技术鉴定双歧杆菌 ··· 94

第二部分　食品微生物学安全实验技术 ··· 97

实验 35　样品的采集 ··· 97

实验 36　食品中菌落总数的测定 ··· 99

实验 37　食品中大肠菌群的测定 ··· 102

实验 38　食品中粪大肠菌群的测定 ·· 106

实验 39　食品中金黄色葡萄球菌的检测 ·· 108

实验 40　食品中溶血性链球菌的检测 ··· 114

实验 41　食品中沙门氏菌属的检验 ·· 116

实验 42　食品中志贺氏菌属的检验 ·· 120

实验 43　食品中大肠杆菌 O157∶H7 的检验 ·· 124

实验 44　食品中蜡样芽孢杆菌的检验 ··· 128

实验 45　食品中副溶血性弧菌的检验 ··· 133

实验 46　食品中空肠弯曲杆菌的检验 ··· 136

实验 47　食品中肉毒梭状芽孢杆菌及肉毒毒素的检验 ··································· 140

实验 48　食品中单核细胞增生李斯特氏菌的检验 ··· 144

实验 49　奶粉中克罗诺杆菌属（阪崎肠杆菌）的检验 ··································· 147

实验 50　食品中霉菌的计数及生物量的测定 ·· 150

实验 51　食品中黄曲霉毒素的检测 ·· 153

实验 52　苹果汁中展青霉素的检测 ·· 154

实验 53　红曲米中橘青霉素的测定 ·· 156

实验 54　鲜乳中抗生素残留检验 ··· 157

实验 55　细菌回复突变试验——Ames 法 ·· 161

实验 56　冷却肉中假单胞菌的检测、计数 ··· 163

实验 57　真空包装肉及肉制品中热杀索丝菌的检测 ······································ 165

实验 58　罐头食品中平酸菌的检验 ·· 166

实验 59　生乳存放过程中微生物菌相变化测定 ··· 167

实验 60　食品加工过程中微生物的快速检测（基于 ATP 法检测） ·················· 169

第三部分　食品微生物学应用实验技术 ··· 172

实验 61　食品中乳酸菌的检验 ··· 172

实验 62　发酵乳制品中双歧杆菌的检验 ·· 175

实验 63　酸乳中乳酸菌活力的测定　…………………………………………………　178

实验 64　泡菜中乳酸杆菌的分离与初步鉴定　…………………………………………　180

实验 65　发酵香肠中葡萄球菌的分离及其产香能力评价　……………………………　181

实验 66　产纳豆激酶芽孢杆菌的分离筛选　……………………………………………　183

实验 67　细菌素产生菌的抑菌试验及效价测定　………………………………………　184

实验 68　产胞外多糖（EPS）乳酸菌菌株的分离、筛选　………………………………　187

实验 69　产凝乳酶乳酸菌株的筛选　……………………………………………………　189

实验 70　耐胃肠道环境乳酸菌菌株的分离与筛选　……………………………………　191

实验 71　产胆盐水解酶乳酸菌的分离与筛选　…………………………………………　193

实验 72　粘附性双歧杆菌菌株的筛选　…………………………………………………　194

实验 73　啤酒酵母的固定化及啤酒发酵实验　…………………………………………　196

实验 74　糖化曲的制备及其酶活力的测定　……………………………………………　198

实验 75　酱油种曲孢子数及发芽率的测定　……………………………………………　200

实验 76　酒药中根霉的分离与甜酒酿的制作　…………………………………………　202

实验 77　毛霉的分离和豆腐乳的制作　…………………………………………………　204

实验 78　高产红曲色素红曲霉菌株的诱变选育　………………………………………　206

附录　…………………………………………………………………………………………　208

　　附录Ⅰ　微生物常用玻璃器皿清洁法　………………………………………………　208

　　附录Ⅱ　常用检索表　…………………………………………………………………　209

　　附录Ⅲ　常用培养基配方　……………………………………………………………　211

　　附录Ⅳ　常用染色液的配制　…………………………………………………………　229

　　附录Ⅴ　常用缓冲液的配制　…………………………………………………………　230

　　附录Ⅵ　常用试剂和指示剂的配制　…………………………………………………　230

　　附录Ⅶ　常用消毒剂和杀菌剂的配制　………………………………………………　232

参考文献　……………………………………………………………………………………　234

第一部分
食品微生物学基础实验技术

实验 1　普通光学显微镜的使用

1　目的要求

（1）复习光学显微镜的结构、各部分的功能和使用方法。

（2）学习并掌握油镜的原理及使用方法。

2　基本原理

现代普通光学显微镜利用目镜和物镜两组透镜系统来放大成像，故也常称为复式显微镜。它们由机械装置和光学系统两大部分组成（图 1-1）。在显微镜的光学系统中，物镜的性能最为关键，它直接影响着显微镜的分辨率。而在普通光学显微镜通常配置的几种物镜中，油镜的放大倍数最大，对微生物学研究最为重要。与其他物镜相比，油镜的使用比较特殊，需要在载玻片与油镜之间滴加香柏油，其主要目的是增加照明亮度和提高显微镜的分辨率。

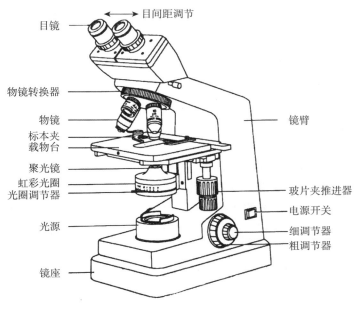

图 1-1　显微镜的结构

2.1　增加照明亮度　油镜的放大倍数可达 $100\times$，放大倍数这样大的镜头焦距很短，孔径很小，但所需要的光照强度却最大。从承载标本的玻片透过来的光线，因介质密度不同（从玻片进入空气，再进入镜头），有些光线会因折射或全反射，不能进入镜头，致使在使用油镜时会因射入的光线较少，物像显现不清。所以为了不使通过的光线有损失，在使用油镜时必须在油镜与载玻片之间加入与玻璃的折射率（$n=1.55$）相仿的香柏油（$n=1.52$）。

2.2　提高显微镜的分辨率　显微镜的分辨率或分辨力是指显微镜能辨别两点之间的最小距离的能力。从物理学角度看，光学显微镜的分辨率受光的干涉现象及所用物镜性能的限制，可表示为：

$$分辨率=\frac{\lambda}{2NA}$$

式中　λ——光波波长；

　　　　NA——物镜的数值孔径。

光学显微镜的光源不可能超出可见光的波长范围（$0.4\sim0.7\mu m$），而数值孔径则取决于物镜的镜口角和玻片与镜头间介质的折射率，可表示为：$NA=n\cdot\sin\alpha$。式中 α 为光线最大入射角的半数，它取决于物镜的直径和焦距。一般来说，在实际应用中最大只能达到 $120°$，而 n 为介质折射率。由于香柏油的折射率（1.52）比空气及水的折射率（1.0 和 1.33）要高，因此，作为镜头与载片之间介质的香柏油所能达到的数值孔径（NA 一般在 $1.2\sim1.4$）要高于低倍镜、高倍镜等（NA 都低于1.0）。若以可见光的平均波长 $0.55\mu m$ 来计算，数值孔径通常在 0.65 左右的高倍镜只能分辨出距离不小于 $0.4\mu m$ 的物体，而油镜的分辨率却可达到 $0.2\mu m$ 左右。

3　实验材料

3.1　菌种　金黄色葡萄球菌（*Staphylococcus aureus*）、乳脂链球菌（*Streptococcus cremoris*）、枯草芽孢杆菌（*Bacillus subtilis*）、大肠杆菌（*Escherichia coli*）、纹膜醋酸杆菌（*Acetobacter aceti*）、啤酒酵母（*Saccharomyces cerevisiae*）、脆壁酵母（*Saccharomyces fragilis*）、鲁氏毛霉（*Mucor rouxii*）、黑曲霉（*Aspergillus niger*）。

3.2　试剂　香柏油、二甲苯（或乙醚∶乙醇＝7∶3 的混合液）。

3.3　仪器及其他用品　显微镜、擦镜纸、双层瓶、绸布等。

4　实验方法与步骤

4.1　观察前的准备

（1）显微镜的安置：置显微镜于平整的实验台上，镜座距实验台边缘 $3\sim4cm$。镜检时姿势要端正。

（2）光源调节：安装在镜座内的光源灯可通过调节电压以获得适当的照明亮度，而使用反光镜采集自然光或灯光作为照明光源时，应根据光源的强度及所用物镜的放大倍数选用凹面或平面反光镜，并调节其角度，使视野内的光线均匀，亮度适宜。

（3）双筒显微镜的目镜调节：双筒显微镜的目镜间距可以适当调节，而左目镜上一般还配有屈光度调节环，可以适应瞳距不同或两眼视力有差异的不同观察者。

（4）聚光器数值孔径的调节：调节聚光器虹彩光圈值与物镜的数值孔径相符或略低。有些显微镜的聚光器只标有最大数值孔径，而没有具体的光圈数刻度。使用这种显微镜时可在样品聚焦后取下一目镜，从镜筒中一边看着视野，一边缩放光圈，调整光圈的边缘与物镜边缘黑圈相切或略小于其边缘。因为各物镜的数值孔径不同，所以每转换一次物镜都应进行这种调节。

4.2　显微观察　在目镜保持不变的情况下，使用不同放大倍数的物镜所能达到的分辨率及放大率都是不同的。一般情况下，特别是初学者进行显微镜观察时，应遵守从低倍镜到高倍镜再到油镜的观察程序，因为低倍数物镜视野相对较大，容易发现目标及确定检查的位置。

（1）低倍镜观察：将金黄色葡萄球菌等染色标本玻片置于载物台上，用标本夹夹住，移动推进器使观察对象处在物镜的正下方。下降 10× 物镜，使其接近标本，用粗调节器慢慢升起镜筒，使标本在视野中初步聚焦，再使用细调节器调节使物像清晰。通过玻片夹推进器慢慢移动玻片，认真观察标本各部位，找到合适的目的物，仔细观察并记录所观察到的结果。

（2）高倍镜观察：在低倍镜下找到合适的观察目标并将其移到视野中心后，轻轻转动物镜转换器将高倍镜移至工作位置。对聚光器光圈及视野亮度进行适当调整后微调细调节器使物像清晰，利用推进器移动标本，仔细观察并记录所观察到的结果。

（3）油镜观察：在高倍镜或低倍镜下找到要观察的样品区域后，用粗调节器将镜筒升高，然后将油镜转到工作位置。在待观察的样品区域滴加香柏油，从侧面注视，用粗调节器将镜筒小心地降下，使油镜浸在香柏油中并与标本相连。将聚光器升至最高位置并开足光圈，若使用聚光器的数值孔径超过了 1.0，还应在聚光镜与载玻片之间也滴加香柏油，保证其达到最大的效能。调节照明使视野的亮度合适，用粗调节器将镜筒徐徐上升，直至视野中出现物像并用细调节器使其清晰聚焦为止。

4.3　显微镜用毕后的处理

（1）上升镜筒，取下载玻片。

（2）用擦镜纸拭去镜头上的香柏油，然后用擦镜纸蘸少许二甲苯（或乙醚∶乙醇＝7∶3 的混合液）擦去镜头上残留的油迹，最后再用干净的擦镜纸擦去残留的二甲苯。

（3）用擦镜纸清洁其他物镜及目镜，用绸布清洁显微镜的金属部件。

（4）将各部分还原，反光镜垂直于镜座，将物镜转成"八"字形，再向下旋。同时把聚光镜降下，以免物镜与聚光镜发生碰撞危险。

5　实验结果

绘制出在低倍镜、高倍镜和油镜下观察到的各细菌、酵母菌和霉菌的形态图，并注明物镜放大倍数和总的放大倍数。

6　注意事项

（1）调焦时，应先用粗调节器使镜台下降（或镜筒上升），等看到物像后再用细调节器使物像清晰。

（2）切忌在调焦时误将粗调节器向反方向转动，这样很容易损坏镜头和载玻片。

（3）保持镜头干净，不要用手和其他纸擦拭镜头，以免使镜头沾上污渍或产生划痕而影响观察。

7　思考题

（1）用油镜观察时应注意哪些问题？在载玻片和镜头之间滴加什么油？起何作用？

（2）影响显微镜分辨率的因素有哪些？

（3）油镜用毕后，为什么必须擦拭镜油？用过多的二甲苯擦镜头有什么危害？

实验2　电子显微镜样品的制备及使用

1　目的要求

（1）熟悉制备微生物电镜样品的基本方法。

（2）了解电子显微镜结构的基本原理，在透射电镜和扫描电镜下观察大肠杆菌的形态。

2　基本原理

电子显微镜（简称电镜）是观察微生物极其重要的仪器。由于受光学显微镜分辨力的限制（受

检物直径须在 $0.2\mu m$ 以上），若要观察比细菌更小的微生物（如病毒），或观察微生物细胞的超微结构时就必须使用电子显微镜。电子显微镜是以电子波代替光学显微镜使用的光波，电子场的功能类似光学显微镜的透镜，整个操作系统在真空条件下进行。由于用来放大标本的电子束波长极短，当通过电场的电压为 $100kV$ 时，波长仅为 $0.04nm$，大约为可见光波长的 $1/10\ 000$，所以电子显微镜分辨力较光学显微镜大得多，因而有非常大的放大率。所以，通过它可观察到更微细的物质和结构。在生命科学研究中，电子显微镜已成为观察和描述细胞、组织、细菌和病毒等超微结构必不可少的工具。

根据电子束作用于样品的方式的不同及成像原理的差异，现代电子显微镜已发展形成了许多类型，目前最常用的是透射电子显微镜（transmission electron microscope）和扫描电子显微镜（scanning electron microscope）两大类。前者总放大倍数可在 $1\ 000\sim1\ 000\ 000$ 倍变化，后者总放大倍数可在 $20\sim3\ 000\ 000$ 倍变化。

3 实验材料

3.1 菌种 大肠杆菌（*E.coli*）。

3.2 试剂 醋酸戊酯、浓硫酸、无水乙醇、2％磷钨酸钠（pH6.5～8.0）水溶液、1％～2％戊二醛磷酸缓冲液（pH7.2 左右）、无菌水。

3.3 仪器及其他用品 电子显微镜、普通光学显微镜、真空镀膜机、临界点干燥仪、细菌计数板、烧杯、培养皿、载玻片、瓷漏斗、铜网、大头针、滤纸、无菌滴管、无菌镊子、乳胶管、止水夹等。

4 实验方法与步骤

4.1 透射电镜样品的制备及观察

（1）金属网的处理：在透射电镜中，由于电子不能穿透玻璃，所以只能采用网状材料即载网作为载体。载网有不同的规格，通常采用 15～200 目的铜网。铜网在使用前要先进行处理，以除去其上的污物，否则会影响支持膜的质量及标本照片的清晰度。通常是先用醋酸戊酯浸泡 2h，然后用蒸馏水冲洗数次，再将铜网浸泡在无水乙醇中进行脱水。若上述方法处理后铜网仍不干净，可用稀释的浓硫酸浸泡 1～2min。

（2）支持膜的制备：在进行样品观察时，在载网上还应覆盖一层无结构的、均匀的薄膜，否则细小的样品会从载网的孔中漏出去，这层薄膜通常称为支持膜或载膜。支持膜可用塑料膜，也可用碳膜或金属膜。常规工作条件下塑料膜就可以达到要求，所以大多数情况下采用塑料膜中的火棉膜。

（3）转移支持膜到载网上：有多种方法，常用的有如下两种。

①将洗净的网放入瓷漏斗中，漏斗下面套上乳胶管，用止水夹控制水流，缓缓向漏斗内加入无菌水，其量约高 1cm；用无菌镊子尖轻轻排除铜网上的气泡，并将其均匀地摆在漏斗中心区域；按（2）所述方法在水面上制备支持膜，然后松开水夹，使膜缓缓下沉，紧紧贴在铜网上；将一清洁的滤纸覆盖在漏斗上防尘，自然干燥或红外线灯下烤干。干燥后的膜，用大头针尖在铜网周围划一下，用无菌镊子小心将铜网膜移到载玻片上，置光学显微镜下用低倍镜挑选完整无缺、厚薄均匀的铜网膜备用。

②按（2）所述方法在平皿或烧杯里制备支持膜，成膜后将几片铜网放在膜上，再在上面放一张滤纸，浸透后用镊子将滤纸反转提出水面。将有膜及铜网的一面朝上放在干净平皿中，置 40℃烘箱使其干燥。

（4）制片：透射电镜样品的制备方法比较多，有超薄切片法、冰冻蚀刻法、复型法及滴液法等。其中滴液法和在此基础上发展起来的直接帖印法和喷雾法等主要是用于观察病毒颗粒、细菌形态及生物大分子物质的。由于生物样品主要由碳、氢、氧、氮等元素组成，散射电子的能力很低，在电镜下反差较小，所以在进行电镜的生物样品制备时通常还需采用重金属盐染色或金属喷镀等方法来增加样品的反差，从而提高观察效果。由于负染色法操作简单，目前在透射电镜生物样品制片时比较常用。本实验采用的是滴液法结合负染色技术来观察大肠杆菌的形态。

首先将无菌水加入生长良好的细菌斜面，轻轻用吸管拔动制成菌悬液。用无菌滤纸过滤，并调整滤液中的细胞浓度为 10^8 个/mL。而后取菌悬液与等量的 2% 磷钨酸钠（pH6.5～8.0）水溶液混合，用无菌毛细管吸取混合悬液滴在铜网上，经 3～5min 后，用滤纸吸去多余水分，待样品干燥后，置低倍光学显微镜下检查，挑选膜完整、菌体分布均匀的铜网。

（5）观察：将载有样品的铜网置于透射电镜中进行观察。

4.2　扫描电镜样品的制备及观察　使用扫描电镜观察时要求样品必须干燥，并且表面能够导电。因此，在进行扫描电镜样品制备时一般都需采用固定、脱水、干燥及表面镀金等处理步骤。

（1）固定及脱水：微生物的精细结构极易遭受破坏，因此在进行制样处理和进行电镜观察前必须进行固定，以使其能够最大限度地保持生活时的形态。采用乙醇等水溶性、低表面张力的有机溶液对样品进行梯度脱水，是为了减少对样品进行干燥处理时由表面张力引起的自然形态发生变化。

将处理好的、干净的盖玻片，切割成 4～6mm² 的小块，将待检的较浓的大肠杆菌悬浮液滴加其上，或将菌苔直接涂上，也可用载玻片小块粘贴菌落表面，自然干燥后置光学显微镜镜检，以菌体较密，但又不堆在一起为宜；标记盖玻片小块有样品的一面；将上述样品置于 1%～2% 戊二醛磷酸缓冲液（pH7.2 左右）中，于 4℃冰箱中固定过夜。次日以同一缓冲液冲洗，用 40%、70%、90% 和 100% 的乙醇分别依次脱水，每次 15min。脱水后，用醋酸戊酯置换乙醇。

另一种与之类似的样品制备方法是采用离心洗涤的手段将菌体依次固定及脱水，最后涂布到载玻片上。其优点是在固定及脱水过程中可完全避免菌体与空气接触，从而可最大程度地减少因自然干燥而引起的菌体变形；可保证最后制成的样品中有足够的菌体浓度，因为涂在玻片上的菌体在固定及干燥过程中有时会从玻片上脱落；此外，还可确保玻片上有样品的一面不会弄错。

（2）干燥：将上述制备好的样品置于临界点干燥器中，浸泡于液态二氧化碳中，加热到临界点温度（31.4℃，7.28×10⁶Pa）以上，使之汽化进行干燥。

样品经脱水后，有机溶剂排挤了水分，侵占了原来水的位置。值得注意的是，水虽然脱掉了，但样品还是浸润在溶剂中，因此，还必须在表面张力尽可能小的情况下将这些溶剂排出去，从而使样品真正得到干燥。目前采用最多且效果最好的方法是临界点干燥法。其原理是在一装有溶剂的密闭容器中，随着温度的升高，蒸发速率加快，气相密度增加，液相密度下降。当温度增加到某一定值时，气、液二相密度相等，界面消失，表面张力也就不存在了，此时的温度及压力即称为临界点。将微生物样品用临界点较低的物质置换出内部的脱水剂进行干燥，可以完全消除表面张力对样品结构的破坏。目前使用最多的置换剂是二氧化碳。由于二氧化碳与乙醇的互溶性不好，因此，样品经乙醇分级脱水后还需用与这两种物质都互溶的"媒介液"醋酸戊酯置换乙醇。

（3）喷镀及观察：将样品放在真空镀膜机内，把金喷镀到样品表面后，取出样品在扫描电镜中进行观察。

5　实验结果

描述在电子显微镜下所观察到的制备的大肠杆菌电镜样品的形态特点。

6　思考题

（1）电镜观察的样品为何必须绝对干燥？

（2）利用透射电镜来观察的样品为什么要放在以金属网作为支架的火棉膜（或其他膜）上？为什么使用扫描电镜时则可以将样品固定在盖玻片上？

实验 3　细菌的简单染色和革兰氏染色

一、细菌的简单染色法

1　目的要求

（1）学习微生物涂片、染色、无菌操作的基本技术。
（2）掌握细菌的简单染色法，初步认识细菌的形态特征。
（3）学习油镜的使用方法。

2　基本原理

细菌形体微小，无色而透明，折射率低，在普通光学显微镜下不易识别，因此必须借助染色方法，将其折射率增大而与背景形成明显的色差，再经显微镜的放大作用，即能更清晰地观察到其形态和结构。

简单染色法是利用单一染料对细菌进行染色的一种方法。此法操作简便，适用于菌体一般形状和细菌排列的观察。简单染色常用碱性染料，如美蓝（亚甲基蓝）、结晶紫、碱性复红等。这是因为在中性、碱性或弱酸性溶液中，细菌细胞通常带负电荷，而碱性染料在电离时，其分子的染色部分带正电荷，故碱性染料的染色部分很容易与细菌结合，使细菌着色。当细菌分解糖类产酸使培养基 pH 下降时，细菌所带正电荷增加，此时可用伊红、酸性复红或刚果红等酸性染料染色。经染色后的细菌细胞与背景形成鲜明的对比，在显微镜下更易于识别。

染色前必须先固定细菌，其目的有二：一是杀死菌体细胞，使细胞质凝固，以固定细胞形态，并使菌体牢固附着于载玻片上，以免水洗时被冲掉；二是使菌体蛋白变性，改变对染色剂的通透性，增加其对染料的亲和力，使其更易着色。常用的方法有加热和化学固定两种。

3　实验材料

3.1　菌种　枯草芽孢杆菌 12～18h 营养琼脂斜面培养物、藤黄微球菌（*Micrococcus luteus*）和大肠杆菌约 24h 营养琼脂斜面培养物。

3.2　试剂　吕氏碱性美蓝（亚甲基蓝）染色液、草酸铵结晶紫染色液、齐氏石炭酸复红染色液、95％乙醇、生理盐水、冰醋酸。

3.3　仪器及其他用品　显微镜、酒精灯、载玻片、接种环、双层瓶（分别内装香柏油和二甲苯，因二甲苯有毒且容易损坏镜头，可用乙醚∶乙醇＝7∶3 的混合液替代二甲苯）、具塞广口瓶、试管、玻片搁架、擦镜纸、吸水滤纸、纱布、火柴、玻片夹或镊子、剪刀、记号笔等。

4　实验方法与步骤

实验步骤一般为：涂片→干燥→固定→染色→水洗→干燥→镜检。

4.1　玻片准备　取保存于 95％乙醇中的洁净而无油渍的载玻片，用洁净纱布擦去乙醇。如载玻片有油渍可滴 2～3 滴 95％乙醇或 1～2 滴冰醋酸，用纱布揩擦，然后在酒精灯火焰上烤几次，再用纱布反复擦拭干净。待冷却后，用记号笔于载玻片右侧注明菌名或菌号。如有多个样品同时制备涂片时，只要染色方法相同，亦可在同一块载玻片上有秩序地排好，用记号笔在载玻片上划分成若干小方格，每方格涂抹一种菌种，如此一块载玻片可同时完成多种菌的染色步骤。

4.2　涂片　所用材料不同，涂片方法各异。

（1）固体材料：固体材料为斜面菌苔、平板菌落等培养物。先将一小滴生理盐水（或用灭菌接种环挑取 1～2 环）滴于玻片中央，而后用接种环以无菌操作（图 3-1），分别从枯草芽孢杆菌、藤黄微球菌和大肠杆菌斜面上挑取少许菌苔于水滴中，混匀并涂成薄膜。

涂片时注意要无菌操作：①试管或锥形瓶在开塞后及回塞前，其口部应在火焰上烧灼灭菌，除去可能附着于管口或瓶口的微生物。开塞后的管口或瓶口应靠近酒精灯火焰，并尽量平置，以防直立时空气中尘埃落入，造成污染。②接种环在每次使用前后均应在火焰上彻底烧灼灭菌，挑取菌苔或菌落之前，必须待接种环冷却后进行。

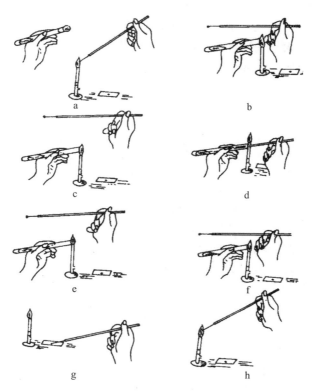

图 3-1　涂片无菌操作过程

a. 灼烧接种环　b. 拔去棉塞　c. 烘烤试管口　d. 挑取少量菌体

e. 再烘烤试管口　f. 将棉塞塞好　g. 涂片　h. 烧去残留菌体

（2）液体材料：对液体培养物、菌悬液等材料，可直接用灭菌接种环取 2～3 环菌液于载玻片中央（图 3-2），均匀涂抹成适当大小的薄膜。

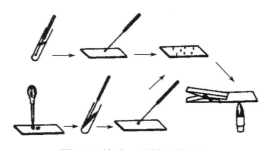

图 3-2　涂片、干燥和热固定

（3）组织材料：对肉类及其制品等材料，应先以镊子夹持局部，然后以灭菌剪刀剪一小块，用新鲜切面于载片上压印或涂成薄膜。

4.3 干燥　室温自然干燥。有时为加速干燥，也可将涂面朝上在酒精灯上方稍微加热，使其干燥，但切勿紧靠火焰。

4.4 固定　所用材料不同，固定方法各异。

（1）加热固定：对于斜面菌苔、平板菌落、液体培养物等涂片以火焰加热固定。将干燥好的涂片涂面朝上，以钟摆速度通过火焰 3～4 次，略微加热固定。

（2）化学固定：对于血液、组织脏器等涂片以甲醇固定。将已干燥的涂片浸入甲醇中，2～3min 后取出，甲醇自然挥发。

4.5 染色　将玻片平放于玻片搁架上，滴加染液于涂片上（染液刚好覆盖涂片薄膜为宜）。草酸铵结晶紫（或石炭酸复红）染色 1～2min；吕氏碱性美蓝染色 2～3min。

4.6 水洗　用自来水或洗瓶水冲洗，直至涂片上流下的水无色为止。

4.7 干燥　自然干燥，也可用吸水滤纸吸干。

4.8 镜检　涂片干燥后镜检。

5 实验结果

根据观察结果，按比例大小绘制枯草芽孢杆菌、藤黄微球菌或大肠杆菌的形态图。

6 注意事项

（1）涂片时，载玻片要洁净无油迹，否则菌液涂不开；滴生理盐水和取菌苔（或菌落）不宜过多；涂片要涂抹均匀，不宜过厚，以淡淡的乳白色为宜，涂布面积直径约 1cm。

（2）加热固定时，温度不能过高，以玻片背面不烫手背为宜，否则会改变甚至破坏细胞形态。

（3）水洗时，不要直接冲洗涂抹面，而应使水从载玻片的一端流下。水流不宜过急、过大，以免涂片薄膜被水冲掉。

（4）干燥时，滤纸勿擦去菌体，且必须完全干燥后才能用油镜观察。

7 思考题

为什么要求制片完全干燥后才能用油镜观察？

二、革兰氏染色法

1 目的要求

（1）了解革兰氏染色法的原理及其在细菌分类鉴定中的重要性。

（2）学习并掌握革兰氏染色技术，巩固光学显微镜油镜的使用技术。

2 基本原理

革兰氏染色法是细菌学中最重要的鉴别染色法。由于细菌细胞壁的结构和化学组成的不同，经革兰氏染色可将所有细菌区分为革兰氏阳性菌（用 G^+ 表示）和革兰氏阴性菌（用 G^- 表示）两大类。当细菌用结晶紫初染后都被染成蓝紫色。碘作为媒染剂，与结晶紫结合成结晶紫-碘的复合物，以增强染料与细菌的结合力。革兰氏染色关键在于乙醇作为脱色剂的脱色作用。当用乙醇处理时，两类细菌的脱色效果不同。由于 G^+ 菌的细胞壁肽聚糖层较厚，且含量高，交联度高，不含有类脂或类脂含量较低，脱色处理时，因乙醇的脱水作用引起细胞壁肽聚糖层网状结构中的孔径缩小，通透性降低，结晶紫-碘的复合物被保留在细胞内，细胞不被脱掉紫色，复染后仍保留初染的紫色。G^- 菌则不同，由于其细胞壁肽聚糖层较薄，且含量较低，交联度较低，类脂含量较高，乙醇的脱脂作用溶解了外膜层中的类脂而使其变得疏松，薄而松散的肽聚糖层通透性增大，结晶紫-碘的复合物不被保留在细胞内，因此细胞被褪成无色，再用沙黄复染菌体呈红色。

3　实验材料

3.1　菌种　大肠杆菌约 24h 营养琼脂斜面培养物、枯草芽孢杆菌（或蜡样芽孢杆菌）18～20h 营养琼脂斜面培养物、藤黄微球菌约 24h 营养琼脂斜面培养物。

3.2　试剂　草酸铵结晶紫染色液、鲁格尔氏碘液、95% 乙醇、0.5% 沙黄（番红）染色液。

3.3　仪器及其他用品　同简单染色法。

4　实验流程

涂片→干燥→固定→草酸铵结晶紫初染（1min）→水洗→碘液媒染（1min）→水洗→95% 乙醇脱色（30～60s）→水洗→沙黄复染（1min）→水洗→滤纸吸干→镜检。

5　实验方法与步骤

5.1　制片　取菌种培养物，按简单染色法中的常规涂片、干燥、固定进行制片。注意要用对数生长期的幼龄培养物做革兰氏染色。

5.2　初染　在涂片菌膜处滴加适量草酸铵结晶紫（以刚好将菌膜覆盖为宜），染色 1～2min，倾去染色液，细水冲洗至洗出液为无色。

5.3　媒染　滴加碘液于涂片上，作用 1min，水洗。

5.4　脱色　用滤纸吸去玻片上的残水，在白色背景下用滴管流加 95% 乙醇脱色。一般 15～30s（如牛乳培养物则为 60s）后当流出液无紫色时，立即水洗，终止脱色。

5.5　复染　用沙黄染色液复染 1～2min，水洗。

5.6　镜检　用滤纸吸干或自然干燥，油镜检查。G⁺ 菌呈蓝紫色，G⁻ 菌呈红色。

6　实验结果

根据观察结果，按比例大小绘出革兰氏染色制片中细菌的形态图，并说明各菌的形状、颜色和革兰氏染色反应。

典型的大肠杆菌（图 3-3a）、枯草芽孢杆菌（图 3-3b）、藤黄微球菌（图 3-3c）的形态及排列方式见图 3-3。

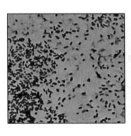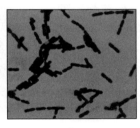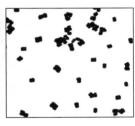

a　　　　　　　　　　b　　　　　　　　　　c

图 3-3　各种细菌在光学显微镜下的形态（×1 000）

a. 大肠杆菌　b. 枯草芽孢杆菌　c. 藤黄微球菌

7　注意事项

（1）涂片不宜过厚，勿使细菌密集重叠，影响脱色效果，否则脱色不完全造成假阳性。镜检时应以视野内分散细胞的染色反应为标准。

（2）火焰固定不宜过热，以玻片背面不烫手为宜，否则菌体细胞变形。

（3）滴加染色液与乙醇时一定要覆盖整个菌膜，否则部分菌膜未受处理，亦可造成假象。

（4）乙醇脱色是革兰氏染色操作的关键环节。如脱色过度，则 G$^+$ 菌被染成红色，误认为 G$^-$ 菌；而脱色不足，G$^-$ 菌会被误认为 G$^+$ 菌。在革兰氏染色方法正确无误的前提下，如培养时间（菌龄）过长，死亡或细胞壁受损伤的 G$^+$ 菌也会呈阴性反应，故革兰氏染色要用对数生长期的幼龄培养物。

（5）染色过程的时间控制，应根据季节、温度调整，一般冬季时间可稍长些，夏季稍短些。

（6）对待检未知菌进行革兰氏染色时，最好在同一载玻片上同时用已知的大肠杆菌和枯草芽孢杆菌（或藤黄微球菌）作为阴性菌和阳性菌的对照。

8　思考题

（1）详述革兰氏染色的原理及操作方法，染色时应注意哪些问题？

（2）哪些环节会影响革兰氏染色结果的正确性？其中最关键的环节是什么？

（3）不经过复染这一步，能否区别 G$^+$ 菌和 G$^-$ 菌？

（4）当对未知菌进行革兰氏染色时，怎样保证操作正确，结果可靠？

实验 4　细菌特殊结构的染色

一、细菌的芽孢染色法

1　目的要求

（1）学习并掌握芽孢染色法及其原理。

（2）观察芽孢杆菌的形态特征，了解芽孢在细菌形态学鉴定上的重要性。

2　基本原理

芽孢是某些细菌生长到一定阶段在菌体内形成的休眠体，通常呈圆形或椭圆形。细菌能否形成芽孢以及芽孢的形状、在芽孢囊（带有芽孢的菌体）内的着生位置、芽孢囊是否膨大等特征是鉴定细菌的重要依据之一。

由于芽孢壁厚、透性低，与营养细胞相比不易着色与脱色，当用石炭酸复红、结晶紫等进行单染色时，菌体的芽孢囊着色，而芽孢囊内的芽孢不着色或仅显很淡的颜色，游离出来的芽孢呈淡红或淡蓝紫色的圆形或椭圆形的圈。为了使芽孢着色便于观察，可用芽孢染色法。芽孢染色法基本原理：先采用着色力强的染色剂孔雀绿或石炭酸复红，在加热条件下染色，使菌体和芽孢均着色，再用水冲洗，则菌体可脱色，而芽孢一旦着色后就难以被水洗脱。当用另一种与初染液对比度大的复染剂沙黄或美蓝染色后，芽孢仍保留初染剂的颜色，而菌体被染成复染剂的颜色，使芽孢和菌体更易于区分。

芽孢染色法有改良的 Schaeffer-Fulton 氏染色法和常规法。改良法在节约染料、简化操作及提高标本质量等方面都较常规法优越，可优先选用。

3　实验材料

3.1　菌种　枯草芽孢杆菌（*Bacillus subtilis*）或蜡样芽孢杆菌（*B. cereus*）约 20h 营养琼脂斜面培养物或凝结芽孢杆菌（*B. coagulans*）约 20h 平板计数琼脂（PCA）斜面培养物。

3.2　染色剂　5%孔雀绿水溶液、0.5%沙黄（番红）染色液、生理盐水。

3.3　仪器及其他用品　可调式电炉、小试管、滴管、烧杯、试管架、木夹子，其他用具同实验3。

4　实验方法与步骤

4.1　常规的 Schaeffer-Fulton 氏染色法

（1）制片：按常规涂片、干燥、固定。

（2）染色：加孔雀绿染液 3～5 滴于涂片上，用木夹夹住载玻片一端，在酒精灯上微火加热至染料冒蒸汽并开始计时，维持 5min。

（3）水洗：待玻片冷却后，用缓流自来水冲洗，直至流出的水无色为止（如水洗脱色不净，可用 95％乙醇脱去芽孢囊及营养体的绿色）。

（4）复染：用沙黄染色液复染 1～2min。

（5）水洗：用缓流水洗后，滤纸吸干。

（6）镜检：油镜观察，芽孢呈绿色，芽孢囊及营养体呈红色。

4.2　改良的 Schaeffer-Fulton 氏染色法

（1）制备菌悬液：加 1～2 滴生理盐水于小试管中，用接种环从斜面上挑取 2～3 环菌苔于试管中，搅拌均匀，制成浓稠的菌悬液。

（2）染色：加孔雀绿染液 2～3 滴于小试管中，并使其与菌液混合均匀，然后将试管置于沸水浴的烧杯中，加热染色 15～20min。

（3）涂片、干燥与固定：用接种环挑取试管底部菌液数环，于洁净载玻片上涂成薄膜，晾干，然后将涂片通过火焰 3 次温热固定。

（4）脱色：水洗，直至流出的水无绿色为止。

（5）复染：用沙黄染色液染色 2～3min，倾去染液并用滤纸吸干残液（不用水洗）。

（6）镜检：油镜观察，芽孢呈绿色，芽孢囊及营养体呈红色。

5　实验结果

根据观察结果，按比例大小绘图表示两种芽孢杆菌的形态特征，并标明芽孢、芽孢囊和营养体。

典型的枯草芽孢杆菌（图 4-1a）、蜡样芽孢杆菌（图 4-1b）的芽孢形状、着生位置及芽孢囊的形状特征见图 4-1。

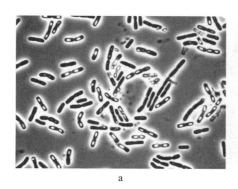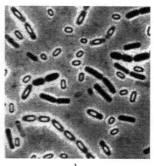

a　　　　　　　　　　　　　　　　b

图 4-1　细菌芽孢在光学显微镜下的形态（×1 000）

a. 枯草芽孢杆菌　b. 蜡样芽孢杆菌

6　注意事项

（1）加热过程中要及时补充染液，切勿沸腾或蒸干，防止加热过度。加热煮沸会导致菌体或芽孢囊破裂，加热不够则芽孢难以着色。染液被蒸干时不能立即补加染液，否则载玻片炸裂。

（2）制备菌悬液时，所用菌种应掌握菌龄，以大部分细菌已形成芽孢囊为宜，且取菌不宜太少。

7　思考题

（1）简述芽孢染色法的原理。用简单染色法能否观察到细菌的芽孢？

（2）若涂片中观察到的只是大量游离芽孢，少见芽孢囊及营养细胞，其原因是什么？

（3）芽孢染色为什么要加热或延长染色时间？

二、细菌的荚膜染色法

1　目的要求

学习并掌握荚膜染色法及其原理。

2　基本原理

荚膜是包围在细菌细胞壁外的一层黏液性胶状物质，其成分为多糖、多肽或糖蛋白。由于荚膜与染料的亲和力低、不易着色，而且溶于水，易被水洗除去，故一般采用衬托染色法（又称负染色法、背景染色法），使菌体和背景着色，而荚膜不着色，在菌体周围形成一透明圈。也可采用 Anthony 氏法，首先用结晶紫初染，使细胞和荚膜都着色，随后用硫酸铜水溶液洗，由于荚膜对染料亲和力差而被脱色，硫酸铜还可以吸附在荚膜上使其呈现淡蓝色，从而与深紫色菌体区分。

由于荚膜含水量高，不宜用热固定，加热会使其失水变形，同时会使菌体失水收缩，与细胞周围染料（或墨水）脱离而产生透明的明亮区，导致某些不产荚膜的细菌被误认为有荚膜。实验采用甲醇进行化学固定，以免荚膜变形。

实验介绍 3 种荚膜染色法，其中湿墨水法较简便，并适用于各种有荚膜的细菌。

3　实验材料

3.1　菌种　褐色球形固氮菌（*Azotobacter chroococcus*）或胶质芽孢杆菌（*B. mucilaginosus*）约 2d 无氮培养基琼脂斜面培养物。

3.2　试剂　墨汁染色液（或黑色素水溶液）、1％甲基紫水溶液、1％结晶紫水溶液、6％葡萄糖水溶液、20％硫酸铜水溶液、甲醇。

3.3　仪器及其他用品　载玻片、盖玻片、吸水滤纸、显微镜等。

4　实验方法与步骤

4.1　湿墨水法

（1）制菌液：加 1 滴墨汁染色液于洁净的载玻片上，然后挑取少量菌体与其混合均匀。

（2）加盖玻片：将一洁净盖玻片盖于混合液上，然后在盖玻片上放一张滤纸，向下轻压以吸去多余的混合液。

（3）镜检：用低倍镜和高倍镜观察，若用相差显微镜观察，效果更好。背景灰色，菌体较暗，在菌体周围呈现明亮的透明圈即为荚膜。

4.2　干墨水法

（1）制菌液：加 1 滴 6％葡萄糖水溶液于洁净载玻片的一端，挑取少量菌体与其混合，再加 1 环墨汁染色液，充分混匀。

（2）涂片：另取一端边缘光滑的载玻片作推片，将推片的一边与菌液接触，然后稍向后拉，轻轻左右移动，使菌液沿玻片接触处散开，而后以 30°角迅速将菌液推向玻片另一端，使菌液铺成薄层（图 4-2）。

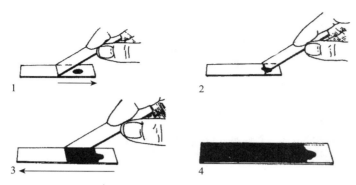

图 4-2 荚膜干墨水染色的涂片方法

（3）干燥、固定：空气中自然干燥后，用甲醇浸没涂片固定 1min，倾去甲醇。

（4）干燥、染色：在酒精灯上方火焰较高处用文火干燥，勿使玻片发热。而后用甲基紫水溶液染色 1～2min。

（5）水洗：用自来水轻轻冲洗，自然干燥。

（6）镜检：用低倍镜和高倍镜观察。背景灰色，菌体紫色，菌体周围的清晰透明圈为荚膜。

4.3 Anthony 氏法

（1）制片：按常规涂片（多挑些菌体与水混合），自然干燥，甲醇固定（勿加热干燥固定）。

（2）染色：用 1％的结晶紫水溶液染色 2min。

（3）脱色：以 20％的硫酸铜水溶液洗去结晶紫（不可用水冲洗），脱色要适度（冲洗 2 遍）。用吸水滤纸吸干残液，并立即加 1～2 滴香柏油于涂片处，以防止硫酸铜形成结晶。

（4）镜检：用油镜观察。背景蓝紫色，菌体呈深紫色，荚膜呈淡紫色。

5 实验结果

按比例大小绘图并描述所观察到的细菌菌体和荚膜的形态特征。

典型的肺炎链球菌（图 4-3a）、不动杆菌（图 4-3b）的荚膜如图 4-3 所示。

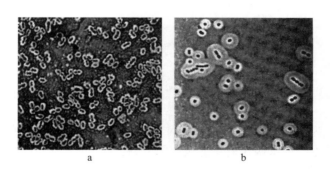

图 4-3 细菌荚膜在相差显微镜下的形态
a. 肺炎链球菌　b. 不动杆菌

6 注意事项

（1）湿墨水法加盖玻片时勿留有气泡，否则影响观察效果。

（2）干墨水法所用载玻片必须洁净无油迹，否则，涂片时菌液不能均匀散开。

7 思考题

简述荚膜染色法的原理。通过荚膜染色法染色后，为什么被包在荚膜里面的菌体着色而荚膜不着色？

三、细菌的鞭毛染色法

1　目的要求

（1）掌握鞭毛染色法及其原理。

（2）观察细菌鞭毛的形态特征，了解细菌的鞭毛在细菌形态学鉴定上的重要性。

2　基本原理

鞭毛是细菌的运动"器官"，细菌是否具有鞭毛，以及鞭毛着生的位置和数目是鉴定细菌的重要依据之一。细菌的鞭毛很纤细，其直径通常为 $0.01\sim0.02\mu m$，于普通光学显微镜下难以见到，而只能用电子显微镜观察。如用光学显微镜观察细菌的鞭毛，必须用鞭毛染色法。鞭毛染色法基本原理：在染色前先采用不稳定的胶体溶液作为媒染剂处理，使之沉积于鞭毛上，加粗鞭毛的直径，然后再进行染色。常用的媒染剂由单宁酸和氯化铁或钾明矾等配制而成。鞭毛染色方法很多，本实验介绍硝酸银染色法和改良的 Leifson 氏染色法。硝酸银染色法较易掌握，但染色剂保存期较短。

良好的培养物是鞭毛染色成功的基本条件，不宜用已形成芽孢或衰亡期培养物作为鞭毛染色的菌种材料，因为老龄细菌鞭毛容易脱落。

3　实验材料

3.1　菌种

（1）枯草芽孢杆菌或普通变形杆菌营养琼脂斜面培养物（斜面较湿润，下部要有少量的冷凝水，28～32℃连续移种 2～3 次，每次培养 12～18h），取斜面和冷凝水交接处培养物作为染色观察材料。

（2）枯草芽孢杆菌或普通变形杆菌营养琼脂平板培养物（将新鲜斜面菌种以点植接种于含 0.8%～1.0%的营养琼脂平板中央，28～32℃培养 18～30h，使菌种扩散生长），取菌落边缘的菌苔作染色观察材料。

3.2　试剂　硝酸银鞭毛染色液（A 液、B 液）、Leifson 氏鞭毛染色液、95%乙醇、无菌生理盐水、蒸馏水、洗涤灵。

3.3　仪器及其他用品　可调式电炉、试管，其他用具同实验 3。

4　实验方法与步骤

4.1　硝酸银染色法

（1）载玻片的清洗：为了使菌液流过载玻片时能迅速展开，保持细菌的自然形态，应选用洁净、光滑无划痕、无油迹的载玻片（水滴在玻片上能均匀散开）。清洗方法：将载玻片置于洗涤灵水溶液中煮沸 10min，自来水冲洗，再用蒸馏水洗净，沥干水后置 95%乙醇中脱水脱油备用。使用时在火焰上烧去乙醇。

（2）菌液的制备：取斜面或平板菌种培养物数环，于盛有 1～2mL 无菌生理盐水的试管中，制成轻度浑浊的菌悬液用于制片。注意不能剧烈振荡。也可用培养物直接制片，但效果往往不如先制备菌液。

（3）制片：取一滴菌液于载玻片的一端，将玻片倾斜，使菌液缓缓流向另一端，用吸水滤纸吸去玻片下端多余菌液，而后放平，自然干燥。干后应尽快染色，不宜放置时间过长。

（4）染色：滴加硝酸银染色 A 液，染色 3～5min，用蒸馏水充分洗去 A 液。用 B 液冲去残水后，再滴加 B 液覆盖涂片，用微火加热至出现水蒸气，当涂面出现明显褐色时，立即用蒸馏水冲洗，自然干燥。

（5）镜检：用油镜观察。菌体呈深褐色，鞭毛呈褐色，通常呈波浪形。

4.2　改良的 Leifson 氏染色法

（1）载玻片的清洗、菌液的制备：同硝酸银染色法。

（2）制片：用记号笔在载玻片反面将玻片分成 3～4 个等分区，在每一小区的一端放一小滴菌液。将玻片倾斜，让菌液流到小区的另一端，用滤纸吸去多余的菌液。自然干燥。

（3）染色：加 Leifson 氏染色液覆盖第一区的涂面，隔数分钟后，加染液于第二区涂面，如此继续染第三区、第四区。间隔时间自行议定，其目的是为了确定最佳染色时间。在染色过程中仔细观察，当整个玻片都出现铁锈色沉淀、染料表面现出金属光泽膜时，即直接用水轻轻冲洗（不要先倾去染料再冲洗，否则背景不清）。染色时间大约 10min，自然干燥。

（4）镜检：按顺序用油镜观察，常有部分涂片区的菌体染出鞭毛，菌体和鞭毛均呈红色。

5　实验结果

按比例大小绘图表示枯草芽孢杆菌的菌体形态及其鞭毛着生位置。

典型的普通变形杆菌（图 4-4a）、霍乱弧菌（图 4-4b）的鞭毛着生位置和数目见图 4-4。

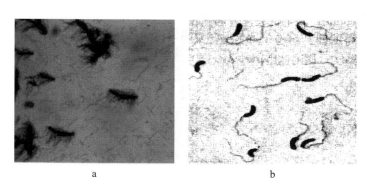

a　　　　　　　　　b

图 4-4　细菌鞭毛在光学显微镜下的形态（×1 000）
a. 普通变形杆菌　b. 霍乱弧菌

6　注意事项

（1）在斜面或平板上挑取菌体时尽可能不带出培养基。

（2）采用硝酸银染色法，配制合格的染色剂（尤其是 B 液），待充分洗去 A 液后再加 B 液，以及掌握好 B 液的染色时间，均是鞭毛染色成败的重要环节。

7　思考题

用鞭毛染色法准确鉴定一株细菌是否具有鞭毛，要注意哪些环节？

实验 5　放线菌的形态观察

1　目的要求

（1）了解放线菌的基本形态特征。
（2）学习并掌握培养和观察放线菌的基本方法。

2　基本原理

放线菌是一类由分枝状菌丝组成的、以孢子繁殖的 G^+ 菌。其菌丝可分为基内菌丝（营养菌丝）、气生菌丝和孢子丝三种。在显微镜下直接观察时，气生菌丝在上层，色暗；基内菌丝在下层，颜色较透明。放线菌生长到一定阶段，大部分气生菌丝分化成孢子丝，通过横割分裂方式产生成串的分生孢子。孢子丝依种类的不同形态多样，有直形、波曲、钩状、螺旋状，着生方式有互生、轮生或丛生等。在油镜下观察，孢子也有球形、椭圆形、杆形、瓜子形、梭形和半月形等。放线菌的形态特征是其分类鉴定的重要依据。

为了观察放线菌的形态特征，人们设计了各种培养和观察方法，这些方法的主要目的是为了尽可能保持放线菌自然生长状态下的形态特征。常用的有插片法、水浸片法、玻璃纸法、搭片法和印片（压片）染色法，现多采用玻璃纸法观察。玻璃纸具有半透膜特性，其透光性与载玻片基本相同。利用玻璃纸在琼脂平板表面上的透析特性，能使接种于玻璃纸上的放线菌生长并形成菌苔，然后将长菌的玻璃纸贴在载玻片上直接镜检。这种方法既能保持放线菌的自然生长状态，也便于观察不同生长期的形态特征。

3 实验材料

3.1 菌种 细黄链霉菌（*Streptomyces microflavus*）（又称 5406 菌）、灰色链霉菌（*Str. griseus*）、天蓝色链霉菌（*Str. coelicolor*）的高氏Ⅰ号琼脂斜面培养物。

3.2 培养基及试剂 灭菌的高氏Ⅰ号琼脂培养基（培养基 1）、0.1%美蓝染色液、石炭酸复红染色液。

3.3 仪器及其他用品 显微镜、超净工作台、恒温培养箱、灭菌的平皿、载玻片、盖玻片、玻璃纸、1mL 无菌吸管、接种环、玻璃涂棒、镊子、剪刀、小刀（或刀片）等。

4 实验方法与步骤

4.1 插片法

（1）倒平板与接种：高氏Ⅰ号琼脂培养基熔化并冷却至约 50℃，倒约 20mL 于无菌平皿内，待凝固后接种。可用两种方法接菌：①先接种后插片，即用接种环挑取少量斜面培养物（孢子）在琼脂平板的一半面积划线接种（接种量可适当加大）；②先插片后接种，即用平板培养基的另一半面积进行。

（2）插片与培养：用无菌镊子将无菌盖玻片以 45°角插入琼脂内（插在接种线上），插入深度约占盖玻片 1/2 或 1/3 长度（图 5-1a）。同时，在另一半未经接种的部位以同样方式插入数块盖玻片，然后将少量放线菌的孢子接种于盖玻片与琼脂相接的沿线。将插片平板倒置于 28℃温箱，培养 3～5d。

图 5-1 放线菌的插片与搭片培养示意图
a. 插片法 b. 搭片法

（3）镜检：用镊子小心抽出盖玻片，轻轻擦去背面培养物，将长有菌的一面向上置于载玻片上，先用低倍镜找到适当视野，再换高倍镜观察。观察时，宜用略暗光线，找出三类菌丝及其分生孢子，并绘图。注意放线菌的基内菌丝、气生菌丝的粗细和色泽。如果用 0.1%美蓝对培养后的盖玻片进行染色后观察，效果会更好。

4.2 水浸片法 取一滴 0.1%美蓝染色液置于载玻片中央，将用插片法培养的盖玻片取出，并将有菌一面向下以 45°角浸于载玻片的染色液中（避免有气泡），用高倍镜观察其单个分生孢子及其基内菌丝，并绘图。

4.3 玻璃纸法

（1）倒平板：同插片法。

（2）铺玻璃纸：以无菌操作用镊子将已灭菌（用报纸隔层叠好后，于 155～160℃ 干热灭菌 2h；或用滤纸与玻璃纸交互重叠地放在培养皿中进行湿热灭菌）的玻璃纸片（似盖玻片大小）铺于琼脂平板表面，用无菌玻璃涂棒将玻璃纸压平，使其紧贴于琼脂表面，玻璃纸和琼脂之间不留气泡。每个平板可铺 5～10 块玻璃纸。也可用略小于平皿的大张玻璃纸代替小纸片，但观察时需要再剪成小块。

（3）接种与培养：用接种环挑取菌种斜面培养物（孢子）在玻璃纸上划线接种。若用大张玻璃纸代替小纸片，则取 0.1～0.2mL 的孢子悬液涂布接种于铺有玻璃纸的琼脂表面。将接种平板倒置于 28℃ 温箱，培养 3～5d。

（4）镜检：在洁净载玻片上加一小滴水，用无菌镊子小心取下玻璃纸片，菌面向上置于载玻片的水滴上，使玻璃纸平贴在载玻片上（中间勿留气泡），先用低倍镜观察，找到适当视野后，再换高倍镜观察。

4.4　搭片法

（1）倒平板：同插片法。

（2）开槽与接种：在已凝固的琼脂平板上用灭菌小刀切开两条小槽，宽度小于 1.5cm。将放线菌斜面培养物接种于小槽边上。

（3）搭片与培养：在接种后的小槽上放置 1 或 2 个无菌盖玻片（图 5-1b）。平板倒置于 28℃ 恒温培养 3～7d。

（4）镜检：取出培养皿，可以打开皿盖，将培养皿直接置于显微镜下观察；也可以取下盖玻片，将其放在洁净载玻片上，放在显微镜下观察。

4.5　印片（压片）染色法

（1）接种培养：用高氏Ⅰ号琼脂平板常规划线接种或点接种，28℃培养 4～7d。也可用插片法和玻璃纸法所使用的琼脂平板培养物作为制片材料。

（2）印片（压片）：用灭菌的小刀（或刀片）挑取带菌苔的培养基一小块，菌面朝上放在载玻片上。另取一载玻片置火焰上微热后，盖在菌苔上，轻轻按压，使培养物（气生菌丝、孢子丝或孢子）粘附（"印"）在后一块载玻片的中央，有印迹的一面朝上，通过火焰 2～3 次加热固定。

（3）染色：用石炭酸复红覆盖印迹，染色约 1min 后水洗，晾干（不能用吸水滤纸吸干）。

（4）镜检：先用低倍镜，后用高倍镜，最后用油镜观察孢子丝、孢子的形态及孢子排列情况。

5　实验结果

按比例大小，绘图说明所观察到的放线菌的孢子丝和孢子形态，并比较不同放线菌的主要形态特征的异同。

典型诺卡氏菌（*Nocardia* spp.）（图 5-2a）、衣氏放线菌（*Actinomyces israelii*）（图 5-2b）的菌丝体形态以及放线菌孢子丝的形态见图 5-2 和图 5-3。

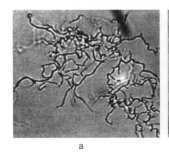 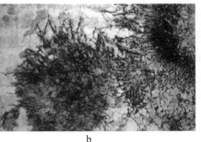

a　　　　　　　　　　　　　b

图 5-2　放线菌在光学显微镜下的菌丝体
a. 诺卡氏菌幼龄菌丝体　b. 衣氏放线菌的菌丝体（呈菊花型）

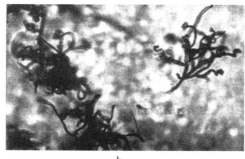

图 5-3　放线菌在光学显微镜下的孢子丝
a. 单轮生　b. 螺旋状

6　注意事项

印片时勿用力过大，以免压碎琼脂，也不要错动，以免改变放线菌的自然形态。

7　思考题

（1）在高倍镜或油镜下如何区分放线菌的基内菌丝和气生菌丝？

（2）比较实验中采用的几种培养和观察方法的优缺点。

（3）玻璃纸培养和观察法是否还可用于其他类群微生物的培养和观察？为什么？

实验 6　酵母菌形态的观察及死活细胞的鉴别

1　目的要求

（1）学习并掌握培养和观察酵母菌的基本方法。

（2）了解酵母菌产生子囊孢子的条件及其形态，学习区分酵母菌死活细胞的实验方法。

2　基本原理

酵母菌是以出芽繁殖为主要特征的、不运动的单细胞真核微生物。其个体大小比常见细菌大几倍甚至十几倍。酵母菌的形态通常有球状、卵圆状、椭圆状、柱状或香肠状等多种。酵母菌的无性繁殖主要是芽殖，其次是裂殖与产生掷孢子和厚垣孢子；有性繁殖是通过接合产生子囊孢子。酵母菌的母细胞在一系列的芽殖后，如果长大的子细胞与母细胞并不分离，就会形成藕节状的假菌丝。

本实验用生理盐水（或革兰氏染色用碘液）制作水浸片来观察酵母菌的形态和出芽繁殖方式，并用美蓝水浸片鉴别酵母细胞的死活。美蓝是一种无毒的弱氧化剂染料，其氧化型呈蓝色，还原型无色。用美蓝对酵母活细胞进行染色时，由于细胞的新陈代谢作用，细胞内具有较强的还原能力，能使美蓝由蓝色的氧化型变为无色的还原型。因此，具有还原能力的酵母活细胞为无色，而死细胞或代谢作用微弱的衰老细胞则呈蓝色或淡蓝色。实验时应注意美蓝的浓度不宜过高（一般以 0.05％ 为宜），染色时间不宜过长，否则对细胞活性有影响。

在酵母菌中能否形成子囊孢子及孢子的形态是酵母菌分类鉴定的重要依据之一。在生产上往往以子囊孢子生成的快慢鉴别野生酵母与生产酵母，一般野生酵母生成子囊孢子的速度较快。双倍体酵母细胞经多次芽殖或裂殖后，在适宜条件下能形成子囊孢子。酵母菌形成子囊孢子需要一定的条件，对不同种属的酵母菌要选择适合形成子囊孢子的培养基。将啤酒酵母从营养丰富的培养基上移植到产孢子培养基——麦氏培养基（醋酸钠培养基）上，于适温下培养，即可诱导子囊孢子的形成。

3　实验材料

3.1　菌种　啤酒酵母、假丝酵母（*Candida* spp.）28℃培养 24～48h 的麦芽汁（或 PDA 培养基）斜面试管培养物。

3.2　培养基及试剂　麦芽汁琼脂斜面试管（培养基 2）、马铃薯葡萄糖琼脂（PDA）平板（培养基 3）、醋酸钠琼脂斜面试管或平板（麦氏培养基，培养基 4）、生理盐水、革兰氏染色用碘液、0.05％和 0.1％美蓝染色液（以 pH6.0 的 0.02mol/L 磷酸缓冲液配制）、5％孔雀绿染色液、95％乙醇、0.5％沙黄染色液、0.04％或 0.1％中性红染色液（水溶）。

3.3　仪器及其他用品　恒温培养箱、显微镜、接种环、酒精灯、载玻片、盖玻片、镊子等。

4　实验方法与步骤

4.1　啤酒酵母的形态观察

（1）生理盐水浸片法：在载玻片中央加 1 滴无菌生理盐水（不宜用无菌水制作水浸片，否则细胞易破裂），然后按无菌操作以接种环取少量啤酒酵母菌苔与生理盐水混匀，使其分散成云雾状薄层，另取一清洁盖玻片，将一边与菌液接触，以 45°角缓慢覆盖菌液（避免留有气泡而影响观察）。先用低倍镜观察，再用高倍镜观察酵母菌的形态、大小及出芽情况。

（2）水-碘液浸片法：在载玻片中央加 1 小滴革兰氏染色用碘液，然后在其上加 3 小滴水，取少许酵母菌苔放在水-碘液中混匀，盖上盖玻片后镜检。

4.2　假丝酵母的形态观察　用划线法将假丝酵母接种在 PDA 琼脂或玉米粉琼脂培养基平板上，在划线部位加无菌盖玻片，于 25～28℃培养 3d，用无菌镊子取下盖玻片放于洁净载玻片上。先用低倍镜观察，再用高倍镜观察呈树枝状分枝的假菌丝形态，或打开平皿盖，在显微镜下直接观察。假丝酵母刚形成的假菌丝和出芽繁殖形成的芽体不易区别，前者由细胞伸长成圆筒形，后者从其末端部或出芽连接部出芽，当生成丝状时则较易区别。

4.3　酵母菌死活细胞的鉴别　在载玻片中央加 1 滴 0.1％美蓝染色液，然后按无菌操作以接种环挑取少量啤酒酵母菌苔与染色液混匀，染色 2～3min。另取一清洁盖玻片，将一边与菌液接触，以 45°角缓慢覆盖菌液。将制片先用低倍镜观察，再用高倍镜观察酵母菌的形态和出芽情况，区分其母细胞与芽体，区分死细胞（蓝色）、活细胞（不着色）和老龄细胞（淡蓝色）。染色约 30min 后再次进行观察。用 0.05％美蓝染色液重复上述操作。在一个视野里计数死细胞和活细胞，共计数 5～6 个视野。酵母菌死亡率一般用百分数来表示，以下式来计算：

$$死亡率 = \frac{死细胞总数}{死活细胞总数} \times 100\%$$

4.4　酵母菌子囊孢子的观察

（1）菌种活化与子囊孢子的培养：将啤酒酵母移种至新鲜麦芽汁琼脂斜面上，25～28℃培养 24h，如此连续移种 2～3 次，每次培养 24h。将经活化的菌种划线转接到醋酸钠琼脂斜面或平板上，25～28℃培养约 1 周。

（2）染色与观察：挑取少许产孢子菌苔于载玻片的水滴中，经涂片、干燥、热固定后，加数滴孔雀绿，染色 1min 后水洗，加 95％乙醇脱色 30s 后水洗，最后用 0.5％沙黄复染 30s 后水洗，用吸水滤纸吸干。油镜观察子囊孢子呈绿色，菌体和子囊呈粉红色。注意观察子囊孢子的数目、形状和子囊的形成率。

亦可不经染色直接制作水浸片，用高倍镜观察。水浸片中的酵母菌的子囊为圆形大细胞，内有 2～4 个圆形的小细胞即为子囊孢子。

（3）计算子囊形成的百分率：计数时随机取 3 个视野，分别统计产子囊孢子的子囊数和不产孢子的细胞，然后按下列公式计算：

$$子囊形成率 = \frac{3 \text{个视野中形成子囊孢子数}}{3 \text{个视野中形成子囊与不产孢子细胞总数}} \times 100\%$$

4.5　酵母菌液泡的活体观察　于洁净载玻片中央加一滴中性红染色液，取少量啤酒酵母斜面菌苔与染色液混匀，染色 5min，加盖玻片，在高倍镜下观察。

中性红是液泡的活体染色剂，在细胞处于生活状态时染色，液泡被染成红色，细胞质及核不着色。若细胞死亡，液泡染色消失，细胞质及核呈现弥散性红色。

5　实验结果

（1）按比例大小，绘图说明所观察到的酵母菌的形态特征。

（2）绘出啤酒酵母的子囊和子囊孢子的形态图。

（3）记录并计数酵母菌的死亡率及子囊形成率（原始记录与计算结果）。

典型啤酒酵母在 PDA 培养基上 25℃培养 3D 的细胞形态（图 6-1a）、白假丝酵母菌（*Candida albicans*）在玉米粉琼脂培养基上 25℃培养 3D 的藕节状假菌丝和厚壁（垣）孢子形态（图 6-1b），以及酵母菌的死活细胞的鉴别情况（图 6-1c）见图 6-1。

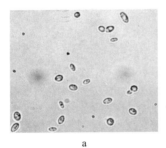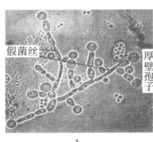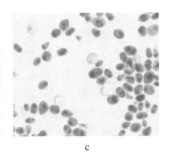

图 6-1　酵母菌在光学显微镜下的形态

a. 3D 细胞形态　b. 假菌丝和厚壁孢子形态　c. 死活细胞的鉴别情况

6　注意事项

用于活化酵母菌的麦芽汁培养基要新鲜、表面湿润；在产孢子培养基上加大移种量，可提高子囊形成率。

7　思考题

（1）在显微镜下，酵母菌有哪些突出的形态特征区别于一般细菌？

（2）试分析不同的吕氏碱性美蓝染色液浓度和作用时间对酵母菌死细胞数量有何影响。

（3）酵母菌的假菌丝是怎样形成的？与霉菌的真菌丝有何区别？

（4）如何区别酵母菌的营养细胞和释放出子囊外的子囊孢子？

（5）试设计一个从子囊中分离子囊孢子的试验方案。

实验 7　霉菌的形态观察

1　目的要求

（1）学习并掌握观察 4 类常见霉菌形态特征的基本方法。

（2）掌握青霉、曲霉的小室载片培养法，以便更好地观察其个体形态。

2 基本原理

霉菌由复杂的菌丝体组成。它分为基内菌丝（或营养菌丝）、气生菌丝和繁殖菌丝。由繁殖菌丝产生孢子。霉菌的繁殖菌丝及孢子的形态特征是识别不同种类霉菌的重要依据。观察霉菌的形态常用的有下列 3 种方法：①乳酸石炭酸棉蓝浸片法：将培养物置于乳酸石炭酸棉蓝染色液中，制成霉菌制片。由于霉菌菌丝较粗大（为 3～10μm），置于水中观察时，菌丝容易收缩变形，故常用乳酸石炭酸棉蓝染色液制片使细胞不会变形，染液的蓝色能增强反差，并具有防腐、防干燥、防止孢子飞散作用，能保持较长时间，必要时还可用光学树胶封固，制成永久标本长期保存。但用接种针（或小镊子）挑取菌丝体时，菌体各部分结构在制片时易被破坏，不利于观察其完整形态。②小室载玻片培养法：用无菌操作将培养基琼脂薄层置于载玻片上，接种后盖上盖玻片培养，霉菌即在载玻片和盖玻片之间的有限空间内沿盖玻片横向生长。培养一定时间后，将载玻片上的培养物置显微镜下观察。这种方法可以保持霉菌自然生长状态，便于观察到霉菌完整的营养和气生菌丝体的特化形态。例如，曲霉的足细胞、顶囊，青霉的分生孢子穗，根霉的葡匐枝、假根等。此外，也便于观察不同发育时期的培养物。③玻璃纸培养法：其操作方法与放线菌的玻璃纸培养观察方法相似（见实验 5）。此种方法用于观察不同生长阶段霉菌的形态，亦可获得良好效果。

3 实验材料

3.1 菌种 根霉（*Rhizopus* sp.）、毛霉（*Mucor* sp.）、曲霉（*Aspergillus* sp.）和青霉（*Penicillium* sp.）28～30℃培养 2～5d 的 PDA（或麦芽汁）斜面和平板培养物。

3.2 培养基及试剂 马铃薯葡萄糖琼脂（PDA，培养基 3）、麦芽汁琼脂培养基（培养基 2）、乳酸石炭酸棉蓝染色液、50％乙醇、20％甘油。

3.3 仪器及其他用品 恒温培养箱、普通光学显微镜、体式显微镜、电热干燥箱、超净工作台、接种环、接种针或解剖针、镊子、解剖刀、酒精灯、载玻片、盖玻片、U 形玻璃棒、平皿、无菌细口滴管、透明胶带、圆形滤纸等。

4 实验方法与步骤

4.1 乳酸石炭酸棉蓝浸片法

在载玻片上滴 1 滴乳酸石炭酸棉蓝染色液，用解剖针（或小镊子）从霉菌菌落边缘处挑取少量已产孢子的霉菌菌丝，先置于 50％乙醇中浸一下以洗去脱落的孢子，再置于载玻片上的染液中，用解剖针小心地将菌丝分散开。盖上盖玻片，置于低倍镜和高倍镜下观察 4 类霉菌，内容如下：

（1）根霉：用低倍镜观察孢子囊梗、囊轴等，用高倍镜观察孢子囊孢子的形状、大小。将根霉斜面培养物置于显微镜载物台上，用低倍镜观察根霉的孢子囊柄、孢子囊、假根和葡匐枝。

（2）毛霉：用低倍镜观察孢子囊梗、囊轴等，用高倍镜观察孢子囊孢子的形状、大小。将毛霉斜面培养物置于显微镜载物台上，用低倍镜观察毛霉的孢子囊梗粗细，以及孢子囊大小、形状、色泽等。

（3）曲霉：在高倍镜下观察菌丝有无隔膜，分生孢子着生位置，辨认分生孢子梗、顶囊、小梗和分生孢子。

（4）青霉：在高倍镜下观察菌丝有无隔膜，分生孢子梗、副枝、小梗和分生孢子的形状等。

4.2 粘片法

（1）取 1 滴乳酸石炭酸棉蓝染色液置于载玻片中央。

（2）取一段透明胶带，打开霉菌平板培养物，用胶面轻轻触及菌落表面粘取菌体。

（3）将胶带胶面上粘取的菌体朝下，放于染液上，并将胶带两端固定在载玻片两端，用低倍镜和高倍镜镜检。

4.3 小室载玻片培养法

（1）培养小室的灭菌：将 1 张略小于平皿底部的圆形滤纸、U 形玻璃棒、载玻片和两块盖玻片等按图 7-1 放入平皿内，盖上平皿盖，包扎后于 0.1MPa 灭菌 30min，置 60℃烘箱中烘干备用。

（2）琼脂块的制作：取已灭菌的 PDA 琼脂培养基 6～7mL 注入另一灭菌平皿中，使之凝固成薄层。用解剖刀切成 0.5～1.0cm² 的琼脂块，并将其移至上述培养室中的载玻片上（每片放两块）（图 7-1）。制作过程应注意无菌操作。

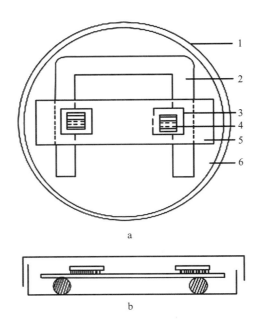

图 7-1 小室载玻片培养法示意图
a. 正面图 b. 侧面图
1. 平皿 2.U 形玻璃棒 3. 盖玻片 4. 培养物 5. 载玻片 6. 保湿用滤纸

（3）接种和培养：用接种环或接种钩挑取很少量的青霉（曲霉、根霉、毛霉）的孢子接种于培养基四周，用无菌镊子将盖玻片覆盖在琼脂块上，并轻压使之与载玻片间留有极小缝隙，但不能紧贴载玻片，否则不透气。先在平皿的滤纸上加 3～5mL 灭菌的 20％甘油（用于保持平皿内的湿度），盖上皿盖，注明菌名、组别和日期，置 28～30℃培养 3～5d。

（4）镜检：培养至 1～2d 后，可以逐日连续观察到孢子的萌发、菌丝体的生长分化和子实体的形成过程。将小室内的载玻片取出，直接用低倍镜（或体式显微镜）和高倍镜观察上述 4 类霉菌的形态，重点观察曲霉分生孢子头和青霉的帚状枝形态，根霉和毛霉的孢子囊和孢子囊孢子、菌丝有无隔膜等情况。

4.4 根霉的假根观察方法

（1）倒平板：将熔化并冷却至 50℃的 PDA 培养基倒入无菌平皿，其量约为平皿高度的 1/2。冷凝后备用。

（2）接种：用接种环蘸取根霉孢子划线接种于平板表面。

（3）放载玻片、培养：在皿盖内放一无菌载玻片，或者先在皿盖内放 U 形玻璃棒，再在其上放置一块载玻片，以缩短培养基表面与载玻片的距离，减少假根制片培养的时间。将平板倒置于 28℃培养 2～3d。

（4）镜检：取出皿盖内的载玻片标本，在附着菌丝体的一面盖上盖玻片，置低倍显微镜下观察假根（图 7-2）及从根节上分化出的孢子囊梗、孢子囊、孢子囊孢子和两个假根间的匍匐菌丝等结构。

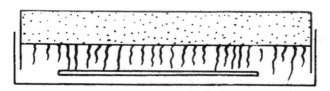

图 7-2　根霉假根的培养

5　实验结果

　　根据观察结果，按比例大小绘图表示根霉、毛霉、曲霉（低倍镜下）、青霉（高倍镜下）的形态特征，并标明结构名称。

　　典型的黑曲霉（图 7-3a）、黄曲霉（图 7-3b）、杂色曲霉（图 7-3c）、橘青霉（图 7-3d）、少根根霉（图 7-3e）、蓝色犁头霉（图 7-3f）在 PDA 琼脂培养基上纯培养的形态特征见图 7-3。注意观察霉菌的菌丝内有无隔膜，营养菌丝有无假根，无性孢子的种类（孢子囊孢子或分生孢子），孢子着生位置、形状、颜。

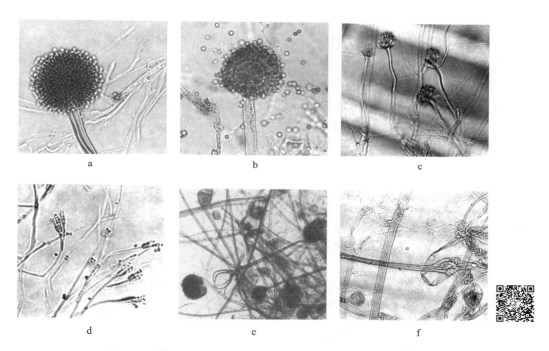

图 7-3　霉菌在光学显微镜下的形态（乳酸石炭酸棉蓝染色）
a. 黑曲霉　b. 黄曲霉　c. 杂色曲霉　d. 橘青霉　e. 少根根霉　f. 蓝色犁头霉

6　注意事项

　　（1）制作乳酸石炭酸棉蓝浸片时，盖上盖玻片勿压入气泡和移动盖玻片，以免影响观察。

　　（2）制作小室载玻片时，接种量要少，尽可能将孢子分散接种在琼脂块边缘上，否则培养后菌丝过于稠密，影响观察。

7　思考题

　　（1）根据哪些形态特征区分根霉和毛霉、青霉和曲霉？列表比较它们在形态结构上的异同。

　　（2）采用小室载玻片培养法培养青霉和黑曲霉，并详述其操作过程。

（3）根据小室载玻片培养法的基本原理，你认为上述操作过程中的哪些步骤可以根据具体情况做一些改进或可用其他方法替代？

（4）在显微镜下，细菌、放线菌、酵母菌和霉菌的主要区别是什么？

实验 8　噬菌体的观察及效价测定

1　目的要求

（1）熟悉噬菌体与宿主菌的相互关系。

（2）学习与了解噬菌体的分离、纯化，噬菌体效价的计量单位及测定方法。

2　基本原理

以细菌当作寄主的病毒称为噬菌体（bacteriophage）。噬菌体有严格的寄生性，须在活的、易感的细菌体内增殖，并能将菌体裂解，噬菌体对相应的细菌有强大的溶菌力和严格的种型特异性，因而可用于细菌的鉴定、分型，检测标本中未知细菌和防治某些疾病。

由于噬菌体极其微小，无法用常规的微生物计数法测定其数量。但噬菌体感染宿主细胞后，可裂解细菌或限制被染细菌的生长，导致液体培养的浑浊菌悬液变得清亮或比较清亮，软琼脂平板上形成透明或浑浊的空斑——噬菌斑。可利用这一特性测得某试样中具有侵染能力的噬菌体粒子含量。噬菌体的效价是指 1mL 试样中所含的具有侵染性的噬菌体粒子数，其计量单位是 pfu 和 RTD。pfu 是噬斑形成单位（phages forming unit），表示形成一个噬菌斑所需有感染能力的最少噬菌体数量，以 pfu/mL 表示，一般采用双层软琼脂平板法测定。RTD 是常规试验稀释度（routine test dilution），一般以平板上滴加噬菌体的部位刚刚能够出现为噬菌体稀释度。

3　实验材料

3.1　菌种及样品　大肠杆菌、污水。

3.2　培养基　营养琼脂培养基（培养基 5）、营养肉汤培养基（培养基 5）。

3.3　仪器及其他用品　恒温培养箱、恒温水浴锅、微波炉、吸管（0.1mL、1mL 及 10mL）、平皿、酒精灯、试管架、L 型玻璃棒、薄膜滤器（孔径 0.45μm）等。

4　实验方法与步骤

4.1　噬菌体的分离　取 100mL 未处理污水样品加到呈轻度浑浊的宿主菌培养物（营养肉汤 6mL）中，混合均匀后于 36℃培养 18h，观察培养液是否浑浊。若培养液呈透明状，表明有噬菌体存在；如果培养液微浑或浑浊，则须通过孔径为 0.45μm 薄膜滤器过滤，检查滤液中是否有噬菌体存在。由于初次分离时，即使有噬菌体存在，也不足以完全溶解所有细菌，所以培养液会有不同程度的浑浊。通常也采用斑点试验法检查噬菌体。具体步骤如下：

（1）将宿主菌肉汤培养物（2h）用营养肉汤进行 1∶100 稀释，然后涂布在烘干的营养琼脂平板表面使之成一薄层。吸去多余的菌液，放置数分钟，待琼脂表面干燥。在菌层的表面布点，每点滴加滤液 1 滴，放置数分钟，待液滴被琼脂吸干。

（2）倒转平板，在 36℃培养过夜，次日检查结果，若有少量噬菌体存在，则在琼脂表面滴加滤液的部位出现孤立的噬菌斑；若有大量噬菌体存在，则噬菌斑融合，形成裂解区。

4.2　单斑纯化　根据斑点试验法的结果，估计滤液内噬菌体的数量。

（1）将滤液按百倍稀释法进行两次连续稀释：吸取 0.02mL 滤液于 2mL 肉汤中，制成 10^{-2} 样品稀释液，再取此稀释液 0.02mL 于 2mL 肉汤中，制成 10^{-4} 样品稀释液。

（2）以琼脂双层法进行单斑分离，将熔化的营养琼脂倾注于直径 9cm 平皿内，待其凝固后，36℃半开皿约 1h 以烘干表面水分。

（3）加热装有 2.5mL 半固体琼脂的试管，待琼脂熔化后，置于 55℃恒温水浴箱内，临用时取出。

（4）将 0.1mL 稀释滤液、0.1mL 宿主菌肉汤培养物（2h）加到 2.5mL 已熔化好的半固体琼脂试管中混合均匀，立即倾注到准备好的琼脂平板上，覆盖整个表面，在水平台上使其凝固，36℃下培养过夜，次日检查结果。

（5）次日，用接种针接触噬菌斑中央并略靠近边缘有菌的部分，放在小试管营养肉汤管壁上研磨，洗入肉汤内。用同样方法，单斑纯化 3 次，如果在平板上仍有大小不等的噬菌斑出现，还须进行再次纯化。

4.3 pfu 的测定 将装有 2.5mL 半固体琼脂的试管加热，待琼脂熔化后，放在 55℃恒温水浴箱内，临用取出，每管加入不同稀释度的噬菌体液 0.1mL 及宿主菌肉汤营养物（4h）0.1mL，混合均匀后倾注到准备好的琼脂平板上，覆盖整个表面并在水平台面上使其凝固。一般做 3 个稀释度，即 10^{-4}、10^{-6}、10^{-8}，36℃下培养过夜，次日检查结果。选取噬菌斑数在 30～300 的平板，作噬菌斑计数，记录结果，根据下列公式计算出试样中噬菌体效价。

$$噬菌体效价（pfu/mL）=噬菌斑数目×噬菌体稀释度×10$$

4.4 RTD 的测定 将宿主菌肉汤培养进行（1:100）～（1:200）稀释，即挑取 1～2 满环，稀释在 1mL 肉汤内。依次挑取 1 环，在琼脂平板上进行斑点状涂抹，斑点的直径约 1mm，共涂抹 10 个菌斑。略等数分钟，待菌斑表面水分干燥后在每个菌斑的中央依次滴加噬菌体稀释液 0.01mL（配 4.5 号针头的乳头滴管，每毫升约为 100 滴；或直径为 3mm 接种环，每个满环约为 0.05mL）。共做 10 个稀释度，即原液、10^{-1}、10^{-2}、10^{-3}、10^{-4}、10^{-5}、10^{-6}、10^{-7}、10^{-8}、10^{-9}。如用一个滴管加不同稀释度的噬菌体，应从高稀释度开始。待滴加的噬菌体液被琼脂吸干后，倒转平皿，在 36℃培养 5h 或过夜检查结果。能产生融合性裂解的噬菌体最高的稀释度，即是该噬菌体的 RTD。由于在两个稀释度之间有 10 倍的间隔，结果的判定不够精确，常可在两个稀释度之间插入几个稀释度，如在 10^{-4}～10^{-5} 插入：

1:（$1.6×10^{-4}$），即 10^{-4} 稀释液 1mL 加肉汤 0.6mL；

1:（$2.5×10^{-4}$），即 10^{-4} 稀释液 1mL 加肉汤 1.5mL；

1:（$4.0×10^{-4}$），即 10^{-4} 稀释液 1mL 加肉汤 3.0mL；

1:（$6.3×10^{-4}$），即 10^{-4} 稀释液 1mL 加肉汤 5.3mL。

5 实验结果

将实验结果按表 8-1 记录。

表 8-1 噬菌斑判定标准

融合性裂解程度的表示	融合性裂解的程度	噬菌斑的数量与判定标准	本实验噬菌斑的数量及判定结果
CL	融合性裂解	0～5	（—）
<CL	次于融合性裂解	6～20	（±）
SCL	半融合性裂解	21～40	（+）
<SCL	次于半融合性裂解	61～80	（++）
OL	不透明融合性裂解	>120	（+++）

6 注意事项

（1）供纯化用的平板上噬斑数不宜太多，通常要求一个平板上，中等大小的噬菌斑一般不超过 200 个，且要求噬菌斑之间必须有足够的空隙。

（2）一般倾注 25mL 营养琼脂到 9cm 的平皿中，该平板作为双层法的底层用，以及供平板裂解试验用。

7　思考题

（1）试比较分离纯化噬菌体与分离纯化细菌在基本原理和操作方法上有何异同。

（2）噬菌体分离操作中，试样为何须增殖？与细菌的富集培养有何区别？

实验 9　微生物的培养特征

1　目的要求

（1）了解不同微生物在固体平板、固体斜面、半固体培养基和液体培养基中培养的生长特征。

（2）进一步熟练掌握微生物的无菌操作接种技术。

2　基本原理

微生物的培养特征是指微生物在培养基上（或内）培养所表现出的群体形态和生长情况。一般可用固体平板、固体斜面、液体或半固体培养基来检验不同微生物的培养特征。

放线菌的菌落由菌丝体构成。菌落局限生长，较小而薄，多为圆形，边缘有辐射状，质地致密干燥，不透明，表面呈紧密的丝绒状或有多皱褶，其上有一层色彩鲜艳的干粉（粉状孢子）。着生牢固，用接种针不易挑起。早期的菌落较光滑，与细菌菌落相似；后期产生孢子，使菌落表面呈干燥粉末状、絮状，有各种颜色，呈同心圆放射状。

酵母菌的菌落表面光滑、湿润、黏稠，容易用接种针挑起，质地柔软、均匀，颜色均一，多数不透明，但与细菌的菌落相比较大而厚（凸起）。有的酵母菌的菌落因培养时间较长，会因干燥而皱缩。多数酵母菌的菌落呈乳白色或奶油色，少数为红色。此外，凡不产生假菌丝的酵母菌，其菌落更为凸起，边缘十分圆整；而能产大量假菌丝的酵母菌，则菌落较平坦，表面和边缘较粗糙。酵母菌的菌落一般还会散发出一股诱人的酒香味。霉菌在固体培养基上长成棉絮状或蜘蛛网状、绒毛状或地毯状的菌落。

细菌培养在斜面培养基上，可以呈丝线状、刺毛状、串珠状、树枝状或假根状。生长在液体培养基内，可以呈浑浊、絮状、黏液状、形成菌膜、上层清晰而底部明显沉淀状。穿刺培养在半固体培养基中，可以沿接种线向四周蔓延；或仅沿线生长；也可上层生长得好，甚至连成一片，底部很少生长；或底部长得好，上层甚至不生长。

微生物培养特征可以作为微生物分类鉴定的指征之一，并能为识别纯培养是否被污染作为参考。

3　实验材料

3.1　菌种

（1）细菌：金黄色葡萄球菌（*Staphylococus aureus*）、大肠杆菌（*E. coli*）。

（2）放线菌：细黄链霉菌（*Streptomyces microflavus*）、灰色链霉菌（*Str. griseus*）、天蓝色链霉菌（*Str. coelicolor*）。

（3）酵母菌：酿酒酵母（*Saccharomyces cerevisiae*）、解脂假丝酵母（*Candida lipolytica*）、黏红酵母（*Rhodotorula glutinis*）。

（4）霉菌：米曲霉（*Aspergillus oryzae*）、产黄青霉（*Penicillinm chrysogenum*）。

3.2　培养基　察氏培养基（培养基6）、马铃薯琼脂培养基（培养基3）、营养琼脂培养基（培养基5）、营养肉汤培养基（培养基5）、麦芽汁培养基（培养基2）。分别准备相应的斜面、半固体、液体培养基。

3.3　仪器及其他用品　恒温培养箱、接种环、酒精灯、格尺、培养皿、锥形瓶、试管、接种针等。

4　实验方法与步骤

4.1　倒平板　将不同培养基熔化后，倒 10～12mL 于灭菌培养皿内，平置，凝固后使用（用记号笔标记）。

4.2　接种已知菌　选取一株已知的细菌、放线菌、酵母菌经平板划线、斜面接种、液体培养基接种、穿刺接种接到相应的培养基。

4.3　接种未知菌　分别用不同培养基平板，以空气暴露法或土壤稀释液涂布法制成未知菌平板。

4.4　培养　将已接种的固体平板、固体斜面、液体、半固体培养基放置于适温培养箱中，细菌、酵母菌培养 1～3d，霉菌、放线菌培养 3～7d 后取出观察结果。

4.5　观察与比较　将上述 4 类菌经不同条件培养后，分别进行观察，并以已知菌的一些菌落特征与各类未知菌的菌落特征进行比较和识别。固体平板上的菌落特征从以下 9 个方面进行描述。细菌在固体平板、斜面、液体培养基上生长情况如图 9-1 所示。

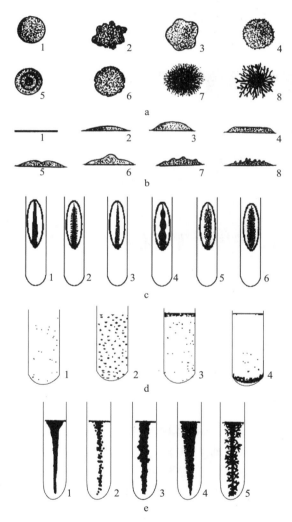

图 9-1　细菌的生长示意图

a. 菌落的形状及边缘状况（1. 圆形、边缘整齐、表面光滑　2. 不规则状　3. 边缘波浪状　4. 边缘锯齿状
5. 同心圆状　6. 边缘缺刻状、表面呈颗粒状　7. 丝状　8. 假根状）

b. 菌落的凸起情况（1. 扁平、扩展　2. 低凸面　3. 高凸面　4. 台状　5. 脐状　6. 草帽状　7. 乳头状　8. 褶皱凸面）

c. 细菌在固体斜面上生长的示意图（1. 丝状　2. 羽毛状　3. 念珠状　4. 扩展状　5. 树杈状　6. 薄雾状）

d. 细菌在液体培养基中生长的示意图（1. 均匀生长　2. 絮状生长　3. 形成薄膜　4. 形成沉淀）

e. 细菌穿刺培养示意图（1. 线状　2. 串珠状　3. 乳突状　4. 绒毛状　5. 丛枝状）

（1）菌落大小：用格尺测量菌落的直径。大菌落（5mm 以上）、中等菌落（3～5mm）、小菌落（1～2mm）、露滴状菌落（1mm 以下）。

（2）表面形状：分光滑、皱褶、颗粒状、龟裂状、同心环状等（图 9-1a）。

（3）凸起情况：分扩展、扁平、低凸起、凸起、高凸起、台状、草帽状、脐状、乳头状等（图 9-1b）。

（4）边缘状况：分整齐、波浪状、裂叶状、齿轮状、锯齿状等（图 9-1a）。

（5）菌落形状：分圆形、放射状、假根状、不规则状等（图 9-1a）。

（6）表面光泽：分闪光、金属光泽、无光泽等。

（7）菌落质地：分油脂状、膜状、松软（黏稠）、脆硬等。于酒精灯旁以无菌操作打开平皿盖，用接种环挑动菌落，判别菌落质地是否为松软或脆硬等。

（8）菌落颜色：分乳白色、灰白色、柠檬色、橘黄色、金黄色、玫瑰红色、粉红色等。注意观察平皿正反面或菌落边缘与中央部位的颜色不同。

（9）透明程度：分透明、半透明、不透明等。

5　实验结果

描述所观察到的各种已知菌和未知菌在固体平板、固体斜面、液体、半固体培养基中的菌落特征及生长情况，并识别和区别它们之间的不同之处。

6　思考题

（1）细菌与酵母菌的菌落有何区别？

（2）如何区分霉菌与放线菌的菌落？什么是扩展性菌落？

（3）如何借助显微镜来观察菌落特征？

实验 10　微生物细胞大小的测量

1　目的要求

（1）掌握应用显微测微尺测量菌体大小的方法。

（2）增强对微生物细胞大小的认识。

2　基本原理

微生物细胞的大小是微生物基本的形态特征，也是分类鉴定的依据之一。微生物大小的测定，需要在显微镜下借助于特殊的测量工具——显微测微尺来测定。显微测微尺可用于测量微生物细胞或孢子的大小，包括镜台测微尺和目镜测微尺两个部件。镜台测微尺是一块特制的载玻片，中央部分有一全长为 1mm 的刻度标尺，等分为 100 小格，每格长度为 0.01mm（即 $10\mu m$）。镜台测微尺并不直接用来测量细胞的大小，而是用于校正目镜测微尺每格的相对长度。目镜测微尺是一块可放在目镜内的圆形玻片，其中央刻有 50 等分或 100 等分的小格。由于不同显微镜或不同的目镜和物镜组合放大倍数不同，其每小格所代表的实际长度也随之变动。因此，用目镜测微尺测量微生物大小时，必须先用镜台测微尺进行校正，以求出该显微镜在一定放大倍数的目镜和物镜下，目镜测微尺每小格所代表的相对长度。然后根据微生物细胞相当于目镜测微尺的格数，计算出细胞的实际大小。测微尺及其安装和校正如图 10-1 所示。

球菌用直径来表示其大小，杆菌则用宽和长的范围来表示。例如，金黄色葡萄球菌直径为 $0.8\mu m$，枯草芽孢杆菌大小为（0.7～0.8）μm×（2～3）μm。

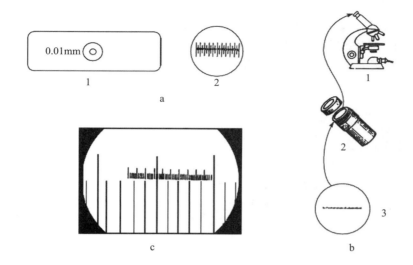

图 10-1 测微尺及其安装和校正

a. 镜台测微尺及其中央部分的放大（1. 镜台测微尺 2. 中央放大部分）

b. 目镜测微尺及其安装在目镜上再装在显微镜上的方法（1. 显微镜 2. 目镜 3. 目镜测微尺）

c. 镜台测微尺校正目镜测微尺时的情况

3 实验材料

3.1 菌种 酿酒酵母斜面培养物、枯草芽孢杆菌斜面培养物。

3.2 试剂 香柏油、二甲苯（因二甲苯有毒且容易损坏镜头，可用乙醚：乙醇＝7：3 的混合液代替）。

3.3 仪器及其他用品 显微镜、镜台测微尺、目镜测微尺、盖玻片、载玻片、酒精灯、擦镜纸等。

4 实验方法与步骤

4.1 放置目镜测微尺 取出目镜，旋开接目透镜，将目镜测微尺放在目镜镜筒内的隔板上（有刻度的一面向下），然后旋上接目透镜，再将目镜插入镜筒内。

4.2 放置镜台测微尺 将镜台测微尺刻度面向上放在显微镜载物台上。

4.3 校正目镜测微尺 先用低倍镜观察，将镜台测微尺有刻度的部分移至视野中央，调节焦距，当清晰地看到镜台测微尺的刻度后，移动镜台测微尺并转动目镜测微尺，使两者刻度相平行，并使两者间某一段的起、止线完全重合，然后分别数出两条重合线之间的格数，即可求出目镜测微尺每小格的实际长度（目镜测微尺和镜台测微尺两个重合点的距离越长，所测得的数值越精确）。用同样的方法分别测出用高倍物镜和油镜测量时目镜测微尺每格所代表的实际长度。

观察时光线不宜过强，否则难以找到镜台测微尺的刻度；换高倍镜和油镜校正时，务必十分细心，防止接物镜压坏镜台测微尺和损坏镜头。

4.4 计算目镜测微尺每格的长度

$$目镜测微尺每格的长度（\mu m）=\frac{两重合线间镜台测微尺格数×10\,\mu m}{两重合线间目镜测微尺格数}$$

例如，油镜下测得目镜测微尺 50 格相当于镜台测微尺 7 格，则目镜测微尺每格的长度为（7×10）÷50＝1.4 μm。

4.5 测量菌体的大小 取下镜台测微尺，放上枯草芽孢杆菌的染色涂片，先用低倍镜和高倍镜找到标本后，换油镜测定其长度和宽度。酿酒酵母菌体大小测定时，先制成酿酒酵母培养物水浸片，再用高倍镜测出其直径（或长度和宽度）。

　　测量时，转动目镜测微尺或移动菌体的涂片，测出其直径（或长和宽）所占目镜测微尺的格数。将测得的格数乘以目镜测微尺每格的长度，即可求得该菌的大小值。

4.6　显微镜测定菌体大小后处理　取出目镜测微尺，先将目镜放回镜筒。用擦镜纸擦去目镜测微尺上的油腻和手印。如用油镜测量，用擦镜纸蘸取少量二甲苯擦镜头，随即用另一片擦镜纸将镜头上残余的二甲苯擦净。

5　实验结果

（1）目镜测微尺标定结果：

低倍镜下＿＿＿＿＿＿倍目镜测微尺每格长度是＿＿＿＿＿＿＿＿＿μm；

高倍镜下＿＿＿＿＿＿倍目镜测微尺每格长度是＿＿＿＿＿＿＿＿＿μm；

油镜下＿＿＿＿＿＿倍目镜测微尺每格长度是＿＿＿＿＿＿＿＿＿μm。

（2）菌体大小测定结果：

菌号	酿酒酵母测定结果		枯草芽孢杆菌测定结果			
	目镜测微尺格数	实际直径/μm	目镜测微尺格数		实际长度	
			长	宽	长	宽
1						
2						
3						
4						
5						
6						
7						
8						
9						
10						
均值						

6　注意事项

（1）通常测定对数生长期的菌体来代表该菌的大小。

（2）为了提高测量的准确率，通常要测定10个以上的细胞后再求其平均值。

（3）镜台测微尺的玻片很薄，在标定油镜镜头时，要格外注意，以免压碎镜台测微尺或损坏镜头。

（4）镜台测微尺的圆形盖玻片是用加拿大树胶封合的，当去除香柏油时不宜过多地用二甲苯，以免树胶溶解，使盖玻片脱落。

7　思考题

（1）显微镜测微尺包括哪两个部件？它们各起什么作用？

（2）为什么更换不同放大倍数的目镜和物镜时必须重新用镜台测微尺对目镜测微尺进行校正？

（3）若目镜不变，目镜测微尺也不变，只改变物镜，那么目镜测微尺每格所测量的镜台上的菌体细胞的实际长度（或宽度）是否相同？为什么？

实验 11　微生物细胞的直接计数法

1　目的要求

（1）了解血细胞计数板计数的原理。

（2）掌握使用血细胞计数板进行微生物计数的方法。

2　基本原理

显微直接计数法是将少量待测样品的悬浮液置于一种特定的、具有确定面积和容积的载玻片（又称计菌器）上，在显微镜下直接计数的一种简单、快速、直观的方法。目前国内外常用的计菌器有血细胞计数板、Peteroff-Hauder 计菌器以及 Hawksley 计菌器等，它们都可用于酵母菌、细菌、霉菌孢子等微生物单细胞悬液的计数，基本原理相同。后两种计菌器由于盖上盖玻片后，总容积为 $0.02mm^3$，而且盖玻片和载玻片之间的距离只有 0.02mm，因此可用油浸物镜对细菌等较小的细胞进行观察和计数。显微镜直接计数法的优点是直观、快速、操作简单。但缺点是所测得的结果通常是死菌体和活菌体的总和。目前已有一些方法可以克服这一缺点，如结合活菌染色、微室培养以及加细胞分裂抑制剂等方法来达到只计活菌体的目的。本实验以血细胞计数板为例进行微生物的显微直接计数。

血细胞计数板是一块特制的厚型载玻片，载玻片上有 4 条槽所形成的 3 个平台。中间的平台较宽，其中间又被一短横槽分隔成两半，每边平台上各有一个含 9 个大格的方格网，中间大格被双线划分为中格再进一步被单线划分成小格，称为计数室，计数室的面积为 $1mm^2$，由于中间平台比两边平台低 0.1mm，故盖上盖玻片后计数室的容积为 $0.1mm^3$。血细胞计数板的构造见图 11-1。

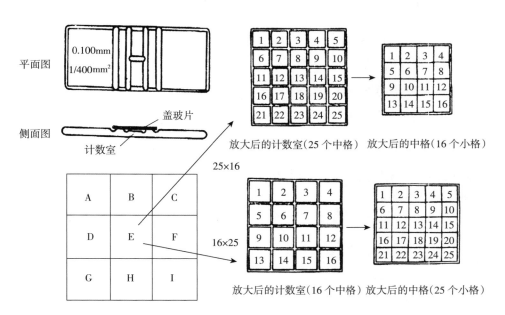

方格网（分成 9 个大格，中央大格 E 为计数室）

放大后的计数室（25 个中格）　放大后的中格（16 个小格）

放大后的计数室（16 个中格）放大后的中格（25 个小格）

图 11-1　血细胞计数板构造

血细胞计数板一般有两种规格。一种是 16×25 型，称为麦氏血细胞计数板，计数室被划分成 16 个中格，每个中格再分为 25 个小格。另一种是 25×16 型，称为希里格氏血细胞计数板，计数室共有 25 个中格，每个中格又分为 16 个小格。但是不管哪种规格的血细胞计数板，其计数室均由 400 个小方格组成。

使用血细胞计数板计数时，一般测定 5 个中格中微生物细胞的数量，再通过公式换算成每毫升菌液（或每克样品）中微生物的数量。

3 实验材料

3.1 菌种 酿酒酵母斜面菌种或培养液。

3.2 仪器及其他用品 显微镜、血细胞计数板、盖玻片、吸水纸、无菌滴管或移液管、酒精灯、无菌生理盐水、接种环等。

4 实验方法与步骤

4.1 菌悬液制备 取酿酒酵母斜面菌种，以无菌生理盐水将酿酒酵母制成浓度适当的菌悬液，斜面一般稀释到 10^{-2}。

4.2 镜检 取血细胞计数板一块，用显微镜检验血细胞计数板的计数室是否洁净，若有污染物，须用急流的水冲洗至干净。晾干后使用。

4.3 加样 在计数板上盖一块盖玻片。将菌悬液摇匀后，用无菌滴管或移液管吸取 1 滴滴于盖玻片的边缘，让菌液自行渗入，多余的菌液用滤纸吸去，注意加样时不要产生气泡。静置片刻，待细菌细胞全部沉降到计数室底部，将计数板置于显微镜上观察计数。

4.4 找计数室 用低倍镜找到计数室后，转换高倍镜，调节光亮度至菌体和计数室线条清晰为止，再将计数室一角的小格移至视野中。顺着大方格线移动计数板，使计数室位于视野中间。

4.5 计数 计数时，如用 16×25 型计数板则按对角线方位，取左上、右上、左下、右下 4 个中格及中间任一中格内的细胞进行计数；如使用规格为 25×16 型的计数板，则计数左上、右上、左下、右下 4 中格和中央中格内的细胞数。计数时当遇到格线上的细菌时，一般只计此格的上方及右方线上的细胞（或只计下方及左方线上的细胞），将计得的细胞数填入结果表中，对每个样品重复 2 次，取平均值，按下列公式计算每毫升菌液中所含的细菌细胞数。

16×25 型血细胞计数板的计算公式：

$$每毫升菌液中的细胞数 = \frac{5 \text{个中格内的细胞数之和}}{5} \times 16 \times 10^4 \times 稀释倍数$$

25×16 型血细胞计数板的计算公式：

$$每毫升菌液中的细胞数 = \frac{5 \text{个中格内的细胞数之和}}{5} \times 25 \times 10^4 \times 稀释倍数$$

4.6 清洗血细胞计数板 使用完毕后，将血细胞计数板在水龙头上用水冲洗干净，洗净后自行晾干或用吹风机吹干，放入盒内保藏。

5 实验结果

将实验观察结果记录于下表中。

计数次数	每个中格的菌数					大格中细胞总数	稀释倍数	总菌数/[个/mL（g）]	平均值
	左上	右上	左下	右下	中间				
第 1 次									
第 2 次									

6 注意事项

（1）样品浓度必须适宜，如样品浓度太高，需稀释后再计数，适宜的浓度值最好是分布于计数室每一小格 3～7 个细胞。

（2）清洗计数板时，用急流的水冲洗，切勿用硬物洗刷或用纸擦洗，以免损坏网格刻度。

7 思考题

（1）用血细胞计数板计数的误差主要来自哪方面？应如何尽量减小误差、力求准确？

（2）请设计 1～2 个方案，计数市售酸乳或活菌类保健品的单位含菌数。

实验 12 厌氧菌的亨盖特滚管法计数

1 目的要求

（1）掌握厌氧菌的分离、培养及活菌计数的一般方法。

（2）观察双歧杆菌的形态特征并了解双歧杆菌的生长特性。

2 基本原理

厌氧微生物在自然界分布广泛，种类繁多，其生理作用日益受到人们的重视。双歧杆菌即为厌氧微生物的典型代表，其分离、培养及活菌计数的关键是提供无氧和低氧化还原电势的培养环境。

双歧杆菌的培养方法很多，如厌氧箱法、厌氧袋法、厌氧罐法。这些方法都需要特定的除氧措施，步骤多，较为烦琐。本实验介绍的是一种简便的试管培养法——亨盖特（Hungate）厌氧滚管技术。亨盖特厌氧滚管技术是美国微生物学家亨盖特于 1950 年首次提出并应用于瘤胃厌氧微生物研究的一种厌氧培养技术，之后这项技术又经历了几十年的不断改进，从而使亨盖特厌氧技术日趋完善，并逐渐发展成为研究厌氧微生物的一套完整技术，而且多年来的实践已经证明它是研究严格、专性厌氧菌的一种极为有效的技术。该技术的优点是：预还原培养基制好后，可随时取用进行实验；任何时间观察或检查试管内的菌都不会干扰厌氧条件。

实验采用铜柱系统除去气体中氧气。铜柱是一个内部装有铜丝或铜屑的硬质玻璃管，大小为 40mm×400mm，两端被加工成漏斗状，外壁绕有加热带，并与变压器相连来控制电压和稳定铜柱的温度。铜柱两端连接胶管，一端连接气钢瓶，另一端连接出气管口。由于从气钢瓶来的气体（如 N_2、CO_2 和 H_2 等）都含有微量 O_2，故当这些气体通过温度约 360℃ 的铜柱时，铜和气体中的微量 O_2 化合生成 CuO，铜柱则由明亮的黄色变为黑色。当向氧化状的铜柱通入 H_2 时，H_2 与 CuO 中的氧就结合形成 H_2O，而 CuO 又被还原成了铜，铜柱则又呈现明亮的黄色。此铜柱可以反复使用，并不断起到除氧的目的。

选用 PTYG 培养基培养双歧杆菌。其中的葡萄糖、半胱氨酸盐酸盐均为还原剂，可降低氧化还原电势；加入的 $CaCO_3$ 在分离双歧杆菌时可在菌落周围显示透明圈，便于与非乳酸菌或不产酸的细菌区分开。实验中采用刃天青作为氧化还原指示剂，当培养基颜色由蓝到红最后变成无色时，说明试管内已处于无氧状态。

3 实验材料

3.1 样品 双歧酸乳。

3.2 培养基及试剂 PTYG 培养基（培养基 7）、刃天青、无菌生理盐水。

3.3 仪器及其他用品 铜柱除氧系统、恒温培养箱、恒温水浴锅、漩涡混匀器、定量加样器、厌氧管、无菌注射器及长针头、弯头毛细管、镊子、记号笔、酒精棉球、瓷盘等。

4 实验方法与步骤

4.1 铜柱系统除氧 启动铜柱系统加热，温度达到 360℃ 时，即可打开气钢瓶，除去气体中微量 O_2。

如有条件备有高纯度的气体，可免去这套系统。

4.2 预还原培养基及稀释液的制备

（1）将配制好的 PTYG 培养基和稀释液煮沸驱氧，而后用定量加样器趁热分装到螺口厌氧试管中，一般琼脂培养基装 4.5～5.0mL，稀释液装 9mL。

（2）插入通 N_2 的长针头以排除 O_2，当看到加有刃天青的培养基颜色转变为无色时，盖上螺口的丁烯胶塞及螺盖，灭菌备用。

4.3 分离

（1）编号：取 7 支 9mL 的无菌生理盐水试管，分别用记号笔标明 10^{-1}、10^{-2}、……、10^{-7}。

（2）稀释：在无菌条件下，用无菌注射器吸取 1mL 混合均匀的液体样品，加入装有预还原生理盐水的厌氧试管中，用振荡器将其混合均匀，制成 10^{-1} 稀释液。用无菌注射器吸取 1mL 10^{-1} 稀释液至另一装有 9mL 生理盐水的厌氧试管中，制成 10^{-2} 稀释液。依次进行 10 倍系列稀释至 10^{-7}。通常选 10^{-5}、10^{-6}、10^{-7} 三个稀释度进行滚管计数。

（3）滚管：将无氧无菌的 PTYG 培养基试管在沸水浴中熔化，置 46～50℃恒温水浴待用。用无菌注射器吸取 10^{-5}、10^{-6}、10^{-7} 三个稀释度各 0.1mL，分别注入待用试管中，然后将其平放于滚管机或盛有冰水的瓷盘中迅速滚动，带菌的熔化培养基在试管内壁会即刻形成凝固层。每个稀释度做 3 个重复。

（4）培养：将滚好的试管置于 37℃恒温培养箱中培养 24～48h。

（5）分离、纯化：将生成的菌落挑取出来，染色后镜检其形态及纯度。如尚未获得纯培养物，需再次稀释滚管，并再次挑取菌落，直至获得纯培养物为止。待挑取的单菌落预先在放大镜下观察确定，做好标记，然后将培养基试管固定于适当的支架上，打开试管胶塞，同时迅速将气流适当、火焰灭过菌的氮气长针头插入管内。同时，另一液体厌氧管去掉胶塞插入另一灭过菌的通气针头。将准备好的弯头毛细管小心插入固体培养基内，找准待挑菌落轻轻吸取，转移至液体试管内，加塞后 37℃培养。培养 24h 或待培养液浑浊后检查已分离培养物的纯度。

4.4 计数

液体样品经系列稀释后，按上述滚管法培养，然后对固体滚管计数，计算每克或每毫升样品中含有的双歧杆菌数量。公式如下：

$$每克（毫升）样品中双歧杆菌数量（CFU）＝0.1mL 滚管计数的实际平均值×10×稀释倍数$$

5 实验结果

将实验结果记录于下表中。

稀释度	10^{-5}				10^{-6}				10^{-7}			
	1	2	3	平均	1	2	3	平均	1	2	3	平均
菌落数												
每克（毫升）样品中总活菌数												

6 注意事项

（1）注射器在使用前必须经过 121℃、20min 灭菌。

（2）注意无菌操作，保持手和培养管的清洁。每次接种前需用酒精棉球将厌氧管盖子擦一遍。

（3）用注射器吸取菌悬液注入固体培养基后，如需再次吸取，应快速将注射器插入厌氧管中，以防止针头污染。

7 思考题

（1）比较平板计数和滚管活菌计数的异同？

（2）要使滚管计数准确，需掌握哪几个关键步骤？

（3）若用血细胞计数板，是否和滚管计数所得结果一样？为什么？

实验 13　培养基的制备及实验室常用灭菌方法

1　目的要求

（1）了解并掌握培养基的配制、分装方法。

（2）掌握实验室常用灭菌方法及技术。

2　基本原理

培养基是经人工配制的适合微生物生长、繁殖及积累代谢产物所需要的营养基质。其主要成分包括水分、碳源、氮源、无机盐和生长因子。不同种类的微生物对营养物质的要求不同，因此要配制相应的培养基。此外，培养基的 pH 应调节到微生物生长所需的最适 pH 范围。

培养基的种类较多。根据培养基的营养物质来源不同，可将其分为天然培养基、半合成培养基、合成培养基。根据培养基制成后的物理状态不同又可将培养基分为液体培养基、固体培养基、半固体培养基和脱水培养基。在固体培养基和半固体培养基中加入了一定量的凝固剂，常用凝固剂为琼脂。根据培养基的功能和用途又可将其分为基础培养基、加富培养基、选择性培养基及鉴别培养基等。使用时要根据不同目的选择需要的培养基。

配制好的培养基、微生物实验中使用的器具如培养皿、试管、锥形瓶和移液管等均需进行灭菌处理。常用的灭菌（消毒）方法可以分为 4 大类：①加热灭菌（包括火焰直接灼烧灭菌、干热灭菌、高压蒸汽灭菌、间歇灭菌和煮沸消毒）；②过滤除菌；③射线灭菌和消毒；④化学试剂灭菌和消毒。

加热灭菌是通过加热使菌体内蛋白质凝固变性，从而达到杀菌目的。蛋白质的凝固变性与其自身含水量有关，含水量越高，其凝固所需要的温度越低。在同一温度下，湿热的杀菌效力比干热大，因为在湿热情况下，菌体吸收水分，使蛋白质易于凝固；同时湿热的穿透力强，可增加灭菌效力。过滤除菌法采用特殊的细菌过滤器来进行除菌，一些受热易分解物质如抗生素、血清、维生素等要采取过滤除菌法。由于紫外线穿透力弱，常常用于空气消毒或物体表面灭菌处理。培养基通常采用高压蒸汽灭菌法，本实验重点介绍加热灭菌的方法。

3　实验材料

3.1　试剂　牛肉膏、蛋白胨、琼脂、可溶性淀粉、麦芽汁、葡萄糖、蔗糖、马铃薯、黄豆芽、NaCl、$FeSO_4 \cdot 7H_2O$、$NaNO_3$、$MgSO_4 \cdot 7H_2O$、K_2HPO_4、KCl、0.1mol/L HCl、0.1mol/L NaOH、KH_2PO_4。

3.2　仪器及其他用品　高压蒸汽灭菌锅、电热干燥箱、恒温培养箱、超净工作台、天平、酸度计（或精密 pH 试纸）、电炉、酒精灯、烧杯、试管、量筒、锥形瓶、漏斗、玻璃棒、吸量管、铁架台、称量纸、纱布、线绳、防水油纸或报纸、棉花等。

4　实验方法与步骤

4.1　培养基的制备

培养基制备的一般步骤：原料称量→溶解→（加琼脂熔化）→调节 pH→分装→塞棉塞、包扎→灭菌→摆放斜面或倒平板。

（1）原料称量、溶解：根据培养基配方，准确称取各种原料，在容器中加所需水量的一半，依次将除琼脂外的各种原料加入水中，用玻璃棒搅拌使之溶解。某些不易溶解的原料如蛋白胨、牛肉膏等可事先加少量水，加热溶解后再倒入容器中。有些原料需用量很少，不易称量，可先配成高浓度的溶液，按比例换算后取一定体积的溶液加入容器中。待原料全部放入后，加热使其充分溶解，并补足需要的全部水分，即成液体培养基。

（2）熔化琼脂：固体培养基或半固体培养基需加入一定量琼脂（固体 1.5%～2.0%，半固体 0.3%～0.5%）。预先将琼脂称好洗净（粉状琼脂可直接加入，条状琼脂用剪刀剪成小段，以便熔化），加到液体培养基内，置电炉上一边加热一边搅拌，直至琼脂完全熔化，并补足水分。注意控制火力不要使培养基溢出或焦糊。

（3）调节 pH：根据培养基对 pH 的要求，用 0.1mol/L HCl 溶液或 0.1mol/L NaOH 溶液调至所需 pH。测定 pH 可用精密 pH 试纸或酸度计进行。

（4）过滤分装：培养基配好后，要根据不同的使用目的，分装到试管或锥形瓶中。

先将过滤装置安装好（图 13-1）。如果是液体培养基，玻璃漏斗中放一层滤纸，如果是半固体和固体培养基，则需在漏斗中放置多层纱布，或在两层纱布中夹一层薄薄的脱脂棉趁热进行过滤。过滤后立即进行分装。分装时注意不要使培养基沾在管口或瓶口，以免引起污染。液体分装高度以试管的 1/4 左右为宜；固体分装量为管高的 1/5（试管斜面分装 5～7mL）；半固体分装至试管 1/3～1/2 的高度为宜。用锥形瓶分装培养基时，容量以不超过容积的一半为宜。

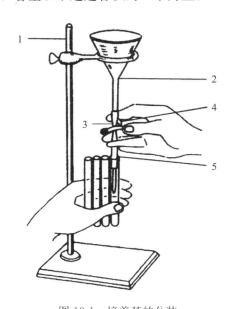

图 13-1　培养基的分装
1. 铁架台　2. 漏斗　3. 乳胶管　4. 弹簧夹　5. 试管

（5）包扎标记：培养基分装后加好棉塞或试管帽，再包上一层防潮纸，用棉绳包扎好。在包装纸上标明培养基名称，制备组别和姓名、日期等。标签用记号笔或铅笔书写，以防高温灭菌时蒸汽模糊字迹。

（6）灭菌：上述培养基应按培养基配方中规定的条件及时进行灭菌。普通培养基为 121℃、20min，以保证灭菌效果且不损伤培养基的有效成分。

（7）摆放斜面或倒平板：灭菌好的固体培养基要趁热制作斜面试管或固体平板。

①斜面培养基的制作方法：需做斜面的试管，斜面的倾斜度要适当，使斜面的长度不超过试管长度的 1/2（图 13-2）。摆放时注意不可使培养基粘在棉塞上，冷凝过程中勿再移动试管。制得的斜面以稍有凝结水析出者为佳。待斜面完全凝固后，再进行收存。制作半固体或固体深层培养基时，灭菌后则应垂直放置至冷凝。

图 13-2 培养基斜面试管的摆放

②平板培养基的制作方法：将已灭菌的琼脂培养基（装在锥形瓶）熔化后，冷却至 50℃ 左右倾入无菌培养皿中。温度过高时，易在培养皿盖上形成太多冷凝水；低于 45℃ 时，培养基易凝固。操作时最好在超净工作台酒精灯火焰旁进行，左手拿培养皿，右手拿锥形瓶的底部，用左手小指和手掌将棉塞打开，灼烧瓶口，左手大拇指将培养皿盖打开 45° 角度，至瓶口刚好伸入，倾入培养基 15～20mL，平置凝固后备用（一般平板培养基的高度约 3mm）（图 13-3）。

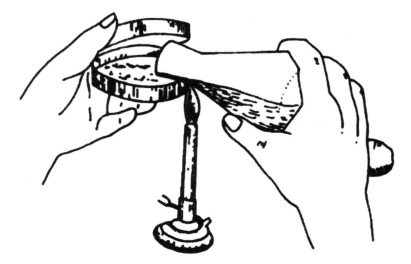

制作空白平板
培养基操作视频

图 13-3 平板培养基的制作方法

（8）无菌检查：灭菌后的培养基，一般需进行无菌检查。最好从中取出 1～2 根试管（瓶），置于 30～37℃ 恒温箱中保温培养 1～2d，如发现有杂菌生长，应及时再次灭菌，以保证使用前的培养基处于绝对无菌状态。

4.2 加热灭菌方法 加热灭菌包括湿热灭菌和干热灭菌两种。

（1）高压蒸汽灭菌法：该灭菌法基于水的沸点随着蒸汽压力的升高而升高的原理而设计，用途广、效率高，是微生物学实验中最常用的灭菌方法。当蒸汽压力达到 0.1MPa 时，水蒸气的温度升高到 121℃，经 15～30min，可杀死容器内物品上的各种微生物，包括孢子或芽孢。一般培养基、玻璃器皿以及传染性标本和工作服等都可应用此法灭菌。

高压灭菌器的主要构成部分：灭菌锅体、盖、压力表、放气阀、安全阀等。高压蒸汽灭菌操作过程如下：

①加水：灭菌器内加入一定量的水。水不能过少，以免将灭菌锅烧干引起爆炸。

②装料：将待灭菌的物品放在灭菌锅搁架内，不要过满，灭菌物品之间留有适当的空隙以利于蒸汽的流通。装有培养基的容器放置时要防止液体溢出，瓶塞不要紧贴桶壁，以防冷凝水沾湿棉塞。

③加盖：盖上锅盖，对齐螺口，采用对角式均匀拧紧所有螺栓。

④加热排气：打开排气阀。插上电源加热，待水沸腾后，水蒸气和空气一起从排气孔排出。当有大量蒸汽排出时维持 5min，使锅内冷空气完全排尽。全自动的高压锅会自动地按照程序进行杀菌。

⑤升压：当锅内空气已排尽时，即可关闭排气阀，压力开始上升。

⑥维持压力：待压力逐渐上升到 0.1MPa、温度 121℃时计时 20min，维持压力灭菌。或根据制作要求的温度、时间进行灭菌。

⑦降压：达到灭菌所需时间后，关闭热源，让压力、温度自然下降到零，打开排气阀，缓慢放净余下的蒸汽后，打开锅盖取出灭菌物品。在压力未完全下降至零时，切勿打开锅盖，否则压力骤然降低，会造成培养基剧烈沸腾而冲出管口或瓶口，污染棉塞，引起杂菌污染。目前许多高压杀菌釜是全自动的，每次杀菌前检查是否需要加超纯水，设置好杀菌压力和时间后自动开始工作到杀菌完成后停止。

（2）干热灭菌法：包括火焰灼烧灭菌和热空气灭菌两种。火焰灼烧灭菌主要用于接种环、接种针或其他金属用具，直接在酒精灯火焰上灼烧至红热进行灭菌，灭菌迅速、彻底。此外，在接种过程中，试管或锥形瓶口，也通过火焰灼烧而达到灭菌的目的。

热空气灭菌一般是把待灭菌的物品清洗烘干、包装就绪后，放入电热干燥箱中灭菌。干热灭菌法常用于玻璃器皿、金属器具等的灭菌。凡带有胶皮的物品、液体及固体培养基等都不能用此法灭菌。

①灭菌前的准备：玻璃器皿等在灭菌前必须经正确包裹和加塞，以保证玻璃器皿于灭菌后不被外界杂菌污染。常用玻璃器皿的包扎和加塞方法如下：培养皿用纸包扎或装在金属培养皿筒内；锥形瓶在棉塞与瓶口外再包以厚纸，用棉绳以活结扎紧，以防灭菌后瓶口被外部杂菌污染；吸管以拉直的曲别针一端放在棉花的中心，轻轻捅入管口，松紧必须适中，管口外露的棉花纤维统一通过火焰烧去，灭菌时将吸管装入金属管筒内进行灭菌，也可用纸条斜着从吸管尖端包起，逐步向上卷，头端的纸卷捏扁并拧几下，再将包好的吸管集中灭菌。

②干燥箱灭菌：将包扎好的物品放入干燥箱内，注意不要摆放太密，以免妨碍空气流通；不得使器皿与烘箱的内层底板直接接触。将干燥箱的温度升至 160～170℃并恒温 1～2h。注意勿使温度过高，超过 170℃会使器皿外包裹的纸张、棉花烤焦燃烧。如果是为了烤干玻璃器皿，温度为 120℃持续 30min 即可。温度降至 60～70℃时方可打开箱门，取出物品，否则玻璃器皿会因骤冷而爆裂。

玻璃器皿的包扎
操作视频

用此法灭菌时，绝不能用油纸、蜡纸包扎物品。

5　实验结果

（1）记录本实验所配制培养基的名称、试管和锥形瓶中加入量，观察实验现象。

（2）观察制作的培养基斜面、平板是否符合实验要求，分析原因。

（3）记录不同物品所用的灭菌方法及灭菌条件（温度、压力等），比较灭菌效果。

6　注意事项

（1）培养基 pH 调整时，不要调过头，以免回调而影响培养基内各离子浓度。配制 pH 低的琼脂培养基时，可将琼脂和培养基其他成分分开灭菌后再混合，或在中性条件下灭菌后再调整，以避免琼脂水解影响凝固效果。

（2）培养基制备完毕后应立即进行高压蒸汽灭菌。如延误时间，会因杂菌繁殖生长，导致培养基变质而不能使用。若不能立即灭菌，可将培养基暂放于 4℃冰箱或冰柜中，但时间也不宜过久。

（3）不同成分的培养基要采用不同的杀菌条件，如脱脂牛乳的杀菌采用 0.055MPa、20min，因为过高的温度会使牛乳变色。

7　思考题

（1）培养基配制过程中应注意什么？为什么？

（2）培养基配好后，为什么必须立即进行灭菌？如何检查灭菌后的培养基是无菌的？

（3）灭菌在微生物学实验操作中有何重要意义？

（4）高压蒸汽灭菌的关键为什么是高温而不是高压？试述高压蒸汽灭菌的操作方法和原理。

实验 14　微生物的分离、纯化与接种技术

1　目的要求

（1）了解微生物分离和纯化的基本原理。

（2）掌握常用的微生物分离纯化的方法，熟悉微生物转移接种的技术。

2　基本原理

自然界微生物是以混杂的状态存在的。分离和纯化的目的是从各种样品中来源混杂的微生物群体中获得纯种微生物，即在一定的条件下培养、繁殖得到只有一种微生物的培养物，也称为纯培养物。分离纯化微生物的方法有很多种，但基本原理相似，一般是将待分离的样品进行一系列的稀释，使稀释样品中的微生物细胞或孢子呈分散状态，然后在适宜的培养基和培养条件下长出单菌落，再将单菌落转移培养。重复此过程 2～3 次便可获得纯种微生物。常用的分离纯化的方法有稀释倒平板法、平板划线分离法、涂布平板法、亨盖特滚管法、单细胞（单孢子）挑取法、利用选择培养基进行分离等。大多数好气且数量大的微生物可采用稀释倒平板法和平板划线分离法进行分离，热敏菌和严格好氧菌可采用涂布平板法，而严格厌氧菌则需采用亨盖特滚管法，对于比较大而个体数少的单细胞和单孢子可采用单细胞（单孢子）挑取法，对于那些生长慢、营养要求或生长条件特殊的微生物需利用选择培养基结合其他方法进行分离。

微生物的接种是将一种微生物移接到另一灭过菌的新培养基中，使其生长繁殖的过程。接种方法有斜面接种、液体接种、平板接种、穿刺接种和涂布接种法等。无论是从斜面到斜面或到液体或到平板或相反的过程，接种的核心问题都在于接种过程中，必须采用严格的无菌操作，以确保纯种不被杂菌污染。无菌操作是指培养基经灭菌后，采用经灭菌的接种工具在无菌的条件下接种含菌材料于培养基上的过程。

本实验介绍一些常用的微生物分离纯化的方法和转接种技术。

3　实验材料

3.1　样品　待分离土样或食品样品。

3.2　菌种　大肠杆菌、金黄色葡萄球菌或酿酒酵母斜面菌种。

3.3　培养基及试剂　营养琼脂培养基（培养基 5）、营养琼脂斜面试管、营养半固体培养基、马铃薯葡萄糖琼脂斜面（培养基 3）、无菌生理盐水。

3.4　仪器及其他用品　恒温培养箱、超净工作台、摇床、天平、酒精灯、玻璃涂棒、接种环、500mL 锥形瓶、无菌吸管、无菌试管、无菌培养皿、玻璃珠、标签纸等。

4　实验方法与步骤

4.1　微生物的分离纯化

（1）稀释倒平板法：

①梯度稀释：准确称取待分离土样或食品样品 25g（或 10g），放入盛有 225mL（或 90mL）无菌生理盐水并带玻璃珠的 500mL 锥形瓶中，振摇约 20min，使微生物细胞分散，静置 20～30s，即成 10^{-1} 稀释液，然后用 1mL 无菌吸管从此试管中吸取 1mL 稀释液，移入另一装有 9mL 无菌生理盐水的试管中，混合均匀，即成 10^{-2} 稀释液，以此类推，连续稀释，制成 10^{-3}、10^{-4}、10^{-5}、10^{-6} 等一系列稀释菌液。

②制平板：分别取不同稀释液少许，加到标有编号的无菌培养皿中，再分别倒入已熔化并冷却至50℃左右的营养琼脂培养基，摇匀后立即放平。待琼脂凝固后，即制成可能含菌的琼脂平板。

③保温培养：将平板倒置于30℃的恒温培养箱中培养24～48h，即可出现菌落。如稀释得当，在平板表面或琼脂培养基中就可出现分散的单个菌落。

④挑单菌落：挑取单个菌落，转移至液体培养基中增菌，再重复以上操作数次，便可得到纯培养物（图14-1）。菌落观察并进行染色镜检，检查是否为单一微生物细胞，确定后试管斜面保藏。

接种倒平板
操作视频

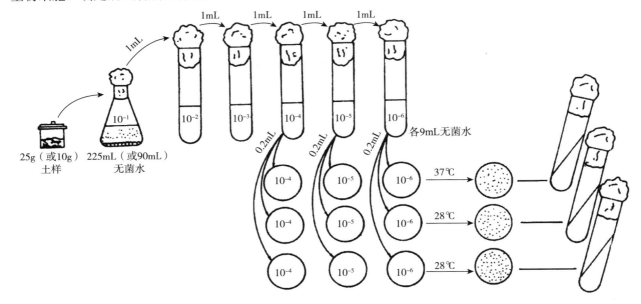

图14-1　稀释倒平板法分离土壤中微生物

（2）涂布平板法：混菌平板法可能会影响热敏菌和严格好氧菌的生长而使这些菌无法很好分离出，相应可采用涂布平板法。

①倒平板：参照实验13中的平板培养基制作方法制备平板，每皿倾入培养基约15mL，待冷却凝固后标记编号。

②样品稀释：按照稀释倒平板法中方法，将样品逐级稀释至适宜稀释度。

③加菌液涂布：将一定量（0.1mL或0.2mL）的某一稀释度的样品悬液滴加在平板表面，再用无菌玻璃涂棒将菌液均匀分散至整个平板表面（图14-2）。

④培养、挑单菌落：同上述稀释倒平板法。重复此过程数次，即可分纯菌种。

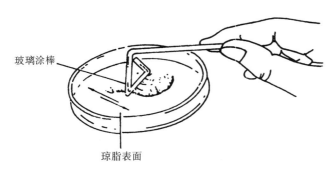

涂布平板操作视频

图14-2　涂布平板法示意图

（3）平板划线分离法：

①倒平板：参照实验13中的平板培养基制作方法制备平板，每皿倾入培养基约15mL，待冷却凝固后标记编号。

②划线：点燃酒精灯，在近火焰处，用左手拿皿底，右手拿接种环，以无菌操作蘸取少许待分离的液体样品（固体样品需用无菌生理盐水稀释后取样），在平板表面进行平行划线、连续划线、交叉划线、扇形划线、方格划线或其他形式的划线，微生物细胞数量将随着划线次数的增加而减少，并逐步分散开来，如果划线适宜的话，微生物能一一分散。

③培养、挑单菌落：经培养后，可在平板表面得到单菌落。（图14-3、图14-4）

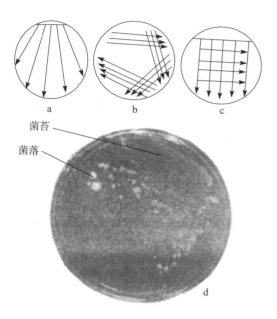

图14-3　平板划线分离法

a. 扇形划线　b. 交叉划线　c. 方格划线

d. 划线分离培养后平板上显示的菌落照片

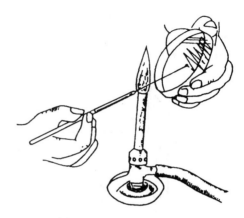

图14-4　平板划线操作图

平板划线分离
操作视频

4.2　微生物转种技术

（1）准备工作：接种前将空白斜面贴上标签，注明菌名、接种日期、接种人姓名。标签应贴在斜面向上的部位。开启超净工作台20min后待用。

（2）接种：点燃酒精灯，将菌种管和新鲜空白斜面试管的斜面向上，用大拇指和其他四指握在左手中，使中指位于两试管之间的部位，无名指和大拇指分别夹住两试管的边缘，管口齐平，试管横放，管口稍稍上斜（图14-5）。右手先将棉塞拧转松动，以利接种时拔出。手拿接种环，使接种环直立在火焰部位将金属环烧红灭菌，然后将接种环来回通过火焰数次，接种时可能进入试管的部分均应灼烧（图14-6）。右手小指、无名指和手掌拔下棉塞并夹紧，棉塞下部应露在手外，勿放桌上，以免污染。试管口迅速在火焰上微烧一周，将试管上可能沾染的少量杂菌烧死。将灼烧过的接种环伸入菌种管内，先将接种环接触无菌的培养基部分，使其冷却，以免烫死菌体。然后用环轻轻取菌少许，并将接种环慢慢从试管中抽出。在火焰旁迅速将接种环伸进另一空白斜面，在斜面培养基上轻轻划线，将菌体接种其上。划线时由底部划起，划成较密的Z字形线；或由底部向上划线，一直划到斜面的顶部。灼烧试管口，并在火焰旁将棉塞塞上。如做穿刺接种只需将接种环改为接种针，用接种针自培养基中心垂直刺入培养基中直到接近试管底部，然后沿着接种线将针拔出，最后塞上棉塞（图14-7）。接种完毕，将接种环上的余菌在火焰上彻底烧死。如接种液体菌种，需使用无菌移液管或滴管替代接种环。

图14-5　斜面接种时试管的两种拿法

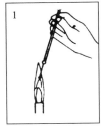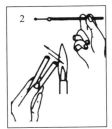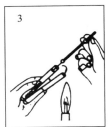

图14-6　斜面接种无菌操作程序

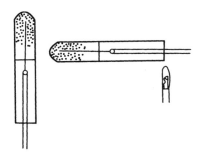

图14-7　穿刺接种

接种环转接菌种
操作视频

（3）接种环灭菌：接种使用过的用具一定要及时灭菌处理，以免造成周围环境污染。

5　实验结果

（1）对于纯化好的菌种用显微镜镜检是否已真正分离纯化。
（2）待接菌种培养长出菌落后，观察所划线是否标准。

6　注意事项

（1）接种操作时要使试管口或培养皿靠近火焰旁上方区域（即在无菌区内）。
（2）在固体培养基上划线时注意勿将培养基划破，也不要使菌体沾染管壁或其他地方。

7　思考题

（1）分离纯化微生物的方法有哪些？各方法适用于分离什么菌种？
（2）接种时无菌操作应注意哪些环节？
（3）如何确定平板上某单个菌落是否为纯培养物？请写出实验的主要步骤。

实验15　细菌等单细胞微生物生长曲线的测定

1　目的要求

（1）学习酵母菌、细菌等单细胞微生物生长曲线的特点及比浊法测定原理。
（2）掌握用比浊法进行计数的操作方法。

2 基本原理

生长曲线是单细胞微生物在一定环境条件下于液体培养时所表现出的群体生长规律。测定时一般将一定数量的微生物纯菌种接种到一定体积的已灭菌的适宜新鲜培养液中，在适温条件下培养，定时取样测定培养液中菌的数量，以菌数的对数值为纵坐标，培养时间为横坐标，绘制得到生长曲线。不同的微生物其生长曲线不同，同一微生物在不同培养条件下其生长曲线亦不同。但单细胞微生物的生长曲线变化规律基本相同，一般分为延迟期、对数期、稳定期和衰亡期四个时期。测定一定培养条件下的微生物的生长曲线对科研和实际生产有一定的指导意义。

比浊法是根据培养液中菌细胞数与浑浊度成正比，当光线通过微生物菌悬液时，由于菌体的散射及吸收作用使光线的透过量降低。在一定浓度范围内，悬液中菌体数量与光密度（即 OD 值）成正比，与透光度成反比，而 OD 值可由光电比色计精确测定。因此，可用一系列已知菌数的菌悬液测定 OD 值，作出 OD 值-菌数的标准曲线。而后将样品液所测得的 OD 值从标准曲线中查出对应的菌数。制作标准曲线时，菌体计数可采用血细胞计数板计数或平板菌落计数（见实验11、实验36）。

由于 OD 值受菌体浓度（仅在一定范围内与 OD 值成直线关系）、细胞大小、形态、培养液成分以及所采用的光波长等因素的影响，因此，要调节好待测菌悬液细胞浓度，对不同微生物的菌悬液进行比浊计数，应采用相同的菌株和培养条件制作标准曲线。光波长的选择通常在 $400\sim700nm$，对某种微生物具体采用多大波长还需要经过最大吸收波长和稳定性试验来确定。另外，还应注意培养基的成分和代谢产物不能在所选用波长范围有吸收。本法优点是简便、快速，可以连续测定，适合于自动控制。常用于检测培养过程中细菌或酵母菌细胞数目的消长情况，如生长曲线的测定和工业生产上发酵罐中的细菌或酵母菌的生长情况等。该法不适用于多细胞微生物的生长测定，以及颜色太深的样品或在样品中含有颗粒性杂质的悬液测定。

Bioscreen 生长
曲线分析仪

单细胞微生物的生长曲线也可以采用 Bioscreen 全自动生长曲线分析仪测定绘制。

3 实验材料

3.1 菌种 大肠杆菌等单细胞微生物培养液。

3.2 培养基及试剂 营养肉汤培养基（培养基5）、5倍浓缩的营养肉汤培养液、无菌生理盐水等。

3.3 仪器及其他用品 超净工作台、恒温摇床、722分光光度计、灭菌移液管或滴管、500mL 锥形瓶等。

4 实验方法与步骤

4.1 菌种活化 将大肠杆菌菌种接种到营养肉汤培养液中，于37℃振荡培养18h备用。

4.2 培养 取装有 200mL 灭菌营养肉汤培养液的 500mL 锥形瓶6个，分为2组，第1组3瓶中各接种 20mL 的大肠杆菌种子液，于37℃振荡培养，分别于0、1.5、3、4、6、8、10、12、14、16、18、20、24h取出，放冰箱中贮存，待测定。第2组3瓶采用加富营养物处理，区别于第1组的是在接种培养 6h 后，无菌操作加入浓缩5倍的已灭菌的营养肉汤培养液 20mL，摇匀后继续培养。同样条件培养后同样时间间隔取样测定 OD 值。

4.3 生长量测定

（1）调节分光光度计的波长至 420nm 处，开机预热 10～15min。

（2）以未接种的培养液校正分光光度计的零点（注意以后每次测定均需重新校正零点）。

（3）将培养不同时间、形成不同细胞浓度的细菌培养液从最稀浓度的菌悬液开始，依次在分光光度计上测定 OD_{420}。对浓度大的菌悬液用未接种的营养肉汤培养基适当稀释后测定，使其 OD 值在

0.10～0.65。经稀释后测得的 OD 值要乘以稀释倍数，才是培养液实际的 OD 值。

5　实验结果

（1）将测定的 OD 值填入下表。

培养时间/h	0	1.5	3	4	6	8	10	12	14	16	18	20	24
正常生长 OD 值													
加富培养 OD 值													

（2）绘制生长曲线：以培养时间为横坐标，大肠杆菌菌悬液的 OD 值为纵坐标，绘出大肠杆菌在正常生长和加富培养两种条件下的生长曲线。如果将上述培养至不同时间的大肠杆菌菌悬液用平板菌落计数法测定其每毫升活菌数，则以菌悬液比浊的 OD 值为横坐标，以每毫升细菌数量的对数值为纵坐标，绘制一标准曲线。如此可通过测定任一培养时间的菌悬液 OD 值后，即可在标准曲线上查出含菌数。

6　注意事项

测定 OD 值前，将待测的培养液振荡，使细胞均匀分布。测定 OD 值后，将比色杯中的菌悬液倾入容器中，用水冲洗比色杯，冲洗水也收集于容器进行灭菌，最后用75%乙醇冲洗比色杯。

7　思考题

大肠杆菌在正常生长和加富培养两种条件下的生长曲线图有何不同？

实验16　环境微生物的检测

1　目的要求

（1）证明环境微生物的存在，对微生物无处不在有具体的认识。
（2）强调微生物实验无菌操作技术的重要性。

2　基本原理

微生物在自然界分布广泛，无处不在。由于其个体微小，绝大部分微生物是用肉眼看不到的，因此，只有通过微生物细胞在特定培养基上适宜温度下培养，大量繁殖形成微生物细胞群体，即菌落，才能通过肉眼直接观察。

3　实验材料

3.1　培养基　营养琼脂培养基（培养基5）。
3.2　仪器及其他用品　超净工作台、恒温培养箱、高压蒸汽灭菌锅、微波炉、酒精灯、培养皿、灭菌棉球、镊子、剪刀、灭菌牙签、记号笔等。

4　实验方法与步骤

取5个已倒好的灭菌营养琼脂平板，其中1个作为对照不要开盖，其余4个平板，分别选择下列处理方法。
4.1　空气检验　打开培养皿盖，在空气中暴露约10min，然后盖上皿盖。
4.2　尘土检验　用灭菌棉球在实验台（或凳子）上擦两下，打开皿盖，在培养基表面轻轻涂抹，然后盖上皿盖。注意不要将培养基擦破。

4.3 自来水检验 用灭菌棉球蘸少量自来水，打开皿盖点于培养基表面，注意不要将培养基划破，然后盖上皿盖。

4.4 人体微生物检验 以下三种方法任选一种。

（1）打开培养皿盖，用手指触摸培养基表面 2～3 个点，注意不要将培养基戳破，然后盖上皿盖。

（2）用剪刀取自己的头发约 5cm 长 3～5 根，打开皿盖，用镊子将头发放于培养基表面，注意头发要贴在培养基表面，然后盖上皿盖。

（3）用灭菌牙签取少量牙垢，打开皿盖涂于培养基表面，注意不要将培养基划破，然后盖上皿盖。

4.5 培养 在皿盖上用记号笔写明班级、姓名、日期及处理方法。将营养琼脂平板倒置于 37℃培养箱培养 48h 后，观察结果。

5 实验结果

记录实验结果于下表并描述培养皿中长出的菌落形态特征（如大小、颜色、形状、边缘等）。

微生物来源	菌落数	大小	颜色	形状	边缘	透明程度	表面光泽	质地	是否形成菌苔
空气									
尘土									
自来水									
人体									

6 注意事项

4.1～4.4 步骤的实验内容必须依据无菌操作要求完成。

7 思考题

（1）实验结果说明了什么问题？
（2）微生物实验的无菌操作意义何在？

实验 17 环境因素对微生物生命活动的影响

1 目的要求

了解各类环境因素如温度、氢离子浓度、氧气、盐、化学药剂等对微生物生长的影响。

2 基本原理

微生物的生长要受到各种环境条件的影响，包括物理的、化学的及生物的因素，如温度、氢离子浓度、水分活度、渗透压、氧气（氧化还原电位）、辐射、超声波、无机和有机化学试剂及其他生物生长过程中产生的毒素、抗生素等因素。其中温度、氢离子浓度、氧气、盐等是影响微生物生长较常见亦较重要的环境因素。根据微生物与氧气的关系，可将微生物分为好氧微生物、兼性厌氧微生物、厌氧微生物和微好氧微生物几大类。通常对细菌分类要求进行需氧性的测定。每种微生物都有其生长温度范围，根据其最适生长温度范围，可将微生物分为低温型、中温型和高温型三大类。大多数微生物属于中温型，适宜生长温度在 20～40℃。微生物对环境氢离子浓度即 pH 亦有一定的要求，一般细菌、放线菌适于在中性微偏碱的环境生长，而酵母菌和霉菌适于在微酸性环境中生长。如果 pH 过低或过高都将抑制微生物的生长。盐是微生物生长所需的物质，但浓度高时则会抑制微生物的生长。各类微生物对盐的耐受程度不同。

3 实验材料

3.1 菌种 大肠杆菌、枯草芽孢杆菌、盐杆菌、丙酮-丁酸梭菌。

3.2 培养基及试剂 营养琼脂培养基（培养基5）、营养肉汤培养基（培养基5）、无菌生理盐水、NaCl、青霉素溶液（80万单位/mL）、0.25%新洁而灭、0.1%的升汞水溶液、0.05%的龙胆紫溶液。

3.3 仪器及其他用品 721分光光度计、可控温摇床、无菌吸管、振荡器、恒温培养箱、天平、酒精灯、无菌试管、无菌培养皿、移液管、玻璃涂棒、接种环、镊子、记号笔、灭菌圆滤纸（直径5mm）等。

4 实验方法与步骤

4.1 氧气对微生物生长的影响

（1）菌悬液的制备：用接种环无菌操作取枯草芽孢杆菌、丙酮-丁酸梭菌、大肠杆菌1~2环分别接入3支无菌生理盐水中制成菌悬液。

（2）接种：取已熔化并保温在50℃左右的营养琼脂培养基试管6支，用无菌吸管分别接入菌悬液0.2mL，每种试验菌种平行接种2支，接种后立即置振荡器上混匀，并冷凝。

（3）培养：将接种的试管置于30℃下培养48h。

（4）结果检查：取出培养试管，观察并记录氧气对几种细菌生长的影响。"+"表示阳性反应，"—"表示阴性反应。

4.2 温度对微生物生长的影响

（1）接种：取营养琼脂斜面培养基试管8支，用接种环无菌操作在斜面上划线接种大肠杆菌和枯草芽孢杆菌。

（2）培养：将已接种的斜面试管分别放在4℃、28℃、37℃和45℃下培养。

（3）观察：在培养48h和72h后观察实验菌种的生长状况，确定每种菌的适宜生长温度值。

4.3 氢离子浓度对微生物生长的影响

（1）培养基配制：配制pH为3.0、5.0、7.0、9.0、11.0的营养肉汤培养基，装入试管，并做好标记。

（2）接种：将大肠杆菌、枯草芽孢杆菌和盐杆菌按1%接种量接种于液体培养基试管，每种平行操作2管。

（3）培养：将接种有大肠杆菌、枯草芽孢杆菌和盐杆菌的试管分别置于37℃、28℃和37℃摇床（转速180r/min）中培养24h。

（4）结果观察：取出试管，观察各菌的生长情况，并测OD_{420}，确定每种菌的适宜生长pH。

4.4 盐浓度对微生物生长的影响

（1）培养基的配制：以无NaCl的营养肉汤培养液为对照，分别配制NaCl含量分别为0.2、0.5、1.0、2.0mol/L的液体培养基并分装试管，做好标记，灭菌后备用。

（2）接种：将大肠杆菌、枯草芽孢杆菌和盐杆菌斜面菌种用生理盐水悬浮，按1%接种量分别接种于装有不同盐浓度培养基的试管中，每一浓度做一重复。

（3）培养：将接种有大肠杆菌、枯草芽孢杆菌和盐杆菌的试管分别置于37℃、28℃和37℃的摇床（转速180r/min）中培养24h。

（4）观察：取出试管观察细菌的生长情况，并测OD_{420}，确定每种菌的最高耐盐能力。

4.5 化学药剂对微生物生长的影响

（1）配制菌悬液：取培养18~20h的大肠杆菌、枯草芽孢杆菌和金黄色葡萄球菌斜面各1支，分别加入4mL无菌水，用接种环将菌苔轻轻刮下、振荡，制成均匀的菌悬液，浓度大约为10^6CFU/mL。

（2）倒平板：将熔化并冷却至 45～50℃ 的营养琼脂培养基倾入皿中 12～15mL，平置冷凝。

（3）涂平板：采用无菌操作分别用无菌滴管加 4 滴（或 0.2mL）菌液于上述平板上，每种试验菌一皿，用无菌涂布棒涂布均匀，在皿底写明菌名及测试药品名称。

（4）化学药剂处理：用镊子分别取浸泡在 80 万单位/mL 青霉素溶液、0.25% 新洁尔灭、0.1% 的升汞水溶液、0.05% 的龙胆紫溶液中的圆滤纸片，在容器内壁沥去多余溶液，贴在含菌平板表面，轻轻按压，使滤纸片与培养基密切接触，滤纸片距离培养皿边缘至少 15mm。每个培养皿均匀放置同一测试药品滤纸片 5 张，在平板中央贴上浸有无菌生理盐水的滤纸片作为对照。

（5）培养、观察：将平板倒置于 37℃ 恒温箱中，培养 24h，观察并记录抑（杀）菌圈的大小。

5　实验结果

列表记录不同条件下各菌的生长情况。观察抑（杀）菌圈，并记录抑（杀）菌圈的直径。

6　注意事项

（1）每次接种时注意无菌操作，以防污染杂菌而影响结果观察。

（2）在测定温度以外的其他环境因素对微生物生长的影响时注意要将每种实验菌种放置在适宜温度条件下培养。

（3）在化学药剂对微生物生长的影响实验中，制备平板厚度要均匀，滤纸片形状、大小一致，不要在培养基表面拖动滤纸片，避免化学药剂不均匀扩散。

7　思考题

（1）各测定环境因素是如何影响微生物生长的？

（2）请设计一实验，以确定紫外线杀菌效果与照射剂量的相关性。

（3）利用滤纸片法测定化学药剂对微生物生长的影响时，影响抑（杀）菌圈大小的因素有哪些？抑（杀）菌圈大小能否准确反映化学药品抑（杀）菌能力的强弱？如何证明某种化学药物对某实验菌株是抑菌作用还是杀菌作用？

实验 18　微生物鉴定用常规生化反应试验

微生物的鉴定不仅是微生物分类学中一个重要组成部分，而且也是在具体工作中经常遇到的问题。一般来说，对一株从自然界或其他样品中分离纯化的未知菌种进行经典分类鉴定，需要做以下几方面工作。

①个体形态观察：对未知菌种进行革兰氏染色，辨别是 G^+ 菌，还是 G^- 菌，并观察其形状、大小、有无芽孢及其着生位置等。

②菌落形态观察：对未知菌种进行形态、大小、边缘情况、表面情况、隆起度、透明度、色泽、质地、气味等菌落特征观察。

③动力试验：观察未知菌种能否运动及其鞭毛类型（端生、周生）。

④生理生化反应试验：细菌的代谢与呼吸作用主要依赖酶的活动，各种细菌具有不同的酶类而表现出对某些糖类、含氮化合物的分解代谢途径不同，以及代谢类型等方面均有差异，故可利用这些差异作为细菌分类鉴定重要依据之一。

⑤血清学反应试验：该反应具有特异性强、灵敏度高、简便快速等优点，在微生物分类鉴定中，常用已知菌种制成抗血清，根据它是否与未知菌种发生特异性结合反应来鉴定，判断它们之间的亲缘关系。

⑥查阅菌种鉴定手册：根据以上试验项目的结果，查阅权威性的菌种鉴定手册中微生物分类检索

表，给未知菌种进行鉴定和分类，对号入座。

生理生化反应试验项目很多，本实验针对肠杆菌科各属细菌的分类鉴定，选择其中重要的几项进行试验。

一、糖（醇）发酵试验

1　目的要求

（1）了解糖发酵的原理及其在肠杆菌科各属细菌鉴定中的重要作用。

（2）掌握糖发酵鉴别不同微生物的方法。

2　基本原理

糖（醇）发酵试验是最常用的鉴别微生物的生化反应，在肠道细菌的鉴定上尤为重要。多数细菌都能利用糖类作为碳源和能源，但是它们分解糖类物质的能力有很大差异。有些细菌能分解某种单糖或醇产生有机酸（如乳酸、甲酸、醋酸、丙酸、琥珀酸等）和气体（如氢气、甲烷、二氧化碳等）；有些细菌只产酸不产气。例如，大肠杆菌能分解乳糖和葡萄糖产酸并产气；伤寒沙门氏菌分解葡萄糖产酸不产气，不能分解乳糖；普通变形杆菌分解葡萄糖产酸产气，不能分解乳糖。发酵培养基中含有不同的糖类、蛋白胨和溴甲酚紫（BCP）指示剂，以及倒置的杜氏小管。当发酵产酸时，溴甲酚紫指示剂由紫色（pH 6.8 以上）变为黄色（pH 5.2 以下）。气体的产生可由倒置的杜氏小管中有无气泡来证明（图 18-1a、b、c），或用半固体培养基穿刺接种法亦能判别产气现象（图 18-1d、e）。

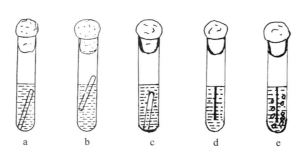

图 18-1　糖发酵试验产气情况

液体培养情况：a. 培养前的情况　b、c. 培养后产酸产气

半固体培养情况：d. 培养前的情况　e. 培养后产酸产气

3　实验材料

3.1　菌种　大肠杆菌（*Escherichia coli*）、沙门氏菌（*Salmonella* sp.）、产气肠杆菌（*Enterobacter aerogenes*）、普通变形杆菌（*Proteus vulgaris*）营养琼脂（NA）斜面培养物。

3.2　培养基　葡萄糖、乳糖、麦芽糖、蔗糖、甘露醇液体培养基（内装有倒置的杜氏小管）或半固体发酵培养基试管（培养基8）、营养琼脂斜面培养基（培养基5）。

3.3　仪器及其他用品　恒温培养箱、移液枪、酒精灯、接种环、接种针、试管、杜氏小管、记号笔、试管架等。

4　实验方法与步骤

4.1　试管标记　取 5 种糖发酵的液体培养基试管和半固体培养基试管，每种糖发酵试管两类各 5 支，用记号笔在试管外壁上分别标明培养基名称和计划接入的细菌菌名或菌号及空白对照。

4.2 接种　液体培养基试管用接种环、半固体培养基试管用接种针穿刺法分别接入大肠杆菌、沙门氏菌、产气肠杆菌、普通变形杆菌 NA 斜面培养物（对应标记），每一类的第 5 支试管均不接种，作为空白对照。液体培养基试管接种后，轻缓摇动试管（防止倒置的杜氏小管进入气泡），使其均匀。

4.3 培养、观察结果　将接入菌及作为对照的试管，置于 37℃ 培养 1～2d，液体培养基试管观察颜色变化及杜氏小管中有无气泡，半固体培养基试管主要观察是否有气泡产生。

5 实验结果

将实验结果用注解符号填入下表。

糖（醇）发酵	大肠杆菌	沙门氏菌	产气肠杆菌	普通变形杆菌	对照
葡萄糖发酵					
乳糖发酵					
麦芽糖发酵					
蔗糖发酵					
甘露醇发酵					

注：－表示不产酸或不产气，培养基仍为紫色；＋表示只产酸而不产气，培养基变黄色；⊕表示产酸又产气，培养基变黄，并有气泡。

6 注意事项

（1）杜氏小管倒置装入液体培养基中，小管内不应有气泡。先用移液枪吸取液体培养基注满小管，再将充满培养基的小管沿试管壁倒置入试管中，而后沿试管壁注入培养基。

（2）液体接种和半固体穿刺接种应按规范手法进行无菌操作。穿刺接种时，接种针勿穿透半固体培养基的底部，接种后按原路拔出。

7 思考题

（1）假如某种微生物可以有氧代谢葡萄糖，发酵试验应该出现什么结果？

（2）在糖发酵试验中，为什么大肠杆菌发酵葡萄糖能产酸产气？而产气肠杆菌发酵葡萄糖则主要产生中性乙酰甲基甲醇？

二、IMViC 与硫化氢试验

1 目的要求

了解 IMViC 与硫化氢试验反应的原理及其在肠杆菌科各属细菌鉴定中的意义和方法。

2 基本原理

IMViC 是吲哚试验（indol test）、甲基红试验（methyl red test，简称 MR 试验）、VP 试验（Voges Prokauer test）和柠檬酸盐试验（citrate test）4 个试验的缩写（i 是在英文中为了发音方便而加上去的）。这 4 个试验主要用来快速鉴别大肠杆菌和产气肠杆菌等肠杆菌科的细菌，多用于食品和饮用水的细菌学检验。大肠杆菌作为食品和饮用水的粪便污染指示菌，若超过一定数量，则表示受粪便污染。产气肠杆菌存在于水、植物、谷物（表面）、食品中，也可作为食品和饮用水的粪便污染指示菌。但在检验时要将两者鉴别区分。

（1）吲哚试验：用于检测细菌分解色氨酸产生吲哚（靛基质）的能力。有些细菌，如大肠杆菌能产生色氨酸水解酶，分解蛋白胨中的色氨酸产生吲哚和丙酮酸。吲哚与对二甲基氨基苯甲醛结合，生成红色的玫瑰吲哚，为阳性反应，而产气肠杆菌为阴性反应。

色氨酸水解反应：

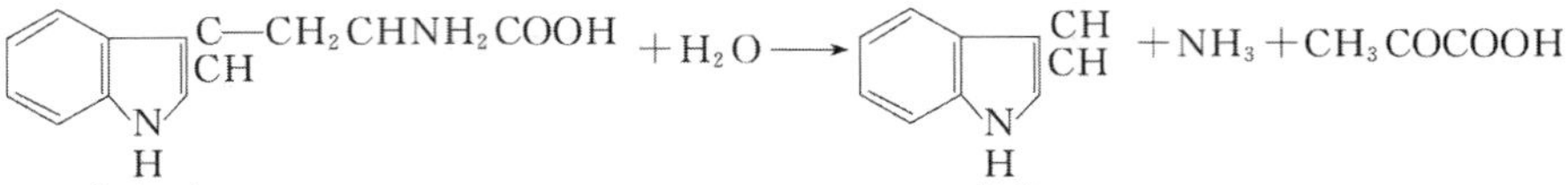

色氨酸　　吲哚

吲哚与对二甲基氨基苯甲醛反应：

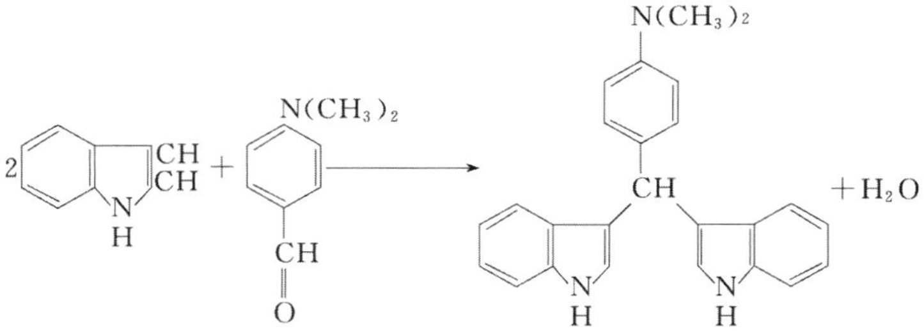

吲哚　对二甲基氨基苯甲醛　　玫瑰吲哚

（2）甲基红试验：用于检测细菌分解葡萄糖产生有机酸的能力。当细菌代谢糖产生有机酸时，使加入培养基中的甲基红指示剂由橘黄色（pH6.3）变为红色（pH4.2），即为甲基红试验阳性反应。例如，大肠杆菌先发酵葡萄糖产生丙酮酸，丙酮酸再被分解为有机酸（甲酸、乙酸、乳酸、琥珀酸等），由于产酸量较多，使培养基的 pH 降至 4.2 以下，此时加入甲基红指示剂呈红色，为阳性反应；而产气肠杆菌分解葡萄糖产生有机酸量少，或产生的有机酸又进一步转化为非酸性末端产物（如醇、醛、酮、气体和水等），使 pH 升至大约 6.0，此时加入甲基红指示剂呈黄色，为阴性反应。

（3）VP 试验：用于检测细菌利用葡萄糖产生非酸性或中性末端产物的能力。某些细菌，如产气肠杆菌分解葡萄糖产生的丙酮酸又进行缩合、脱羧生成乙酰甲基甲醇（3-羟基丁酮），此化合物在碱性条件下易被空气中的氧气氧化成二乙酰（丁二酮），二乙酰与培养基蛋白胨中精氨酸的胍基作用，生成红色化合物，即为 VP 试验阳性反应；而大肠杆菌不产生红色化合物，为阴性反应。若在培养基中加入 α-萘酚或少量肌酸（0.3%）、肌酐等含胍基的化合物，可加速此反应。其化学反应过程如下：

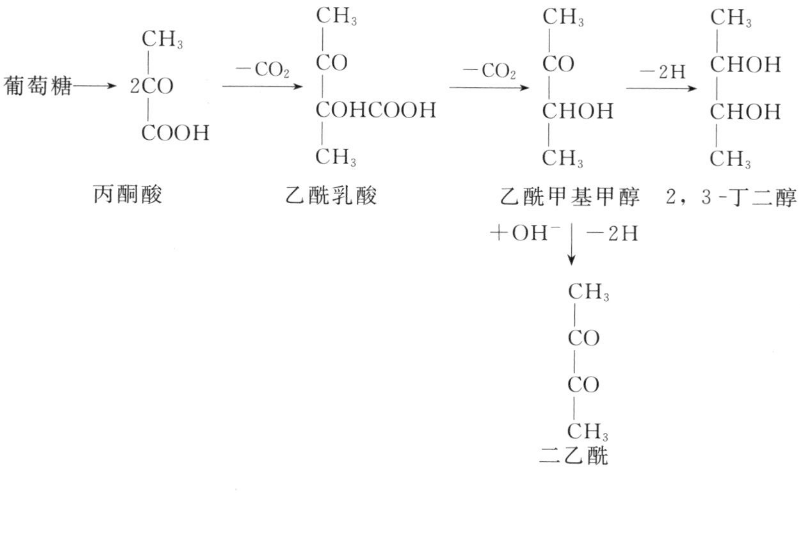

$$CH_3-CO-CO-CH_3 + HN=C(NH_2)(NH_2) \longrightarrow HN=C-N=C-CH_3 ... + 2H_2O$$

二乙酰　　　　　胍基　　　　　　　　　红色化合物

（4）柠檬酸盐试验：用于检测肠杆菌科各属细菌利用柠檬酸的能力。有的细菌，如产气肠杆菌等能够利用柠檬酸钠为碳源。由于细菌不断利用柠檬酸产生 CO_2，CO_2 与培养基中的 Na^+、H_2O 结合形成碳酸钠，导致培养基碱性增加，使培养基中溴麝香草酚蓝指示剂由绿色（pH6.0～7.0）变为蓝色（pH 大于 7.6），即为阳性反应；而大肠杆菌不能利用柠檬酸盐，即为阴性反应。

（5）硫化氢试验：用于检测肠杆菌科各属细菌分解含硫氨基酸释放硫化氢的能力。有些细菌，如沙门氏菌、变形杆菌等能分解含硫氨基酸（胱氨酸、半胱氨酸、甲硫氨酸等）产生硫化氢，遇到培养基中的铅盐（醋酸铅）或铁盐（硫酸亚铁）等，生成黑色的硫化铅或硫化亚铁沉淀物。以半胱氨酸为例，其化学反应过程如下：

$$CH_2SHCHNH_2COOH + H_2O \longrightarrow CH_3COCOOH + H_2S\uparrow + NH_3\uparrow$$
$$H_2S + Pb(CH_3COO)_2 \longrightarrow PbS\downarrow + 2CH_3COOH$$
（黑色）

3　实验材料

3.1　菌种　大肠杆菌（*Escherichia coli*）、沙门氏菌（*Salmonella* sp.）、产气肠杆菌（*Enterobacter aerogenes*）、普通变形杆菌（*Proteus vulgaris*）营养琼脂斜面培养物各 1 支。

3.2　培养基及试剂　蛋白胨水培养基（培养基 45）、葡萄糖蛋白胨水培养基（培养基 10）、西蒙氏柠檬酸盐斜面培养基（培养基 11）、醋酸铅或硫酸亚铁半固体培养基（培养基 12）、营养琼脂培养基（培养基 5）、甲基红指示剂、40%KOH、5% α-萘酚-乙醇溶液（或肌酸）、乙醚、吲哚/靛基质试剂（柯凡克试剂或欧-波试剂）等。

3.3　仪器及其他用品　恒温培养箱、酒精灯、接种环、接种针、记号笔、无菌吸量管、无菌试管、试管架、牙签等。

4　实验方法与步骤

4.1　吲哚/靛基质试验

（1）试管标记：取 5 支蛋白胨水培养基试管，用记号笔在试管外壁上标明计划接入的细菌菌名、空白对照。

（2）接种：将上述 4 种菌营养琼脂斜面培养物分别接入对应标记试管中，第 5 支不接种，作为空白对照。

（3）培养、观察生化反应结果：置 37℃培养 1～2d，必要时可培养 4～5d，加入 3～4 滴乙醚，经充分振荡使吲哚萃取于乙醚中，静置 1～3min，待乙醚浮于培养基液面后，沿试管壁徐徐加入数滴（约 0.5mL）吲哚试剂（不可振荡试管，以免破坏乙醚层），液面有玫瑰红色环者为阳性反应。或加入欧-波试剂约 0.5mL，沿管壁流下，覆盖于培养液表面，静置勿摇动，阳性者于液面接触处呈玫瑰红色。

4.2　VP 试验

（1）试管标记：取 5 支葡萄糖蛋白胨水培养基试管、5 支空试管，用记号笔在试管外壁上标明计划接入的细菌菌名、空白对照。

（2）接种、培养：将上述 4 种菌 NA 斜面培养物分别接入对应标记试管中，第 5 支不接种，作为空白对照，置 37℃ 培养 2d 后，取出试管，振荡 2min。

（3）观察记录生化反应结果：将 5 支空试管中分别加入 3～5mL 以上对应管中的培养液，加入 5～10 滴 40%KOH，并用牙签挑入 0.5～1.0mg 肌酸；或加入等量 5% 的 α-萘酚-乙醇溶液，用力振荡试管，以使空气中的氧溶入，置于 37℃ 温箱中保温 15～30min 后，若培养液呈红色者为阳性反应，黄色者为阴性反应。

4.3　甲基红试验　于 VP 试验留下的培养液中，沿管壁各加入甲基红试剂 2～3 滴，培养液的上层变成红色者为阳性反应，仍呈黄色者为阴性反应。

4.4　柠檬酸盐试验

（1）试管标记：取 5 支西蒙氏柠檬酸盐培养基斜面，用记号笔在试管外壁上标明计划接入的细菌菌名、空白对照。

（2）接种：将上述 4 种菌 NA 斜面培养物分别接入对应标记的试管斜面，第 5 支不接种，作为空白对照。

（3）培养、观察：置 37℃ 培养 2～4d，每天观察结果。阳性者斜面上有菌苔生长，培养基由绿色转为蓝色；阴性者仍为培养基的绿色。

4.5　硫化氢试验

（1）试管标记：取 5 支醋酸铅或硫酸亚铁半固体培养基试管，用记号笔在外壁标明计划接入的细菌菌名和空白对照。

（2）接种：将上述 4 种菌 NA 斜面培养物分别用接种针沿试管壁穿刺接入对应标注的试管培养基中，第 5 支不接种，作为空白对照。

（3）培养、观察：置 37℃ 培养 1～2d，观察结果。产硫化氢者使培养基变黑，为阳性反应。

5　实验结果

将实验结果用注解符号填入下表。

试验项目	大肠杆菌	沙门氏菌	产气肠杆菌	普通变形杆菌	对照
吲哚试验					
甲基红试验					
VP 试验					
柠檬酸盐试验					
硫化氢试验					

注：＋表示阳性反应，－表示阴性反应。

6　注意事项

（1）VP 试验中，原试管中留下的培养液用于甲基红试验。

（2）甲基红试验中，甲基红试剂勿加入过多，以免出现假阳性反应。

7　思考题

（1）讨论 IMViC 试验在微生物学检验上的意义。

（2）解释吲哚试验的反应原理，做吲哚试验可用什么样的合成培养基代替蛋白胨水？为什么用吲哚作为色氨酸酶活性的指示剂，而不用丙酮酸？

（3）为什么大肠杆菌为甲基红反应阳性，而产气肠杆菌为阴性？该试验与 VP 试验最初底物和最终产物有何异同？为什么？

（4）在硫化氢试验中，说明醋酸铅的作用。还可用哪种化合物代替醋酸铅？

（5）细菌生理生化反应试验中为什么设有空白对照？

（6）现分离到一株肠道细菌纯培养菌株，试结合本试验设计一个方案鉴定之。

三、其他生理生化试验

1　目的要求

了解硝酸盐还原试验、尿素分解试验、苯丙氨酸脱氨酶试验、赖氨酸脱羧酶试验、石蕊牛乳试验、过氧化氢酶试验、氧化酶试验、氧化-发酵试验（简称O/F试验）反应的原理及其在肠道杆菌科细菌鉴定中的意义和方法。

2　基本原理

（1）硝酸盐还原试验：用于检测细菌是否具有硝酸盐还原酶的活性。该酶能将培养基中的硝酸盐还原为亚硝酸盐或氨和氮气等。如果细菌将硝酸盐还原为亚硝酸盐，当培养基中加入硝酸盐还原试剂（亦称格里斯试剂）后，亚硝酸盐与乙酸作用生成亚硝酸，亚硝酸与对氨基苯磺酸作用生成对重氮苯磺酸，后者再与 α-萘胺结合生成红色的 N-α-萘胺偶氮苯磺酸，此为阳性反应。其化学反应过程如下：

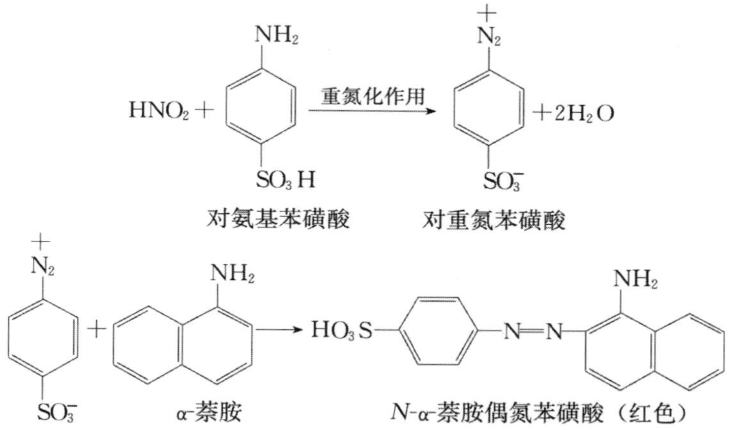

如果在培养基中加入格里斯试剂后培养液不呈现红色，则有下列两种可能：一是细菌不能还原硝酸盐，培养液中仍有硝酸盐存在，此为阴性反应。二是细菌还原硝酸盐生成的亚硝酸盐又继续分解生成氨和氮，此为阳性反应。

判断培养液中硝酸盐是否存在，可用以下两种方法：第一种方法是在培养液中加入1～2滴二苯胺试剂，如果培养液呈蓝色，表示有硝酸盐存在，此为阴性反应；若不变蓝，表示硝酸盐不存在，此为阳性反应。第二种方法是在培养液中加入少量锌粉，经加热后，锌粉使硝酸盐还原为亚硝酸盐，再加入格里斯试剂，若培养液呈现红色，说明原来的硝酸盐未被还原，此为阴性反应；如果培养液不呈现红色，则说明培养液中已不存在硝酸盐，此为阳性反应。

（2）尿素分解试验：用于检测细菌是否具有尿素酶的活性。具有尿素酶的细菌（如变形杆菌等）可以分解培养基中的尿素产生氨，使培养基中的酚红指示剂由黄色（pH6.3～6.8）变成红色（pH8.0～8.4）。

（3）苯丙氨酸脱氨酶试验：用于检测细菌分解苯丙氨酸的脱氨作用。具有苯丙氨酸脱氨酶的细菌，可使苯丙氨酸脱氨生成苯丙酮酸，后者与 $FeCl_3$ 反应生成绿色化合物。

（4）赖氨酸脱羧酶试验：用于检测细菌分解氨基酸的脱羧作用。具有氨基酸脱羧酶的细菌可使基础培养基中的 L-赖氨酸脱羧产生 CO_2，CO_2 再与培养基中的水和氢氧化钠反应生成碳酸盐，使培养基中的溴麝香草酚蓝指示剂由绿色（pH6.0～7.0）变为蓝色（pH 大于 7.6）；或由于产生碱性化合物使培养基中的溴甲酚紫指示剂仍呈紫色。

（5）石蕊牛乳试验：用于检测细菌对牛乳的分解和利用情况。牛乳中含有大量的乳糖、酪蛋白等成分。细菌对牛乳的利用主要是指对乳糖和酪蛋白的分解和利用。牛乳中常加入石蕊作为酸碱指示剂和氧化还原指示剂。石蕊中性时呈淡紫色，酸性时呈粉红色，碱性时呈蓝色，还原时则部分或全部褪色变白。细菌对牛乳的分解和利用可分以下 3 种情况。

①酸凝固作用：分泌乳糖酶的细菌能发酵乳糖产生乳酸，使石蕊牛乳变红，当酸度较高时，可使牛乳凝固，此称为酸凝固。若发酵乳糖产酸的同时又产生气体，可冲开覆盖于培养基上的凡士林。

②凝乳酶凝固作用：某些细菌能分泌凝乳酶，使牛乳中的酪蛋白凝固，这种凝固在中性环境中发生。通常此种菌还具有酪蛋白水解酶，能分解酪蛋白产生氨和胺类等碱性物质，使石蕊牛乳变蓝色或紫蓝色，同时使牛乳变得清亮。

③胨化作用：分泌蛋白酶的细菌水解酪蛋白，使牛乳变成清亮透明的液体。胨化作用可以在酸性或碱性条件下进行。有时石蕊色素呈红色或蓝色，有时因细菌旺盛生长，使培养基氧化还原电位降低，使石蕊被还原而褪色。

若发酵剧烈，产酸、产气、凝固、胨化同时产生的现象称为汹涌发酵。此现象为产气荚膜梭菌所特有。细菌能否在牛乳中产酸凝固或分解酪蛋白胨化，取决于其本身特性（主要指酶系统）。因此，细菌利用和分解牛乳的不同反应现象，即可作为鉴定细菌的依据。

（6）过氧化氢酶试验：用于检测细菌是否具有过氧化氢酶的活性。许多好氧菌和兼性厌氧菌，如葡萄球菌、肠道杆菌科的细菌等具有过氧化氢酶活性，能催化过氧化氢释放出大量氧气，形成气泡。厌氧菌不具有过氧化氢酶活性。

（7）氧化酶试验：用于检测细菌是否具有氧化酶的活性。具有氧化酶的细菌，如乳酸细菌等能将盐酸二甲基对苯二胺或四甲基对苯二胺试剂氧化成红色的醌类化合物，继而颜色逐渐加深，此为氧化酶试验阳性反应。由于细菌的氧化酶试验阳性属于发酵型试验阳性反应，氧化酶试验阴性属于发酵型试验阴性反应，因此 O/F 试验可以用氧化酶试验替代。

（8）O/F 试验：用 O/F 基础培养基来鉴别各种 G^- 菌对糖类的发酵型或氧化型的代谢作用。如果将一种 G^- 菌接种于两支含一种糖类的 O/F 基础培养基试管中，其中一管上面覆盖矿物油以隔离氧气；另一管不覆盖，可以观察到具有鉴别意义的反应。发酵型细菌在两管培养基中均产生酸性产物，培养基中的溴麝香草酚蓝指示剂由绿色（pH6.0～7.0）变为黄色（pH 小于 6.0）；氧化型细菌则在未覆盖矿物油的试管中产生酸性产物，而在覆盖矿物油的培养基中只有轻度生长，甚至没有生长，也无反应变化；对于非发酵型和非氧化型的细胞则覆盖矿物油试管不发生变化，而未覆盖矿物油试管产生碱性产物，培养基中的溴麝香草酚蓝指示剂由绿色（pH6.0～7.0）变为蓝色（pH 大于 7.6）。

3 实验材料

3.1 菌种 大肠杆菌（*Escherichia coli*）、沙门氏菌（*Salmonella* sp.）、产气肠杆菌（*Enterobacter aerogenes*）、普通变形杆菌（*Proteus vulgaris*）NA 斜面培养物各 1 支。

3.2 培养基及试剂 好氧菌/厌氧菌硝酸盐培养基（培养基 13）、尿素培养基（液体或斜面）（培养基 14）、苯丙氨酸脱氨酶试验培养基（培养基 15）、赖氨酸脱羧酶试验培养基（培养基 16）、石蕊牛乳（淡紫色）培养基（培养基 17）、营养琼脂培养基（培养基 5）、O/F 基础培养基（培养基 18）等；格里斯试剂 A 液和 B 液、二苯胺试剂（或锌粉）、10% $FeCl_3$ 溶液（m/V）、3% H_2O_2、氧化酶试剂（1% 盐酸二甲基对苯二胺或盐酸四甲基对苯二胺试剂、1% α-萘酚-乙醇溶液）、无菌液体石蜡、无菌水或生理盐水。

3.3 仪器及其他用品 恒温培养箱、酒精灯、接种环、一次性塑料接种环、接种针、无菌吸管、滤纸、记号笔、试管、试管架等。

4 操作步骤

4.1 硝酸盐还原试验

（1）好氧菌硝酸盐还原试验：

①试管标记：取 2 支好氧菌的硝酸盐液体培养基试管，用记号笔标记细菌菌名和空白对照。另外准备 4 支空试管，做好标记，用于第③步检测。

②接种、培养：将大肠杆菌或产气肠杆菌 NA 斜面培养物接入对应试管培养基中，另一管不接种作为空白对照，37℃培养 2～4d。

③观察记录生化反应结果：用干净的空试管将培养液分成两管，其中一管滴入格里斯试剂 A 液和 B 液各 1 滴，对照管也同样分成两管，其中一管加入 A 液、B 液各 1 滴，观察颜色变化。如立刻或数分钟内显红色、玫瑰红色、橙色、棕色等表示有亚硝酸盐存在，此为阳性反应。如果不出现红色，则在另一管中加入 1～2 滴二苯胺试剂，若呈现蓝色为阴性反应，若不呈现蓝色为阳性反应。

（2）厌氧菌硝酸盐还原试验：接种厌氧细菌于厌氧菌的硝酸盐培养基中，进行厌氧培养后加入格里斯试剂。其实验方法和观察结果与（1）相同，但培养时间为 1～2d 即可。

4.2 尿素分解试验

（1）接种：将沙门氏菌和普通变形杆菌 NA 斜面纯培养物以无菌操作接种于尿素培养基（液体或斜面）内。

（2）培养、观察：置于 37℃恒温箱培养 1d 后观察结果。尿素酶阳性者由于产碱而使培养基变为红色。若在 4d 内培养基仍为黄色，判为阴性反应。

4.3 苯丙氨酸脱氨酶试验

（1）接种：接种大量大肠杆菌和普通变形杆菌 NA 斜面培养物于苯丙氨酸培养基斜面上。

（2）培养、观察：将斜面试管经 37℃培养 18～24h 后，滴入 4～5 滴 10% 的 $FeCl_3$ 溶液于长菌斜面上，观察颜色变化，变绿色者为阳性反应。

4.4 赖氨酸脱羧酶试验

（1）接种：挑取待检细菌 NA 斜面纯培养物，分别接种于装有赖氨酸脱羧酶试验培养基和对照培养基的小试管内，上面覆盖一层无菌液体石蜡（2 滴），以防产生的 CO_2 逸出，同时在厌氧条件下产生赖氨酸脱羧酶。

（2）培养、观察：将试管于 37℃培养 18～24h，观察结果。如以溴甲酚紫-乙醇溶液为指示剂，氨基酸脱羧酶阳性者由于产碱，培养基应呈紫色；阴性者无碱性产物，但因葡萄糖产酸而使培养基变为黄色；对照管应为黄色。如以溴麝香草酚蓝为指示剂，培养液变蓝色者为阳性反应。

4.5 石蕊牛乳试验

（1）接种：将大肠杆菌、普通变形杆菌等纯培养物接种于石蕊牛乳培养基试管中，同时取一试管不接种作空白对照。

（2）培养、观察：将试管于 37℃培养 2～3d 后观察结果。如果石蕊牛乳褪去淡紫色，恢复牛乳颜色，表明产酸；牛乳变得黏稠不易流动者，为凝固；石蕊牛乳变蓝色者，表明产碱；牛乳变澄清者，为胨化。若在 7d 后培养基仍无变化，此为阴性反应。

4.6 过氧化氢酶（接触酶）试验

（1）玻片法：用无菌一次性塑料接种环挑取大肠杆菌、产气肠杆菌等 NA 平板上的菌落或斜面菌苔一环，涂抹于已滴有 3% H_2O_2 的干净载玻片上，于 0.5min 内如有气泡产生即为阳性反应，不产生气泡者为阴性。

（2）试管法：用无菌一次性塑料接种环挑取平板菌落或斜面菌苔少许，在盛有 3% H_2O_2 的干净试管壁上反复研磨，如有气泡产生者为阳性反应。

4.7　氧化酶试验

（1）接菌：用无菌一次性接种环挑取待检细菌平板菌落或斜面菌苔，涂布于事先用 1 滴无菌水或生理盐水润湿的滤纸条上。

（2）观察生化反应：加 1% 盐酸二甲基对苯二胺或四甲基对苯二胺试剂 1 滴，观察颜色变化。如果 10s 内呈现粉红或紫红色，即为氧化酶试验阳性，而后颜色逐渐加深呈紫色或深蓝色；不变色者为氧化酶试验阴性。继续加 1% α-萘酚-乙醇溶液 1 滴，阳性者于 0.5min 内呈现鲜蓝色；阴性于 2min 内不变色。也可将上述试剂直接滴加到可疑菌落上，若菌落不久变为红色，经淡紫黑色最后为紫黑色者为氧化酶阳性反应。若要分离该菌时，应在菌落变紫黑前立即移植，否则细菌容易死亡。

4.8　O/F 试验

（1）接种：将待鉴别细菌 NA 斜面培养物以无菌操作穿刺接种于 O/F 基础培养基试管 2 支，其中一支覆盖矿物油（灭菌液体石蜡）以隔绝氧气，另一支不加。

（2）培养、观察：置 37℃恒温培养 1～2d 后，观察反应现象。如果两管培养物均由绿色变黄色，则为发酵型细菌；若其中一管未加石蜡的培养物由绿色变黄色，而另一管加石蜡的培养物颜色无变化，轻微生长，或不生长，为氧化型细菌；如果其中一管未加石蜡的培养物由绿色变蓝色，而在加石蜡管中不发生变化，为非发酵型和非氧化型细菌。

5　实验报告

将实验结果用注解符号填入下表。

试验项目	大肠杆菌	沙门氏菌	产气肠杆菌	普通变形杆菌	对照
硝酸盐还原试验					
尿素分解试验					
苯丙氨酸脱氨酶试验					
赖氨酸脱羧酶试验					
石蕊牛乳试验					
过氧化氢酶试验					
氧化酶试验					
O/F 试验					
产酸及酸凝固					
产碱及凝乳酶凝固					
胨化					

注：＋表示阳性反应，－表示阴性反应。

6　注意事项

（1）好氧菌硝酸盐还原试验中，要避免接触含铁物质，若遇铁即出现假阳性反应。

（2）石蕊牛乳试验中，应注意：①石蕊在牛乳中随时间延长而下沉，使用前要摇匀。而在观察时，勿摇动试管。②接入菌种培养产酸时，一般不呈现红色，而是石蕊牛乳的淡紫色消退，但是长时间培养，表面出现浅红色。③由于牛乳的产酸、凝固和胨化现象为连续相继变化，因此必须连续观察结果。当观察到某种现象（如胨化）出现的同时，另一种现象已经消失。

（3）过氧化氢酶试验中，用于培养试验菌培养基中不能含有血红素、红细胞或体液，因其中含有过氧化氢酶，易出现假阳性反应；H_2O_2 遇铁会产生假阳性反应，勿用铁金属接种环操作。

（4）氧化酶试验中切勿接触镍或铬材料。

7　思考题

（1）说明硝酸盐还原试验对细菌的生理意义。能进行硝酸盐还原反应的细菌属于化能自养菌还是化能异养菌？它们是进行有氧呼吸还是无氧呼吸或发酵？

（2）利用石蕊牛乳试验可以观察到试验菌的哪些特性？

（3）过氧化氢酶对好氧菌的生活有何意义？

实验 19　微生物鉴定用微量生化反应试验

1　目的要求

（1）学习微量生化反应试验的原理，掌握用微生物的微量鉴定系统快速鉴定菌种新技术。

（2）学会使用 Biolog 自动微生物鉴定分析系统的方法。

2　基本原理

美国 Biolog 公司生产的自动微生物鉴定分析系统可以鉴定细菌、酵母菌和霉菌。其鉴定原理是：微生物利用不同碳源进行代谢产生的酶类还原四唑类物质（如 TV）而发生颜色变化（其中酵母菌和细菌的显色物质是四唑紫，其氧化态为无色，还原态为紫色；霉菌的显色物质是 INT，其氧化态为无色，还原态为红色）和浊度差异为基础，在大量试验和数学模型基础上，建立碳源代谢指纹图谱与微生物种类相对应的数据库。检测时通过智能软件将待鉴定微生物的图谱与数据库参比，即可得出鉴定结果。Biolog 微生物鉴定板（图 19-1）包含由 8 行（即 A、B、C、D、E、F、G、H）和 12 列组成的 96 个塑料微孔。Biolog 鉴定板（GENⅢ鉴定板）中 A_1 孔为阴性对照（不含碳源，培养后保持无色），A_{10} 孔为阳性对照（培养后呈紫色），其余孔分别含有碳源、营养物质、生化试剂、胶质和四唑类物质，能够进行 91 种碳源生化反应和 23 种化学灵敏性测试。鉴定板培养 4~6h 和/或 16~24h（也可根据需要延长培养时间），使微生物充分利用碳源，形成稳定的碳源代谢指纹图谱，软件自动将鉴定板的数据与数据库比对，即得出与数据库中最相似的菌种名称。

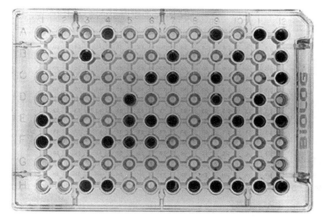

图 19-1　Biolog 微生物鉴定板

自动微生物鉴定分析系统与常规的生化反应鉴定方法比较，具有快速、准确、微量化、重复性好、操作简易等优点；微量鉴定板中每一孔发生的碳源代谢可同时替代人工制备几十种培养基的生化反应，节省了人力、物力和时间；鉴定菌谱广，可鉴定包括细菌、酵母菌和霉菌在内的 2 000 多种常见和不常见的微生物。目前，该鉴定分析系统广泛应用于动植物检疫、临床和兽医检验、食品和饮用水卫生监控、药物生产、环境保护、发酵产品质量控制、生物工程研究以及土壤学、生态学等许多方面，已成为微生物学快速和自动化诊断与鉴定方面的重要新技术。

3 实验材料

3.1 菌种 待测芽孢杆菌（或 G$^-$/G$^+$ 肠道或非肠道细菌、乳杆菌/乳球菌、酵母菌等）斜面培养物。

3.2 培养基及试剂 标准 BUG、BUG＋B、BUY 琼脂培养基（BUG、BUY 均为 Biolog 公司专用鉴定培养基），营养琼脂培养基（培养基 5），MRS 培养基（培养基 19），PDA 琼脂（培养基 3），Biolog 公司 IF-A、IF-B、IF-C 专用接种液（14mL/管，置于 2～8℃ 冰箱保存，临用时恢复至 25℃），酵母菌接种液（超纯净水）（18mL/管，0.1MPa 灭菌 30min，备用），无菌 0.1mol/L 水杨酸钠（Biolog 专用），0.85％ 无菌生理盐水（9mL/试管），无菌水等。

3.3 Biolog 标准浊度液 有 20％T、28％T、47％T、52％T、61％T、65％T、75％T 几种浊度管，各管规格为 20mm×150mm，与浊度计的检测孔相匹配，用于校正浊度计的浊度。

3.4 仪器及其他用品 Biolog Micro Station 读数仪（酶标仪）、浊度计（临用前充电）、8 道电动连续微量移液器（临用前充电）、电脑及软件、打印机、无菌超净工作台、培养箱、显微镜、无菌长棉签（长 178mm，专用于挑取菌落和制备菌悬液）、接种长木棒（长 152mm，顶端为锥形，专用于挑取菌落及干管分散技术）、接种环、无菌干燥试管（20mm×150mm）、无菌平皿、锥形瓶、酒精灯、微孔鉴定板（GENⅢ 鉴定板、YT 鉴定板，置 2～8℃ 冰箱保存，临用时恢复至 25℃）、一次性 V 型加样槽、移液器的吸头、4 层湿纱布、带盖搪瓷盘或带盖塑料盒等。

4 实验方法与步骤

不同种类微生物鉴定步骤见表 19-1，一般鉴定步骤为：未知斜面菌种→生理盐水试管稀释→划线接种自制培养基平板→培养箱适温培养→挑单个菌落→划线接种标准培养基平板→制备菌悬液→浊度计调整适宜浊度（细胞浓度）→移液器接种微孔鉴定板→适温培养（鉴定板置湿盒中）→读数仪读取鉴定结果→打印报告。

表 19-1 不同种类微生物鉴定步骤总览表

项目	一般肠道、非肠道好氧的 G$^-$ 菌/G$^+$ 菌	芽孢杆菌属、短杆菌属、弧菌属、气单胞菌属等细菌	乳杆菌属、乳球菌属、明串珠菌属、片球菌属、链球菌属、棒状杆菌属、四链球菌属、气球菌属等细菌	酵母菌
培养基	BUG＋B	BUG＋B	BUG＋B	BUY
接种方式	连续划线	十字划线	连续划线	连续划线
气体条件	空气	空气	6.5％CO$_2$	空气
培养温度	33℃	33℃	33～37℃	26℃
培养时间	16～24h，个别 48h	12～24h，个别 48h	24～48h	48h
接种液	IF-A	IF-B	IF-C	water
浊度	90％～98％T	90％～98％T	90％～98％T 或 62％～68％T	47％T
鉴定板	GENⅢ	GENⅢ	GENⅢ	YT
接种量	100μL	100μL	100μL	100μL
培养温度	33℃	33℃	33℃	26℃
培养时间	4～6h 或 16～24h	4～6h 或 16～24h	4～6h 或 16～24h	24h，48h，72h

以鉴定芽孢杆菌为例，其实验方法与步骤如下：

4.1　接种标准 BUG＋B 平板　用木制无菌接种棒挑取自制琼脂平板上分离良好的单菌落，在 BUG＋B 琼脂平板的中部划"十"字交叉的窄线，于 33℃ 培养 12～24h（若微生物生长快速，仅需培养 12～16h，即平板上刚长出菌苔。因芽孢在稳定期形成，故培养时间不能太长，否则影响鉴定结果）。若待接微生物容易扩展生长，仅需划单条"十"字线（图 19-2）。芽孢杆菌在营养缺乏时易形成芽孢，划"十"字窄线的目的是保证充足的营养，避免形成芽孢。若芽孢杆菌不易扩展生长，可在同一个方向上以"之"字形来回划三条线，且线之间的距离尽可能短。

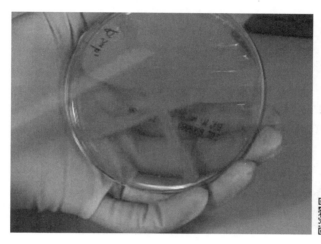

图 19-2　平板十字接种方法

若待鉴定菌种为非芽孢菌，则用接种环挑取单菌落在标准平板上做连续划线接种，于相应温度条件下（表 19-1）培养 16～24h，个别菌株延长至 48h。

4.2　制备菌悬液　制备芽孢杆菌的菌悬液采用干管分散技术，即用无菌接种棒在"十"字线四条边的中点处划一标记线，仅挑取每条边外半部分的菌落或菌苔（图 19-3），小心插入一支干燥的无菌试管（20mm×150mm）中，沿试管内壁旋转几圈，将菌落转至试管内壁，然后用接种棒上下划动，并转动试管，将菌落均匀分散。再挑取另三条边的菌落或菌苔，用同样方法分散。以无菌吸管吸取 3～5mL IF-B 接种液（如临用时无 IF-B 接种液，亦可用 IF-A 替代，但有时结果不准确），移入分散良好的干管中，用一支无菌棉签将试管内壁的菌落上下研磨洗下，与 IF-B 接种液均匀混合，使之呈乳浊液。将剩余的 IF-B 接种液移入试管中，混合均匀，使之呈乳白色（图 19-4）。静置 5min 后，测定浊度。

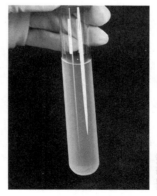

图 19-3　平板挑取菌落方法　　　　　　　图 19-4　调整浊度情况

若待鉴定菌种为非芽孢菌，则用一支无菌湿棉签（预先在接种液中润湿）以滚动方式轻轻蘸取标准平板边缘健壮的菌落（勿挑起平板上的培养基），移入 3～5mL 接种液中，用棉签沿试管内壁上下研磨洗下菌落，使菌体分散均匀，将剩余的接种液移入试管中，混合均匀，制成均一、无菌团的菌悬液。静置 5min 后测定浊度。如用此种方法难以制成均一、无菌团的菌悬液，则采用干管分散技术制备。

4.3　调整浊度　开启充电后的浊度计电源，指针应指在 0％T，如果没有，用螺丝刀调整。先用 IF-B 空白液试管置于浊度计中，调整指针 100％T（透光率），再用 Biolog 标准浊度管校正读数为 75％T。用吸水纸擦净 IF-B 接种液的试管外壁，将之插入浊度计中，测定菌悬液浊度应为 90％～98％T。

（1）若菌悬液的浊度在要求的浊度范围内，无须再调整浊度。

（2）若菌悬液的浊度小于目标浊度（透光率比标准浊度液高），则要增加浊度。具体方法：挑取菌落到另一支干管中，采用干管分散技术散开菌落，加入接种液制备高浊度的菌悬液，再兑入低浊度的菌悬液中，静置 5min 后重新测定浊度，如此反复调整，直至菌悬液浊度达到范围。

（3）若菌悬液的浊度高于目标浊度（透光率比标准浊度液低），则要降低浊度。具体操作：继续加接种液，静置 5min 后重新测定浊度，如此反复调整，直至菌悬液的浊度达到范围。

4.4　接种微孔鉴定板　浊度调整好后，将菌悬液倾入 V 型加样槽中，并保留最后 1mL 菌悬液于试管中，勿将试管底部未分散的菌团倾入加样槽中。将 8 道移液器调整至 P3 状态，使 8 支移液器的吸头 1 次吸入菌悬液的总量为（$1\,250\times8$）μL，于每个 GENⅢ鉴定板的孔中挨排加入 100μL 菌悬液，吸取一次菌悬液，加入所有的微孔中。

4.5　培养　为防止微孔鉴定板水分蒸发，应将之置于带盖搪瓷盘或带盖塑料盒中，底部垫 4 层湿纱布或湿毛巾以保湿，再置于 33℃温箱中培养 4～6h 或 16～24h 后，于读数仪中读取结果。

4.6　读取结果　采用 MicroLog 软件读取 GENⅢ鉴定板的数据。取培养 4～6h 的鉴定板读数一次，并于 16～24h 读取结果。打开计算机和读数仪的电源开关，启动计算机和读数仪。双击计算机桌面图标即可打开 MicroLog 应用程序；点击 SETUP，进行初始化设置（由 No 变为 Yes）；如果人工读数，直接按 Data 进入；选择培养时间，输入样品编号，选择鉴定板类型；在"Strain type"下拉菜单中选择 GP-ROD SB；将培养后的鉴定板放入读数仪的托架上，并使 A₁ 孔在左上角的位置，取下鉴定板盖子，盖上读数仪盖子，按"Read Next"键开始读数；读数时，将与 A₁ 孔颜色相似的孔，均划为阴性反应（－）；将与 A₁ 孔相比有明显紫色的孔，均划为阳性反应（＋）；具有微弱颜色或紫色斑点结块的孔，均划为边界值（＼）。大多数细菌都会形成明显深紫色阳性反应，然而某些属中细菌的阳性反应为浅紫色亦属于正常结果。读数仪扫描鉴定板后，自动弹出鉴定结果，显示在电脑屏幕上，并打印报告。

4.7　GENⅢ鉴定板使用方法说明

（1）**方法一**：鉴定一般肠道、非肠道好氧的 G⁺菌和 G⁻菌，均可采用 BUG＋B 平板于 33℃分离培养 16～24h，个别菌株延长至 48h，以 IF-A 接种液制备菌悬液（菌悬液的浊度调整至 90％～98％T），使用 GENⅢ鉴定板于 33℃培养 4～6h 或 16～24h。

（2）**方法二**：鉴定芽孢杆菌属、短杆菌属、弧菌属、气单胞菌属等细菌，以及在方法一中鉴定板的 A₁ 孔出现假阳性的细菌，应将接种液改成 IF-B，其他同方法一。

（3）**方法三**：鉴定乳杆菌属、乳球菌属、明串珠菌属、片球菌属、链球菌属、棒状杆菌属、四链球菌属、气球菌属等细菌，以及一些微好氧菌和苛生菌在方法一中有很少的阳性孔的细菌，采用 BUG＋B 平板于 33～37℃及 6.5％ CO₂ 条件下分离培养，以 IF-C 接种液制备菌悬液，菌悬液的浊度调整至 90％～98％T（乳杆菌、乳球菌、明串珠菌、片球菌、链球菌、棒状杆菌、气球菌）或 62％～68％T（乳杆菌、明串珠菌、片球菌、棒状杆菌、四链球菌），使用 GENⅢ鉴定板于 33℃厌氧培养 4～6h 或 16～24h。

4.8　结果识别

（1）白色圆点代表阴性结果，紫色圆点代表阳性结果，圆点的白色和绿色各半代表边界值。

（2）如果鉴定结果的圆点中标记有"＋"号，如 C₅ 孔和 C₉ 孔出现"＋"号，则表示鉴定结果与数据库不匹配。数据库中该孔应该为阳性结果，而不是阴性结果。

（3）如果鉴定结果与数据库匹配良好，则将鉴定结果显示在绿色结果栏上，10个结果按可能性从大到小列于滚动栏中。如果鉴定结果不可靠，结果栏为黄色，显示"No ID"字样，但仍列出最可能的10个结果。

（4）每个结果均显示三种重要的参数：①可能性——$PROB$值（probability），以百分比表示；②相似性——SIM值（similarity）；③位距——DIS值（distance），表示测试结果与数据库相应的数据条的匹配程度。其中DIS和SIM是最重要的两个值。

（5）比较是基于数据库的特性。例如，第一个结果的DIS值为0.4（<5），表示好的匹配结果。第二和第三个结果的DIS值分别为6.32和7.55（>5），此两个值表明与第一个结果有较大差距，因此，第二和第三个结果不太可能为正确的结果。

（6）鉴定细菌获得良好鉴定结果时，SIM值在培养4～6h时应$\geqslant 0.75$，培养16～24h时应$\geqslant 0.90$。SIM值越接近1.00，鉴定结果的可靠性越高。例如，SIM值达到0.973，表示此鉴定结果为一个非常好的结果。当SIM值<0.5，但鉴定结果中属名相同的结果的SIM值之和>0.5时，数据库自动给出的鉴定结果为属名。鉴定不同种类微生物SIM值的最小值如表19-2所示。

表 19-2　鉴定不同种类微生物 SIM 值的最小值

数据库	SIM 值	培养时间/h
G⁻好氧菌	$\geqslant 0.5$	16～24
G⁺好氧菌	$\geqslant 0.75$	4～6
	$\geqslant 0.90$	4～6
厌氧菌	$\geqslant 0.5$	20～24
酵母菌	$\geqslant 0.75$	24
	$\geqslant 0.5$	48 或 72
	$\geqslant 0.90$	24
丝状真菌	$\geqslant 0.70$	48
（含部分酵母菌）	$\geqslant 0.65$	72
	$\geqslant 0.60$	96

6　实验结果

根据以上微量生化反应试验结果作出鉴定报告，并对结果进行分析。

7　注意事项

（1）保证纯种是微生物鉴定的首要条件，可以采用国产培养基或筛选的培养基进行分离纯化。为了纯化效果，最好进行两次以上的划线分离，取单菌落纯化。鉴定前，试管菌种需活化1代，冻干菌种至少需活化2～3代后，用高活力的纯粹菌种鉴定。纯化好的菌株最好用Biolog推荐的标准培养基和培养条件传代2次，使菌株恢复最佳代谢活力，并达到对数生长期（一些稳定期的菌株代谢活性较差），从而准确与数据库中的碳源代谢模式匹配。

（2）必须使用无菌器材并进行无菌操作，否则杂菌污染会干扰鉴定结果。大多数无菌器材为一次性消耗品，试管或移液器枪头如重复使用，需用清洁剂洗净，并将残留的清洁剂冲净。

（3）制备芽孢杆菌的菌悬液时，由于平板上"十"字中间部分的菌落有产芽孢趋势，呈休眠状态，故不能挑取这样的菌落，否则反应微弱，易产生假阴性结果。勿挑起平板上的培养基，否则会带入其他碳源。鉴定芽孢菌时这一步骤非常关键，否则影响正确的鉴定结果。

（4）适宜的菌悬液浓度和培养温度，消除菌块与使用抗凝聚剂是获得准确结果的关键因素。对于生长较弱的细菌（如个别乳杆菌或乳球菌），可以试验将菌悬液的浓度调高些（如20%～30%T），否则因接种的菌悬液浓度不高，会出现鉴定板所有的孔均呈阴性反应的结果。鉴定板培养温度除嗜热菌外，一般细菌为33℃，酵母菌为26℃。

（5）接种微孔鉴定板时，应将吸头轻轻斜搭在微孔边缘，勿深入微孔中，否则易将每孔培养基中的唯一鉴定碳源互相混杂，影响鉴定结果；同时注意每孔应加满，并无气泡产生。

（6）为了抑制细菌产生芽孢和形成荚膜，可在接种液中加入 $0.1 \sim 0.5mL$ $0.1mol/L$ 的水杨酸钠，否则细菌利用自身荚膜多糖或芽孢中的碳源，使鉴定板有90％以上为阳性孔，影响鉴定结果。

（7）对于产荚膜的细菌，在标准平板上用棉签小心挑出菌落于无菌生理盐水中，离心洗涤1次，再用菌泥和接种液制备菌悬液，以去除荚膜。

（8）需要在巧克力培养基上生长或需 6.5％ CO_2 生长的微生物，以及在 BUG＋B 平板上形成的菌落小于1mm的微生物，均为苛生菌。

（9）除了农业微生物之外，鉴定其他细菌（包括食品）必须在 BUG 培养基中加 B（绵羊血）。

8　仪器的维护与保养

（1）操作人员应做好读数仪的防尘工作，不使用时盖上防尘罩。

（2）读数仪光源为易耗品，工作寿命约2 000h，不使用时尽可能将读数仪电源关闭。

（3）计算机必须专用，避免上网和玩游戏，以免感染病毒或造成不可恢复性死机，重装软件和数据库会带来较大损失。

9　思考题

（1）根据实验结果，你认为微量生化反应鉴定系统有何优点与不足？

（2）如何采取有效措施消除细菌荚膜和芽孢的干扰？

（3）分析讨论有哪些因素和不正确的操作影响微生物微量生化反应鉴定结果。如果鉴定失败，请分析原因。

（4）如果鉴定板中所有的孔均呈阳性反应或阴性反应，请分析原因。

实验20　微生物的菌种保藏技术

1　目的要求

（1）了解微生物菌种保藏的基本原理及低温冷冻干燥法的优点。

（2）掌握几种常用的微生物菌种保藏方法。

2　基本原理

菌种保藏是微生物学的一项重要基础工作，其目的是为了保持微生物的优良性状及活力，使其不死亡、不污染、不退化、便于使用、便于交换。为此，可根据微生物自身的生理特点，通过人为地创造一个低温、干燥、缺氧、避光和缺少营养的环境条件，以使微生物的生长受到抑制，新陈代谢作用限制在最低范围内，生命活动基本处于休眠状态，从而达到保藏的目的。菌种保藏方法很多，有斜面划线或半固体穿刺菌种的普通冰箱低温保藏法、矿物油封藏法、载体保藏法、真空干燥保藏法、冷冻真空干燥保藏法、超低温保藏法和活体寄生保藏法等。

（1）斜面低温保藏法和半固体穿刺保藏法：将在斜面或半固体培养基上生长健壮的培养物置于4℃冰箱中保藏，定期移植。此法利用低温抑制微生物生长。优点是不需特殊设备，操作简便易行，在实验室和工厂菌种室广泛采用。缺点是保藏时间短，菌种传代次数较频，遗传性状易发生变异和衰退。此外，棉塞长霉易引起菌种污染。保藏时间依菌种不同而异。霉菌、放线菌和有芽孢细菌可保存3～6

个月，酵母菌 2～3 个月，无芽孢菌 1～3 个月。半固体穿刺保藏法一般可保藏菌种半年至一年。

（2）液体石蜡封藏法：新鲜的斜面培养物上，覆盖一层经过灭菌的液体石蜡，再置于 4～5℃ 冰箱中保藏。液体石蜡主要起隔绝空气作用，故此法是利用缺氧及低温双重抑制微生物生长，从而延长保藏时间。优点是操作简单易行，保存期较长。缺点是必须直立保存，不便携带。保藏时间依菌种不同而异。霉菌、放线菌和有芽孢细菌保存 2 年以上，酵母菌 1～2 年，无芽孢细菌 1 年左右。

（3）沙土管保藏法：将待保藏菌种接种于斜面培养基上，经培养后制成孢子悬液，将孢子悬液滴入已灭菌的沙土管中，孢子即吸附在沙子上，将沙土管置于真空干燥器中，吸干沙土管中水分，经密封后置于 4℃ 冰箱中保藏。此法是利用干燥、缺氧、缺乏营养、低温等因素综合抑制微生物生长繁殖，从而延长保藏时间。可保藏菌种 1 年到数年。沙土在此保藏法中起载体的作用，为载体保藏法之一，载体还可使用玻璃珠、滤纸片等替代。载体保藏法适用于耐干燥的芽孢杆菌和真菌孢子的保藏。

（4）甘油保藏法：在新鲜液体培养物中加入适量的经过灭菌的甘油，然后置于 −20℃ 或 −70℃ 冰箱中保藏。此法是利用甘油作为保护剂，甘油透入细胞后，能强烈降低细胞的脱水作用，同时在低温条件下，可大大降低细胞代谢水平，达到延长保藏时间的目的。此法可保藏菌种半年到一年。

（5）超低温保藏法：分为超低温冰箱保藏法和液氮超低温保藏法。将微生物细胞直接或离心浓缩后悬浮于液体培养基中或含保护剂的液体培养基中，或者把带菌琼脂块直接浸没于含保护剂的液体培养基中，直接放入 −80℃ 超低温冰箱保藏，或经缓慢冷冻后，再转移至液氮冰箱内，于液相（−196℃）或气相（−156℃）进行保藏。

（6）冷冻真空干燥保藏法：低温冷冻干燥的原理是使样品中的水分在冰冻状态下，置安瓿管抽真空减压，冻结的冰直接升华使样品达到干燥。使微生物的生长和酶活动停止。干燥后的微生物在真空下封装，与空气隔绝，达到长期保藏的目的。在冷冻干燥过程中，为了防止对细胞的损害，要采用保护剂来制备细胞悬液，使菌在冻结和脱水过程中起到保护作用的溶质，通过氢键和离子键对水和细胞产生的亲和力来稳定细胞成分的构型。此法综合利用了各种有利于菌种保藏的因素（低温、干燥和缺氧等），是目前最有效的菌种保藏方法之一，广泛适用于细菌（有芽孢或无芽孢的）、放线菌、酵母菌、产孢子霉菌以及病毒，尤其是对于发酵剂菌种的保藏。发酵剂菌种的保藏对生产起着至关重要的作用。目前发酵剂菌种的保藏主要有两种方法：液态发酵剂和固态发酵剂。固态发酵剂又分为三种：喷雾干燥发酵剂、浓缩干燥发酵剂、冷冻真空干燥发酵剂。而冷冻真空干燥发酵剂是保藏发酵剂菌种的最有效方法之一。其保藏期可达一年至十几年，且存活率高、变异率低；不足之处是所需设备昂贵，操作复杂。

总之，不同菌种和不同实验条件可选择采用不同的保藏方法。无论采用哪种保藏方法，在进行菌种保藏前都必须设法保证它是纯培养物，在培养的过程中要进行日常的管理和检查，如发现问题应及时处理。

3 实验材料

3.1 菌种 待保藏的细菌、酵母菌和霉菌。

3.2 培养基及试剂 营养琼脂斜面和半固体直立柱（培养基 5）、麦芽汁琼脂和半固体直立柱（培养基 2）、高氏 I 号琼脂斜面（培养基 1）、马铃薯蔗糖斜面培养基（培养基 3）、MRS 培养基（培养基 19）和脱脂乳培养基（培养基 20）、LB 液体培养基（培养基 21）、无菌液体石蜡、沙土、甘油。

3.3 仪器及其他用品 冷冻真空干燥机、电热干燥箱、离心机、冰箱、干燥器、接种环、接种针、无菌滴管、带螺口盖和密封圈的无菌试管或 1.5mL 无菌 Eppendorf 管、100mL 的锥形瓶、洗瓶、安瓿管、酒精灯等。

4 实验方法与步骤

4.1 斜面低温保藏法（适用于细菌、放线菌、酵母菌及霉菌的保藏）

（1）贴标签：将标注有菌株名称和日期的标签贴于试管斜面的正下方。

（2）接种：将待保藏的菌种用斜面接种法移接至标注菌名的试管斜面上。

（3）培养：细菌置37℃恒温箱中培养18～24h，酵母菌置28～30℃恒温箱中培养36～60h，放线菌和丝状真菌置28℃下培养4～7d。须用抗病力强的细胞或孢子作为保藏菌种，如细菌和酵母菌应采用对数生长期后期的细胞，不宜用稳定期后期的细胞（因该期细胞已趋向衰老），对放线菌和丝状真菌则宜采用成熟的孢子。

（4）收藏：为防止棉塞受潮长杂菌，管口棉塞外应用牛皮纸包扎，或用熔化的固体石蜡熔封棉塞后置4～5℃冰箱保存。保存温度不宜太低，否则斜面培养基因结冰脱水而加速菌种的死亡。

4.2　固体穿刺保藏法（适用于兼性厌氧细菌或酵母菌的保藏）

（1）贴标签：将标注有菌株名称和接种日期的标签贴在半固体直立柱试管上。

（2）穿刺接种：用穿刺接种法将菌种直刺入直立柱中央，注意不要穿透底部。

（3）培养：见斜面低温保藏法。

（4）收藏：待菌种生长好后，用浸有石蜡的无菌软木塞或橡皮塞代替棉花塞并塞紧，置4～5℃冰箱中保藏，一般可保藏半年至一年。

4.3　液体石蜡保藏法（适用于真菌和放线菌的保藏）

（1）无菌液体石蜡制备：将液体石蜡置于100mL的锥形瓶内，每瓶装10mL，塞上棉塞，外包牛皮纸，高压蒸汽灭菌（0.1MPa、30min）。灭菌后将装有液体石蜡的锥形瓶置于105～110℃的干燥箱内约1h，以除去液体石蜡中的水分。

（2）接种、培养及保藏：将菌种接种在适宜的斜面培养基上，在适宜温度下培养，使其充分生长。用无菌吸管吸取无菌液体石蜡，注入已长好菌的斜面上，液体石蜡的用量以高出斜面顶端1cm左右为宜，使菌种与空气隔绝，直立于4～5℃冰箱或室温下保藏，保藏期为1～2年。到保藏期后，将菌种转接至新的斜面培养基上，培养后加入适量灭菌液体石蜡，再行保藏。

4.4　沙土管保藏法（适用于产孢子的芽孢杆菌、梭状芽孢杆菌、放线菌和霉菌的保藏）

（1）无菌沙土管制备：取河沙若干，用40目筛子过筛，除去大的颗粒。再用10% HCl溶液浸泡（用量以浸没沙面为度）4h（或煮沸30min），以除去有机杂质，倒出盐酸，用自来水冲洗至中性，烘干。另取非耕作层黄瘦土若干，磨细，用100目筛子过筛。取1份制备的土加4份沙混合均匀，装入小试管中（如血清管大小）。装量约1cm高即可，塞上棉塞，0.1MPa灭菌1h，每天1次，连灭3d。

（2）制备菌悬液：吸取3～5mL无菌水至1支已培养好的菌种斜面中，用接种环轻轻搅动培养物，使成菌悬液。

（3）加样及干燥：用无菌吸管吸取菌悬液，在每支沙土管中滴加4～5滴菌悬液，塞上棉塞，振荡混匀。将已滴加菌悬液的沙土管置于预先放有五氧化二磷或无水氯化钙的干燥器内。当五氧化二磷或无水氯化钙因吸水变成糊状时则应进行更换。如此数次，沙土管即可干燥。也可用真空泵连续抽气约3h，即可达到干燥效果。

（4）抽样检查：从抽干的沙土管中，每10支抽取1支进行检查。用接种环取少许沙土，接种到适合于所保藏菌种生长的斜面上进行培养，观察所保藏菌种的生长及有无杂菌生长情况。

（5）保藏：检查合格后，可采用以下方法进行保藏。①沙土管继续放入干燥器中，置于室温或冰箱中。②将沙土管带塞一端浸入熔化的石蜡中，密封管口。③在煤气灯上，将沙土管棉塞下端的玻璃烧熔，封住管口，置4℃冰箱中保藏。此法可保藏菌种1年到数年。

4.5　甘油保藏法（适用于细菌保藏）

（1）无菌甘油制备：将甘油置于100mL的锥形瓶内，每瓶装10mL，塞上棉塞，外包牛皮纸，高压蒸汽灭菌（0.1MPa、20min）。

（2）接种、培养及保藏：挑取一环菌种接入LB液体培养基试管中，37℃振荡培养至充分生长。用吸管吸取0.85mL培养液，置入一支带有螺口盖和空气密封圈的试管中或一支1.5mL的Eppendorf管中，再加入0.15mL无菌甘油，封口，振荡混匀。然后将其置于乙醇-干冰或液氮中速冻。最后将已冰冻含甘油的培养物置-70~-20℃保藏，保藏期为0.5~1年。到期后，用接种环从冻结的表面刮取培养物，接种至LB斜面上，37℃培养48h。然后用接种环从斜面上挑取一环长好的培养物，置入装有2mL LB培养液的试管中，再加入2mL含30%无菌甘油的LB液体培养基，振荡混匀。最后分装于带有螺口盖和密封圈的无菌试管中或1.5mL的Eppendorf管中，按上述方法速冻保藏。

4.6 冷冻真空干燥保藏法

（1）准备安瓿管：选取直径为8mm、高100mm的中性玻璃安瓿管，先用2%盐酸浸泡8~10h，再经自来水冲洗多次，用蒸馏水涮洗2~3次，烘干；在每管内放入打好菌号及日期的标签，字面朝向管壁，管口塞好棉塞，121℃下高压灭菌15~20min，备用。

（2）菌悬液的制备：在培养好的MRS试管斜面培养物中加入2~3mL保护剂（一般为10%脱脂乳），洗下细胞或孢子，制成10^8~10^{10}个/mL菌悬液。若液体培养，则将培养好的液体培养物进行离心，收集细胞或孢子，然后与等量保护剂混合，制成菌种悬液。

（3）分装安瓿管：用无菌毛细管或长滴管将菌种悬液加入安瓿管内，每管0.2mL，并用棉花塞于安瓿管末端。

（4）预冻：预冻可在低温冰箱中进行，也可在附有冻结舱的冻干机中进行。预冻的温度范围在-40~-25℃，若温度高于-25℃，则冻结不结实，影响升华干燥。一般采用-35℃预冻1h。

（5）真空升华干燥：将装有已冻结菌悬液的安瓿管放入冻干机真空箱内。真空箱温度控制在-20℃以下，开动真空泵，15min内应使真空度达到66.7Pa，冻结的样品开始升华；随后，使真空度达到26.7~13.3Pa进行真空升华干燥；当样品中大部分水分升华后，可将真空箱温度升至25~30℃加速样品中残留水分的升华；一般少量样品真空升华干燥时间为6~8h，大量样品需10~12h。冻干菌中的含水量达到1.5%~3.0%，真空升华干燥结束。

（6）真空封存与保藏：真空干燥后保持真空度6.7Pa以下，用火焰封存安瓿管口。置4~10℃避光保存。

5 实验结果

菌种保藏到期后，将菌种活化，检查保藏结果。

6 注意事项

（1）每种保藏法都有其适宜保藏范围，要根据被保藏菌种的特性选择适宜的保藏方法。例如，有的微生物不耐冷，可采用真空干燥保藏法而不选择冷冻真空干燥保藏法；有的不耐干燥，则最好不选择载体保藏法（如沙土管保藏法）。

（2）珍贵菌种须同时由多人保藏，可以相互弥补，以免菌种丢失。

（3）冷冻真空干燥保藏法分装安瓿管时勿使菌悬液沾到管壁上，而要直接滴入安瓿管的底部，并且时间要短，最后在1~2h分装完毕并预冻。

7 思考题

（1）微生物菌种保藏原理是什么？低温冷冻干燥保藏方法有何优点？

（2）实验室中最常用哪一种简便方法保藏细菌？

（3）低温冷冻干燥保藏方法制备菌悬液过程中为什么要加入保护剂？

实验21 微生物菌种的复壮技术

1 目的要求

（1）了解微生物菌种复壮技术的三种方法。

　　（2）掌握发酵乳制品生产菌种的复壮方法。

2　基本原理

　　菌种在长期保存过程中会出现部分菌种退化现象，其原因有关基因的负突变。"退化"是一个群体概念，当菌种中有少数个体发生变异，不能算退化，只有相当一部分乃至大部分个体的性状都明显变劣，群体生长性能显著下降时，才能视为菌种退化。菌种退化往往是一个渐变的过程，尽管对于每个微生物个体来说，变异可能是一个瞬时的过程，但菌种呈现"退化"却需要较长的时间。菌种衰退最易察觉到的是菌落和细胞形态的改变，同时可能会出现生长速度慢、代谢产物生产能力或其对宿主寄生能力明显下降。因此，在使用菌种前需对菌种进行复壮。

　　复壮就是通过分离纯化，把细胞群体中一部分仍保持原有典型性状的细胞分离出来，经过扩大培养，最终恢复其典型性状，但这是一种消极的复壮措施；广义的复壮即在菌株的生产性能尚未退化前就经常有意识地进行纯种分离和生产性能的测定，保证生产性能的稳定或逐步提高。常用的分离纯化方法很多，大体上可分为 3 种：第 1 种为纯种分离法，包括两类方法。一类较粗放，一般只能达到菌落纯的水平，即从种的水平上来说是纯的。例如，琼脂平板划线分离、表面涂布或浇注平板法等获得单菌落；另一类较精细，是单细胞或单孢子水平上的分离方法，它可达到细胞纯的水平。第 2 种是对于寄生性微生物的退化菌株通过宿主体内进行复壮。第 3 种是淘汰已衰退的个体，通过物理、化学的方法处理菌体（孢子）使其死亡率达到 80% 以上或更高一些，存活的菌株一般是比较健壮的，从中可以挑选出优良菌种达到复壮的目的。食品微生物菌种的复壮主要是采用第 1 种方法。

3　实验材料

3.1　菌种　保加利亚乳杆菌（*Lactobacillus bulgaricus*）脱脂乳试管培养物（在冰箱中保藏至少两周）。

3.2　培养基及试剂　MRS 培养基（培养基 19）、标准 NaOH 溶液、无菌生理盐水。

3.3　仪器及其他用品　恒温培养箱、超净工作台、漩涡混匀器、无菌吸量管、无菌培养皿、含 9mL 无菌生理盐水的试管、接种针等。

4　实验方法与步骤

4.1　编号　取盛有 9mL 无菌生理盐水的试管排列于试管架上，依次标明 10^{-1}、10^{-2}、……、10^{-6}。取无菌平皿 3 套，分别用记号笔标明 10^{-4}、10^{-5}、10^{-6}。

4.2　样品稀释　待复壮菌种培养液在漩涡混匀器上混合均匀，用 1mL 无菌吸量管精确地吸取 1mL 菌悬液于 10^{-1} 的试管中，振荡混匀，然后另取一支吸量管自 10^{-1} 试管内吸 1mL 移入 10^{-2} 试管内，依此方法进行系列稀释至 10^{-6}。

4.3　倾注法培养　用 3 支 1mL 无菌吸量管分别精确吸取 10^{-4}、10^{-5}、10^{-6} 的稀释液各 0.1mL 对号注入已编号的无菌培养皿中。以无菌操作倒入熔化并冷却至 45℃ 左右的 MRS 固体培养基 10～15mL，迅速混匀，待凝固后倒置于 40℃ 培养箱中培养。

4.4　纯化培养　取出培养 48h 的培养皿，在无菌工作台上，用接种针挑取 10 个较大的菌落，分别接种于液体 MRS 培养基中，置 40℃ 培养箱中培养 24h。

4.5　菌种扩大培养　按 1% 的接种量将上述纯化的液体培养物接种于已灭菌的 100mL 复原脱脂乳中，同时接种具有较高活力的保加利亚乳杆菌作为对照。

4.6　活力测定

　　（1）肉眼观察：观察并记录复原脱脂乳的凝乳时间。

　　（2）酸度测定：采用 NaOH 滴定法测定发酵乳液的酸度。

　　（3）活菌计数：采用倾注平板法，测定活菌落数量，具体操作参见实验 36。

5　实验结果

描述保加利亚乳杆菌菌落形态及单个保加利亚乳杆菌的形态。根据凝乳时间最短、酸度最高、活菌数最多挑选出优良菌株。

6　注意事项

在菌种复壮的实验过程中防止每个操作步骤的杂菌污染，必要时应在每步骤后进行革兰氏染色观察其形态。

7　思考题

某乳品企业生产酸乳的菌种活力下降了（出现产酸慢的现象），试设计简明实验方案解决。

实验 22　微生物的紫外诱变育种

1　目的要求

（1）了解微生物的突变机理，掌握紫外线诱变育种的方法和原理。

（2）学习微生物突变株的筛选、检出和鉴定方法。

2　基本原理

微生物细胞内的遗传物质发生了稳定的可遗传的变化，称为突变。它包括染色体畸变和基因突变（亦称点突变）。染色体畸变指染色体大片段的缺失、插入、重复、倒位、移位。基因突变通常指少数几对碱基发生了改变。微生物在自然条件不断代代的过程中会发生突变，但突变的频率较低（$10^{-9} \sim 10^{-6}$）。在物理化学诱变剂的作用下，微生物的突变频率可显著提高。常见的物理化学诱变剂有紫外线、电离射线、快中子、亚硝酸、碱基类似物、羟胺、烷化剂等。

紫外线是常用的诱变剂之一。紫外线诱变最有效的波长为 $250 \sim 270nm$，在 260nm 处的紫外线被核酸强烈吸收，使 DNA 双链之间或同一条链上两个相邻的胸腺嘧啶间形成二聚体，阻碍双链的解开、复制和碱基的正常配对，从而引起基因突变。

采用紫外线诱变时，一般选用 15W 低功率紫外灯，照射强度取决于照射时间和照射距离两因素，一般照射距离控制在 30cm 左右，照射时间控制在使微生物致死率在 80% 左右。芽孢杆菌的营养体一般需照射 $1 \sim 3min$，革兰氏阳性菌和无芽孢杆菌需照射 30s 至 1.5min，放线菌的分生孢子需照射 30s 至 2min。

经紫外线照射引起突变的 DNA 能被可见光复活，因此在进行紫外线诱变育种时，只能在红光下进行照射，并将照射处理后的菌液放置在黑暗中培养。

3　实验材料

3.1　菌种　大肠杆菌（*E. coli*）。

3.2　培养基及试剂

（1）营养肉汤培养基（培养基 5）、生理盐水。

（2）完全培养基：牛肉膏 10g、蛋白胨 5g、酵母膏 5g、NaCl 5g、琼脂 18g、蒸馏水 1 000mL，pH 7.2，121℃灭菌 20min。灭菌后倒平板。

（3）基本培养基：10 倍磷酸缓冲液 100mL、1mg/mL 维生素 B_1（硫胺素）4mL、20% 葡萄糖 20mL、0.25mol/L $MgSO_4 \cdot 7H_2O$ 4mL、琼脂 18g、蒸馏水 880mL，pH7.0（不加琼脂为液体培养

基）。灭菌后倒平板。

（4）氨基酸混合液的配制：称取 15 种氨基酸各 10mg，按表 22-1 组合成 5 组氨基酸，混合研磨后装入小管，于干燥器中避光保存。用时配成溶液，过滤除菌，作生长谱测定用。

表 22-1　5 组混合氨基酸

组别	氨基酸种类				
A	组氨酸	苏氨酸	谷氨酸	天冬氨酸	亮氨酸
B	精氨酸	苏氨酸	赖氨酸	甲硫氨酸	苯丙氨酸
C	酪氨酸	谷氨酸	赖氨酸	色氨酸	丙氨酸
D	甘氨酸	天冬氨酸	甲硫氨酸	色氨酸	丝氨酸
E	胱氨酸	亮氨酸	苯丙氨酸	丙氨酸	丝氨酸

（5）混合维生素的配制：按表 22-2 称取各种维生素，混合装入小管，于干燥器中避光保存。用时配成溶液，过滤除菌，作生长谱测定用。

表 22-2　混合维生素组成

维生素	称量/mg	维生素	称量/mg
维生素 B_1（硫胺素）	0.001	对氨基苯甲酸	0.1
维生素 B_2（核黄酸）	0.5	肌醇	1.0
维生素 B_6（吡哆素）	0.1	烟酰胺	0.1
泛酸	0.1	胆碱	2.0
生物素	0.001		

（6）核酸碱基混合液的配制：称取腺嘌呤、次黄嘌呤、鸟嘌呤、胸腺嘧啶、尿嘧啶、胞嘧啶各 10mg，混合研磨后装入小管，于干燥器中避光保存。用时配成溶液，过滤除菌，作生长谱测定用。

（7）10 倍磷酸缓冲液的配制：K_2HPO_4 105g、KH_2PO_4 45g、$(NH_4)_2SO_4$ 10g、二水合柠檬酸钠 5g、蒸馏水 1 000mL，调 pH7.0。

3.3　仪器及其他用品　显微镜、磁力搅拌器、台式离心机、恒温培养箱、紫外灯箱、振荡混合器、培养皿（直径 9cm、6cm）、锥形瓶、1mL 和 10mL 刻度吸管、10mL 离心管、试管、接种用具、无菌玻璃涂棒、丝绒布、圆柱形木块、记号笔、黑纸等。

4　实验方法与步骤

4.1　菌悬液的制备　挑取野生型大肠杆菌转种 37℃活化培养 1d 后，取 1 环接种于装有 25mL 营养肉汤培养基的锥形瓶中 37℃培养过夜，倒入离心管 3 000r/min 离心 10min，用生理盐水洗涤一次后定容至 25mL，制成菌悬液。用显微镜直接计数，调整细胞浓度为 10^8 个/mL。

4.2　诱变处理　打开紫外灯，预热 10～20min。取菌悬液 5mL 加到直径为 6cm 的培养皿中，培养皿中放一灭菌的小搅拌子，置磁力搅拌器上，距 15W 紫外灯 30cm 处。用紫外线灭菌 1min 后，开盖并开启搅拌器，用紫外灯照射处理 1min 后盖上培养皿盖，关闭紫外灯和搅拌器。

4.3　稀释涂平板　在红灯下取未照射的菌悬液（对照）和照射处理的菌悬液各 1mL 于装有 9mL 生理盐水的试管中，分别稀释成 10^{-1} 菌悬液，各取 10^0、10^{-1} 菌悬液 0.1mL 在完全培养基上，用无菌玻璃涂棒涂匀，将涂布好的平板用黑纸包好，于 37℃避光培养 2d 后观察结果。

4.4　突变株的检出　用影印法检出缺陷型突变体。取已制备好的完全培养基和基本培养基平板各 2 个，分别编号并划好方位标记。选取已培养好、菌落密度适宜的平板（每皿 30～60 个），用影印法分别影印到基本培养基平板和完全培养基平板上，37℃培养 2d，比较观察，凡是在完全培养基上能生长而在基本培养基上不生长者，可能是营养缺陷型突变株。

4.5　突变株的鉴定　用生长谱法鉴定营养缺陷型突变株。将可能的营养缺陷型突变株接种到装有 5mL 完全培养基的离心管中，37℃振荡培养 16～18h，离心去上清液，用无菌生理盐水洗涤离心 3 次后，加入 5mL 生理盐水制成菌悬液。吸取 1mL 于无菌培养皿中，倒入约 15mL 已熔化并冷却到 50℃左右的基本培养基，轻轻摇匀，水平放置冷却成平板。在平板底部划分三个区域，并做好标记。在三个区域分别放置浸有混合氨基酸、混合核酸碱基和混合维生素溶液的滤纸片，37℃培养 2d 后检查结果。如某类营养物质滤纸片的周围有菌生长，即为该类营养物质的营养缺陷型突变株。

5　实验结果

观察实验过程中微生物生长现象，记录营养缺陷型突变株的鉴定结果。

6　注意事项

（1）注意紫外线照射时，应戴防护眼镜，以防紫外线灼伤眼睛。

（2）用于诱变处理的菌液应尽量使其分散成单细胞，使每个细胞都能均匀接触诱变剂，以避免长出不纯的单菌落。

7　思考题

（1）紫外照射时，为何要打开培养皿盖？照射处理后的平板为何要置黑暗中培养？

（2）紫外诱变处理中，为什么在红灯下进行操作？

实验 23　酵母菌原生质体融合技术

1　目的要求

（1）掌握酵母菌原生质体的制备和融合的基本操作。

（2）了解酵母菌原生质体融合的一般原理。

2　基本原理

原生质体融合是指对两个遗传背景不相同细胞通过离体条件的培养，在酶和诱导剂等外界条件的作用下使两个细胞进行融合，形成一个新的细胞，最终其遗传基因重新组合形成一个融合菌株的过程。原生质体融合技术广泛应用于真核细胞 DNA 的转化、诱变育种及研究细胞的结构与功能等。

原生质体融合技术中包括几个重要的环节：①单倍体原生质体的制备：原生质体是指脱去细胞壁后由细胞质膜包围着的球状细胞，其制备过程中通常应根据菌株细胞壁不同选用合适的裂解酶和酶解条件。酵母菌细胞壁主要成分是多糖、几丁质等，一般采用酵母裂解酶、蜗牛酶及纤维素酶。同时应该注意菌龄的控制和高渗稳定剂的确定。酵母菌原生质体存活率、转化率极易受到培养基的渗透压、pH、操作时温度及样品混匀时搅拌程度等因素的影响。②原生质体融合：选择合适的促融方式及融合剂种类。酵母菌原生质体融合时常采用低浓度的 PEG，一般使用浓度在 20%～40%，并在融合剂中添加 10mmol/L 二价钙离子，单价阳离子如钾、钠等不利于融合。另外配制融合剂时，最好用 Tris 缓冲液，不用磷酸盐。③原生质体再生：由于不同菌株再生率的差异，需要选择最佳再生条件。④重组菌株的筛选：经常使用的筛选方法包括利用营养缺陷型、抗药性、荧光染色和灭活原生质体等。

本实验选用不同营养缺陷的毕氏酵母菌作为供试菌株，一株为组氨酸缺陷型（毕氏酵母 his⁻），另一株为腺嘌呤缺陷型（毕氏酵母 ade⁻），这两个缺陷型的菌株在基本培养基上不能生长，只有这两种缺陷型的遗传物质融合，才能在基本培养基上生长，从而检出融合子。实验中采用蜗牛酶、纤维素酶等分解菌株细胞壁以得到原生质体，以 0.6mol/L 蔗糖溶液和 0.7mol/L 氯化钠溶液为高渗稳定剂，PEG

6000 为促融剂。

3　实验材料

3.1　菌种　毕氏酵母 his⁻、毕氏酵母 ade⁻。

3.2　培养基及试剂

（1）培养基：生孢培养基（成分：无水醋酸钾 9.8g、葡萄糖 1g、酵母粉 2.5g、琼脂粉 20g、蒸馏水 1 000mL，自然 pH）、CM 培养基〔YEPD 完全培养基，成分：酵母粉（膏）10g、蛋白胨 20g、琼脂 15～20g、蒸馏水 1 000mL，pH6.0〕、MM 培养基〔YNB 基本培养基，成分：酵母氮碱基（yeast nitrogen base，简称 YNB，不含氨基酸）6.7g、葡萄糖 20g、琼脂 20g、双蒸水 1 000mL，pH6.2〕、HCM 培养基（YEPD 高渗再生完全培养基，配方同 YEPD，另加 0.6mol/L 蔗糖）、HMM 培养基（YNB 高渗再生基本培养基，配方同 YNB，另加 0.6mol/L 蔗糖）。

（2）PBS 液：0.7mol/L NaCl 溶解于 0.2mol/L 磷酸缓冲液中，pH6.5。

（3）预处理液：10mmol/L Tris、10mmol/L EDTA-Na₂、0.02％巯基乙醇（使用前加入）。

（4）脱壁酶液：1％蜗牛酶、0.5％纤维素酶、0.5％溶壁酶用 PBS 配制，过滤除菌。

（5）30％ PEG6000：用 0.01mol/L CaCl₂ 配制，加 0.05mol/L 甘氨酸，pH7.0，121℃灭菌 20min。

3.3　仪器及其他用品　超净工作台、显微镜、恒温摇床、恒温培养箱、离心机、离心管（50mL、10mL）4 支、无菌吸管（1mL、5mL）3 支、无菌滴管、无菌培养皿 20 套、血细胞计数板等。

4　实验方法与步骤

4.1　活化、菌悬液制备　先将菌株在 CM 液体培养基中进行二代活化，收集活化后的双倍体，经 3 次离心洗涤（3 000r/min，5min）制成菌泥，涂于生孢培养基上，培养 3～5d 产生子囊，制成含子囊孢子 10^6～10^8 个/mL 的菌悬液。

4.2　收集菌体　将上述两亲本悬浮液以 3 000r/min 离心 5min，用 PBS 缓冲液离心洗涤 2 次，将离心后的菌体分别放入 10mL 预处理液中，26℃保温 30min，再次以 3 000r/min，5min 离心，缓冲液离心洗涤 2 次。

4.3　细胞脱壁　取两亲本分别置于 5～10mL 脱壁酶液中，30℃轻微振荡 1.5～2h（酶解 45min 后即可取样于显微镜下检查原生质体游离情况）。

4.4　原生质体混合液制备　将酶解后得到原生质体过滤后放入小离心管中，2 000r/min 离心 3～5min，弃上清液，轻轻摇散原生质体，加 5mL PBS 液将原生质体液调成等浓度（目测即可），将等浓度的两亲本原生质体等体积混合。用血细胞计数板进行显微计数，估计其原生质体数。

4.5　HCM 平板培养、菌落计数　取 0.5mL 原生质体混合液，用 PBS 稀释成 10^{-1}～10^{-6}，取适当稀释度 0.1mL 涂布于 HCM 平板上（每个稀释度平行 3 次），26℃培养 3～4d 后计算菌落数。

4.6　CM 平板培养、菌落计数　另取 0.5mL 原生质体混合液，用无菌水稀释至 10^{-1}～10^{-4}，取适当稀释度的菌液涂布于 CM 平板上，26℃培养 3～4d 后计算菌落数。

4.7　PEG 促融、HMM 平板菌落计数　将剩余原生质体混合液离心后弃上清液，加入 0.5mL PEG 促融剂，30℃保温 5min，加入 PBS 液至原体积，适当稀释后，取 0.1mL 涂布于 HMM 平板，培养计菌落数。

4.8　再生率和融合率计算

$$再生率 = \frac{HCM 平板上菌落数 - 普通 CM 平板上菌落数}{显微计数原生质体数} \times 100\%$$

$$融合率 = \frac{HMM 平板上融合子数}{HCM 平板上再生原生质体数} \times 100\%$$

5　实验结果

（1）显微镜观察比较酵母菌及其原生质体形态差异，记录酵母菌细胞和原生质体血细胞计数板结果，计算原生质体的制备率。

（2）准确记录各种平板上的菌落数，计算再生率和融合率。

6　注意事项

（1）由于实验的时间较长，步骤较多，所以一定要注意在实验过程中的无菌操作，防止杂菌污染。

（2）原生质体计数时，血细胞计数板上不能有水，否则原生质体会涨破。另外由于原生质体比较幼嫩，在操作过程中注意动作要轻柔，避免人为造成的原生质体破裂。

7　思考题

（1）为何要将原生质体混合液培养于 HCM 高渗培养基中，此步骤起什么作用？

（2）要提高原生质体的融合效果和原生质体的再生率，应该注意哪些操作？

实验 24　细菌凝集实验

1　目的要求

（1）了解血清学反应的基本原理。

（2）学习玻片凝集和试管凝集的操作技术。

（3）掌握凝集反应中实验结果的判断。

2　基本原理

细菌、红细胞等颗粒性抗原与相应的抗体结合后，在有适量电解质存在时，抗原颗粒相互凝集成肉眼可见的凝集小块称为凝集反应。凝集反应的具体机制为：①抗原抗体相对应的极性基结合，使得抗原外周的水化膜消失。②在适量电解质的存在下，电位降低，抗原颗粒间排斥力消除，从而产生了凝集现象。凝集反应是一种典型的血清学反应（血清学反应的概念与特点见二维码拓展内容）。参与凝集反应的抗原称为凝集原，抗体称为凝集素。就免疫球蛋白的性质而言，主要为 IgG 和 IgM。凝集实验又分为直接凝集实验和间接凝集实验两种，前者主要用于新分离细菌的鉴定或分型，后者可用于可溶性抗原抗体系统的检测。本实验为直接凝集实验。

血清学反应的
概念与特点

3　实验材料

3.1　菌种和血清　大肠杆菌琼脂斜面培养物、大肠杆菌菌悬液（9×10^8 个/mL 大肠杆菌的生理盐水悬液，并经 60℃加温 0.5h 灭活）、大肠杆菌免疫血清、生理盐水稀释的 1∶10 大肠杆菌免疫血清。

3.2　试剂　生理盐水。

3.3　仪器及其他用品　恒温培养箱、水浴锅、载玻片、微量滴定板、微量吸管（20～80μL）、吸头、接种环、水浴锅等。

4　实验方法与步骤

4.1　玻片凝集法

（1）取洁净载玻片，在载玻片的一侧加一滴 1∶10 大肠杆菌免疫血清，另一侧加生理盐水作为对照。

（2）用接种环自大肠杆菌琼脂斜面上挑取少许细菌混入生理盐水内并搅匀；同法挑取少许细菌混入另一侧血清内，搅匀。

（3）将玻片略微晃动后静置室温中，1～3min 后即可观察结果。有凝集反应出现，即出现凝集块或颗粒，液体变得透明即为阳性结果，均匀浑浊即为阴性。

4.2 微量滴定板凝集法

（1）稀释凝集素——大肠杆菌免疫血清（倍比稀释）：首先在微量滴定板上标记 10 个孔，从 1 至 10（图 24-1）。用微量吸管（套上吸头）于第 1 孔中加入 80μL 生理盐水，其余各孔加入 50μL 生理盐水。然后于第 1 孔中加入 20μL 大肠杆菌免疫血清。换一新的微量吸管，在第 1 孔中吸吹 3 次以充分混匀，再吸 50μL 至第 2 孔，以同样方法混匀，以此逐级稀释至第 9 孔，混匀后，弃去 50μL。稀释后的血清稀释度见表 24-1。

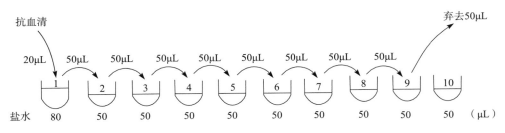

图 24-1 免疫血清稀释图

表 24-1 免疫血清稀释表

孔号	1	2	3	4	5	6	7	8	9	10
生理盐水/μL	80	50	50	50	50	50	50	50	50	50
抗血清/μL	20	50	50	50	50	50	50	50	50	
稀释度	1/5	1/10	1/20	1/40	1/80	1/160	1/320	1/640	1/1 280	CK
抗原量/μL	50	50	50	50	50	50	50	50	50	50
最终稀释度	1/10	1/20	1/40	1/80	1/160	1/320	1/640	1/1 280	1/2 560	CK

（2）加入菌液及结果观察：每孔加入 50μL 大肠杆菌菌悬液，从第 10 孔（对照孔）加起，逐个向前加至第 1 孔。而后将滴定板按水平方向摇动，以混合孔中内容物。最后将滴定板放置于 37℃ 下 60min，取出后置于 20℃，18～24h 后观察结果。通常阴性和对照孔的细菌沉于孔底，形成边缘整齐光滑的小圆块，而阳性孔的孔底为边缘不整齐的凝集块。亦可借助解剖镜进行观察。当轻轻振荡滴定板后，阴性孔的圆块分散成均匀浑浊的悬液，阳性孔则是细小凝集块悬浮在透明的液体中。

5 实验结果

观察及描述凝集现象并报告其阴阳性。记录结果：

	生理盐水＋大肠杆菌					大肠杆菌免疫血清＋大肠杆菌				
阴性或阳性										
孔号	1	2	3	4	5	6	7	8	9	10
血清稀释度										
结果										

注：完全凝集，凝集块全部沉积于管底，液体完全澄清，用"＋＋＋＋"进行记录；凝集块沉于管底，液体稍有浑浊，用"＋＋＋"进行记录；部分凝集，液体浑浊，用"＋＋"进行记录；极少凝集，液体浑浊，用"＋"进行记录；无变化，用"－"进行记录。

6 注意事项

（1）用于实验的载玻片、微量滴定板、微量吸管等均须洁净。

（2）确定血清效价（凝集价、滴度）时，应取"＋＋"的稀释度作为免疫血清的效价。

7 思考题

（1）凝集反应为什么要在适量电解质存在的情况下才可进行？生理盐水对照的目的是什么？
（2）加抗原时，为什么要从最后一管加起？
（3）稀释血清时要注意些什么？
（4）玻片凝集反应与微量滴定板凝集反应各有什么优点？

实验 25　琼脂免疫扩散实验

1 目的要求

（1）了解双向免疫扩散实验的基本原理及用途。
（2）练习双向免疫扩散实验的操作方法
（3）观察抗原、抗体在琼脂中形成的沉淀线。

2 基本原理

可溶性抗原与相应抗体结合，在有适量电解质存在的条件下，经过一定时间，形成肉眼可见的沉淀物，称为沉淀反应（precipitation）。抗原、抗体如在凝胶中扩散，并进行沉淀反应，称为免疫扩散反应（immunodiffusion）。将抗原与其相应抗体放在凝胶平板中的邻近孔内，使它们沿浓度梯度相互扩散，当扩散至两者相遇并且浓度比例合适时，即出现乳白色的沉淀线，称为双向免疫扩散实验（沉淀反应的类型见二维码拓展内容）。

沉淀反应的类型

双向免疫扩散实验不仅可对抗原或抗体进行定性鉴定和测定效价，还可对抗原或抗体进行纯度分析和同时对两种不同来源的抗原或抗体进行比较，分析其所含成分的异同。

若在两孔内有两对或两对以上的抗原抗体系统，就能产生相应数量的分离的沉淀线（图 25-1）。因此，利用此法可进行抗原或抗体的纯度分析。

沉淀线形成的位置与抗原、抗体浓度有关，抗原浓度越大，形成的沉淀线距离抗原孔越远；抗体浓度越大，形成的沉淀线距抗体孔越远（图 25-2）。因此当固定抗体的浓度，稀释抗原，可根据该浓度的抗原沉淀线的位置，测定未知抗原的浓度；反之，固定抗原的浓度，亦可测定抗体的效价。

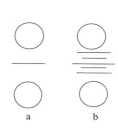

图 25-1　双向免疫扩散平板所表现的
沉淀线数量
a. 单个抗原抗体系统　b. 多个抗原抗体系统

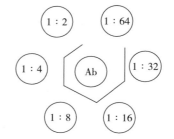

图 25-2　双向免疫扩散平板中表现的沉淀线
与各抗原孔的不同距离
注：Ab 为抗体，周围孔为不同稀释度的抗原

抗体的效价指它能与之反应的抗原决定簇的数量。例如，IgG 抗体含有两个 Fab 区，能结合两个抗原分子或同一粒子上的两个同样的部位，因此有二价。效价对结合的亲和力是很重要的，当抗原有

两个或更多的结合部位时，能显著增加抗体对细菌或病毒上抗原的结合的牢固性。

3　实验材料

3.1　试剂　1%生理盐水琼脂糖（分别加到试管中，每管 3.5mL）、抗原（马血清）、抗体（兔抗马血清）。

3.2　仪器及其他用品　打孔器（内径 3mm）、打孔模板图（图 25-3）、记号笔、载玻片或平皿、毛细滴管、滤纸、有盖方盘、纱布、牙签、小试管、毛细吸管、水浴锅、恒温培养箱等。

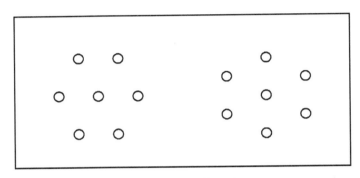

图 25-3　打孔模板图

4　实验方法与步骤

4.1　玻片准备　将干燥洁净的载玻片放在水平台上，用记号笔在左上角做上标记。

4.2　制板　将装在试管中的 1%生理盐水琼脂糖放冷至 60℃左右，倾注于载玻片或平皿上，使其均匀分布，凝固后即为厚度均匀的凝胶玻片或凝胶平皿（厚度为 3～5mm）。

4.3　打孔　将凝胶玻片或凝胶平皿放在打孔模板图上，按所示部位打孔。中心孔为抗原孔。周围 6 孔中 1 孔为对照孔，其他孔为不同稀释倍数的抗体孔，孔间距 5mm，孔径为 3mm。

4.4　抗体稀释　将抗血清原液按倍比稀释法用生理盐水稀释为 1:2、1:4、1:8、1:16、1:32 这 5 个稀释度。

4.5　点样　用毛细管按图 25-3 在周围 6 孔中依次加入对照生理盐水及 5 个稀释度抗血清（从高稀释度到低稀释度）10～20μL，在中心孔加入抗原（注意不要污染孔外）。

4.6　扩散　将此凝胶板放入已装有湿纱布的有盖方盘中，置 37℃扩散 24～48h 后观察结果。

5　实验结果

以生理盐水对照孔为参照，观察其余各孔周围有无沉淀线及其位置。

6　思考题

(1) 双向免疫扩散的主要用途有哪些？
(2) 双向免疫扩散出现的沉淀线及其位置与什么有关？
(3) 双向免疫扩散实验常用于复杂抗原的分析，试阐述其基本原理。

实验 26　荧光抗体技术

1　目的要求

(1) 了解荧光抗体技术的基本原理及用途。

（2）熟悉荧光抗体染色体法诊断沙门氏菌的基本步骤。

（3）学习荧光显微镜的使用方法。

2　基本原理

荧光抗体染色法是指用荧光标记抗体（荧光素）对抗原或抗体进行标记，从而检测细胞或组织中相应抗原或抗体的技术。这种结合不影响抗原或抗体的免疫学特性，可与相应的抗体或抗原产生"抗原-抗体"结合反应，在荧光显微镜下，荧光标记物受激发，发出特异性荧光。因此，荧光的出现就表示了相关的特异性抗体或抗原的存在。该技术具有操作简单、特异性高的特点。荧光抗体技术在病原微生物的早期诊断、寄生虫的检定和病理组织学抗原抗体的定位鉴定等方面得到了广泛应用。

免疫荧光技术是以荧光素作为标记物与已知的抗体（或抗原）结合，然后将荧光素标记的抗体作为标准试剂，用于检测和鉴定未知的抗原。常见的荧光素有异硫氨酸荧光素（fluorescein isothiocyanate，FITC），四乙基罗丹明（rhodamine B200，RB200），四甲基异硫氰酸罗丹明（tetramethyl rhodamine isothiocyanate，TRITC），B-藻红蛋白（phycoerythrin，PE）等。

荧光抗体染色包括直接法与间接法两类。直接法是指荧光素标记的特异性抗体直接与相应抗原反应（图 26-1）；间接法是指特异性抗体与相应抗原反应，荧光素标记的抗抗体再与第一抗体结合的过程（图 26-2）。本实验采用的是直接法。

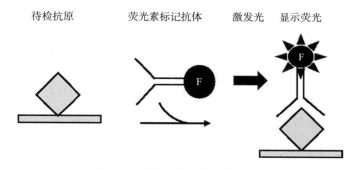

图 26-1　直接荧光抗体染色法示意

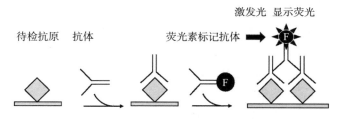

图 26-2　间接荧光抗体染色法示意

3　实验材料

3.1　菌种和荧光抗体　沙门氏菌肉汤培养物、沙门氏菌荧光抗体（实用工作稀释度）。

3.2　试剂　克氏固定液（乙醇∶三氯甲烷∶甲醛＝6∶3∶1）、95％乙醇、0.01mol PBS（pH 7.5）、无荧光缓冲甘油（9 份甘油加 pH 9.0 碳酸盐缓冲液）。

3.3　仪器及其他用品　载玻片、10 眼憎水漆隔离载玻片、接种环、有盖方盘、纱布、恒温培养箱、荧光显微镜等。

4　实验方法与步骤

4.1　沙门氏菌菌液制备　取沙门氏菌种于肉汤试管中，37℃培养16～18h，备用。

4.2　制片　以接种环挑取沙门氏菌菌液均匀涂布于直径5mm的圆圈内（用特制多眼憎水漆隔离圈载玻片，如图26-3所示）晾干。

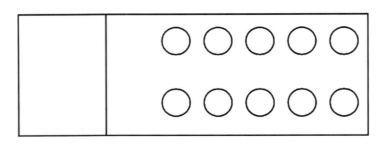

图26-3　有隔离圈载玻片

4.3　固定　涂片浸入克氏固定液中固定3min，用95％乙醇漂洗，晾干。

4.4　加荧光抗体　在涂片上滴加荧光抗体薄层，置于湿盒（有盖方盘、纱布、水）内密盖，放37℃培养箱中保温15～30min，取出用pH 7.5PBS漂洗去荧光抗体液，再用蒸馏水漂洗。

4.5　封片　涂片自然晾干，加无荧光缓冲甘油，盖上盖玻片备检。

4.6　观察　将染色后的标本置荧光显微镜下观察，先用低倍镜选择适当的标本区，然后换高倍物镜观察。以油镜观察时，可用缓冲甘油代替香柏油。

5　实验结果

实验结果按五级荧光强度判定，标准如下：

（1）4＋：为最强荧光，表现为明亮黄绿色，菌轮廓清晰，菌中央明显发暗，衬出闪耀的荧光环。

（2）3＋：为强荧光，黄绿色，菌轮廓清晰，中央暗，有明显荧光环。

（3）2＋：为灰绿荧光，菌轮廓不太清晰。

（4）1＋：为微弱荧光，菌轮廓与中心分不清。

（5）－：有模糊的灰暗荧光或完全无荧光。

阳性结果的标准：在100×物镜下每视野可看到1个菌以上，且形态典型，亮度3＋～4＋；或菌量较多，形态典型，亮度为2＋。

6　注意事项

使用荧光显微镜应注意的几个问题：

（1）应在暗室或避光的地方进行操作，荧光显微镜安装调试后，最好不再移动。

（2）高压汞灯点燃后，需10～15min达到最大亮度。点燃一次要在2h内结束。工作中途不要关闭汞灯，关闭后亦不可立即开启。温度过高时，可用电风扇冷却。汞灯的寿命约200h，应累积使用时间，至适合极限应更换新灯泡。

（3）制备标本的载玻片越薄越好，应无色透明，涂片也要薄些，太厚不易观察，影响荧光亮度。

（4）标本检查时如需用油镜，可用无荧光的镜油、液体石蜡或缓冲甘油代替香柏油。放载玻片时，需先在聚光器镜面上加一滴缓冲甘油，以防光束发生散射。

7　思考题

（1）荧光抗体技术的基本原理是什么？

（2）荧光抗体技术还可以用于病理组织的免疫组化定位方面的研究，假若有一件疑似单核细胞增生李斯特氏菌导致的病理学组织切片，应如何进行荧光抗体技术的检查？

（3）高压汞灯的寿命在达到适合的极限时，若不更换灯泡，会给检验带来什么影响？

实验 27　酶联免疫吸附实验（ELISA）

1　目的要求

学习酶联免疫吸附实验（ELISA）检测标本的原理和方法。

2　基本原理

ELISA 是在免疫酶技术上发展起来的一种新型免疫测定技术。它是一种用酶标记抗原或抗体的方法。此法将抗原、抗体的免疫反应和酶的高效催化作用有机地结合起来，可敏感地检测体液中微量的特异性抗原或抗体。常用的 ELISA 的类型有以下几种。

2.1　直接型　多用此法检测抗原。先将抗原吸附在固体支持物表面，然后加入酶联抗体，最后加底物产生有色物质，测定吸光度，即知抗原量。

2.2　间接法测抗体　间接法是检测抗体常用的方法。其原理为利用酶标记抗抗体以检测与固相抗原结合的受检抗体。测定时先将过量的抗原包被于固相载体表面，然后加待测抗体作为第一抗体与抗原结合，再加入酶标记的第二抗体，即抗抗体，最后加入底物生成有色物质，终止反应，测 490nm 下 OD 值，便可计算第一抗体量。

2.3　双抗体夹心法测抗原　过量的抗体吸附于固体表面，再加待测抗原，然后加酶标抗体，最后加底物生成有色物质，测定吸光度，计算抗原量。本法测定的抗原必须有两个结合位点，故不能用来检测半抗原物质。

2.4　双抗原夹心法测抗体　反应模式与双抗体夹心法类似。用特异性抗原进行包被和制备酶结合物，以检测相应的抗体。与间接法测抗体的不同之处为以酶标抗原代替酶标抗抗体。此法中受检标本不需稀释，可直接用于测定，因此其敏感度相对高于间接法。乙肝标志物中抗 HBs 的检测常采用本法。

2.5　竞争法测抗体　当抗原材料中的干扰物质不易除去，或不易得到足够的纯化抗原时，可用此法检测特异性抗体。其原理为标本中的抗体和一定量的酶标抗体竞争与固相抗原结合。标本中抗体量越多，结合在固相上的酶标抗体越少，因此阳性反应呈色浅于阴性反应。

2.6　竞争法测抗原　小分子抗原或半抗原因缺乏可作夹心法的两个以上的位点，因此不能用双抗体夹心法进行测定，可以采用竞争法模式。其原理是标本中的抗原和一定量的酶标抗原竞争与固相抗体结合。标本中抗原含量越多，结合在固相上的酶标抗原越少，最后的显色也越浅。小分子激素、药物等 ELISA 测定多用此法。

本实验以兔血清作为包被抗原，用直接法来定性测定兔血清中的免疫球蛋白 Ig。

3　实验材料

3.1　试剂

（1）包被抗原：兔血清。

（2）包被液（CB，0.05mol/L，pH9.6 碳酸盐溶液）：称 Na_2CO_3 0.159g、$NaHCO_3$ 0.294g，加蒸馏水定容至 100mL。

（3）洗涤及稀释液（PBS，0.01mol/L，pH7.4 磷酸盐-NaCl 缓冲液，内含 0.05% Tween-20）：称 NaCl 8.0g、KH_2PO_4 0.2g、$Na_2HPO_4 \cdot 12H_2O$ 2.9g、KCl 0.2g、Tween-20 0.5mL，加蒸馏水定容至 1 000mL。

（4）封闭液：1%～2% 牛血清白蛋白 BSA。

（5）酶标记抗体：市售的辣根过氧化物酶（HRP）标记的羊抗兔 IgG。

（6）底物溶液（邻苯二胺 OPD/H_2O_2 溶液）：称柠檬酸 0.467g、$Na_2HPO_4 \cdot 12H_2O$ 1.843g，用蒸馏水定容至 100mL；称 OPD 40mg，用上述配制的磷酸-柠檬酸缓冲液定容至 100mL；临用前加入 30% H_2O_2 0.15mL。

（7）终止液：2mol/L H_2SO_4。

3.2 仪器及其他用品 聚苯乙烯微孔板（8孔×12孔）、微量分光光度计或酶标仪等。

4 检测程序（图 27-1）

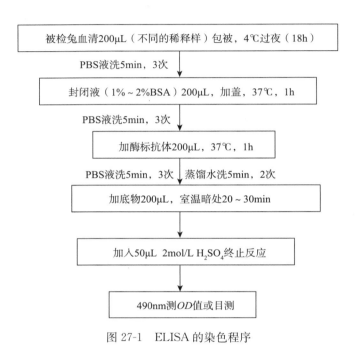

图 27-1 ELISA 的染色程序

5 实验方法与步骤

5.1 包被抗原 将抗原用 CB 液做成不同程度的稀释，即分别为 1∶2、1∶4、1∶8、1∶16、1∶32、1∶64……，于聚苯乙烯微量板中每孔加入 200μL，加盖置 4℃过夜（18h）后倾去孔内液体，并用 PBS 洗涤 3 次后放在滤纸上除净液体。同时用 CB 缓冲液作为空白对照。

5.2 封闭 每孔中加入 200μL 封闭液，加盖，置 37℃恒温箱中保持 60min 之后，同上洗涤。

5.3 加酶标抗体 将市售的羊抗兔的 HRP 按说明 1∶1 000 稀释，每孔加 200μL，加盖置 37℃温育 1h，洗 3 次，最后用蒸馏水洗 2 次，扣在滤纸上吸干水分。

5.4 显色 每孔中加底物 OPD 液 200μL，室温暗处放置 20～30min。

5.5 终止反应 每孔中加入 50μL 2mol/L H_2SO_4 终止反应，稳定 3～5min 后在 490nm 下比色测定。

5.6 检测 用酶联免疫检测仪记录 490nm 读数，并计算出 P/N 比值。

6 实验结果

实验结果可以通过制作标准曲线的方法来定量测定抗原或抗体的量，也可以定性检测。通常的定性判断方法是计算阳性血清与阴性血清 OD_{490nm} 之比（positive/negative，P/N），结果报告按如下方法：

①当 P/N≥2.1 时，为阳性。

②当 P/N＜2.1，且 P/N≥1.5 时，为可疑。

③当 P/N<1.5 时，为阴性。

也可以用目测法，与阴性对照，深色为阳性结果。可根据实验需要灵活选择判断方法。

7　注意事项

聚苯乙烯微孔板吸附蛋白质的性质是 ELISA 的基础。蛋白质是依靠非特异性的疏水力和塑料表面结合的，其等电点、电荷及分子质量大小与结合无关。一般情况下的饱和吸附量为 1.5ng/mm²。选择聚苯乙烯微孔板时，由于塑料制品受各方面因素的影响，造成吸附性能的很大差异，有的甚至完全丧失，故在使用前必须进行反应板吸附性能的测定：在反应板的每个小孔中加入同一份抗原，使之吸附于小孔表面，然后，按照测定方法操作，加底物显色后用微量分光光度计测定每一孔中溶液的 OD 值，一般认为每孔的 OD 值误差应保持在 $\pm 10\%$ 的范围内，否则不可用。

8　思考题

(1) 酶联免疫吸附实验包括哪几个主要的操作过程？

(2) 酶联免疫吸附实验有何优点？

实验 28　细菌 DNA 的 G+C 摩尔百分含量测定

1　目的要求

了解细菌 DNA 的 G+C 摩尔百分含量测定的原理及方法。

2　基本原理

DNA 是生物体的重要遗传物质，由 A（腺嘌呤）、T（胸腺嘧啶）、G（鸟嘌呤）、C（胞嘧啶）四种碱基组成。G+C 含量是指 DNA 分子中 G 和 C 占整个碱基总量（G+C+A+T）的百分比，是微生物物种的重要遗传特征。细菌的 G+C 含量变化范围较大，为 25%～80%。不同细菌类群中，G+C 含量不同。亲缘关系相近的种，其基因组的核苷酸序列相近，故 G+C 含量也接近。同一个种内的细菌的 G+C 含量变化范围较小，比较稳定，不受菌龄、生长环境等因素影响。因此，细菌 DNA 的 G+C 摩尔百分含量是细菌分类鉴定中一个能反映属、种间亲缘关系的遗传型特征。

DNA 碱基组成的测定方法有直接法和间接法。直接法包括纸色谱法、高效液相色谱法等，是直接测定 DNA 水解后的各种碱基含量。间接法利用 DNA 的各种物理、化学性质与碱基组成的相关性来测定其碱基组成，常用的方法有浮力密度法和热变性温度测定法。其中，热变性温度测定法（T_m 法）操作简单、精度高、重复性好，是现今应用的主要方法。

热变性温度测定法的原理：当天然双链 DNA 分子在一定的离子强度和 pH 条件下逐渐加热至温度升高到一定值时，碱基之间的氢键不断打开，互补的 DNA 双螺旋不断变成单链，导致在 260nm 的紫外吸收明显增加。当双链 DNA 完全变成单链后，紫外吸收值停止增加。这种由增色效应反映出来的 DNA 热变性过程可在一个较窄的温度范围内完成。在热变性过程中，双链 DNA 解开一半时所对应的温度值为解链温度（T_m 值）。G≡C 碱基对中含 3 个氢键，A=T 碱基对中含 2 个氢键。也就是说，破坏 G≡C 碱基对比破坏 A=T 碱基对需要更高的温度。T_m 值随着 G+C 摩尔百分含量的增加而增加，这样，T_m 值可反映不同细菌 DNA 的 G+C 摩尔百分含量。

一般认为同种内不同菌株 DNA 的 G+C 摩尔百分含量的差异在 2.5%～4%，相差低于 2% 时，没有分类学上的意义；相差大于 5%，可认为属于不同的种；相关大于 10%，可认为属于不同的属。DNA 的 G+C 摩尔百分含量的判断价值要比形态和生理生化试验的价值大，甚至在其他性状相似的情况下，也可以完成细菌的鉴定。

3　实验材料

3.1　菌种　大肠杆菌（*E. coli*）。

3.2　培养基及试剂　LB 培养基（培养基 21）、TY 培养基（培养基 22）、1×TES（50mmol/L NaCl、5mol/L EDTA-Na$_2$、50mmol/L Tris-HCl，pH8.0～8.2）、溶菌酶、1×SSC（0.15mol/L NaCl、0.015mol/L 柠檬酸钠，pH7.0）、5mol/L NaAc 及 1mmol/L EDTA-Na$_2$（pH7.0）、20% SDS（*m/V*）、P：C：I（苯酚：氯仿：异戊醇）＝25：24：1（*V/V*）、C：I（氯仿：异戊醇）＝24：1、蛋白酶 K（以 2.5mg/mL 的浓度溶于 15mmol/L NaCl，pH7.5，溶液配成 10mg/mL 浓度，100℃加热 15min，缓慢冷却至室温，小量分装，置−20℃保存）、RNA 酶、异丙醇、70% 和 95% 乙醇。

3.3　仪器及其他用品　紫外分光光度计（带水循环装置）、恒温培养箱、振荡培养箱、冷冻离心机、生物显微镜、恒温水浴锅、锥形瓶等。

4　实验方法与步骤

4.1　菌体培养　菌株经 LB 斜面活化后，接种于 TY 培养液中振荡培养。28℃培养至对数中期，镜检，确定无杂菌污染后，以 20% 的接种量接种于锥形瓶扩大培养，培养至中后期收集菌体。

4.2　菌体收集　将培养至对数中后期的菌体以 5 000r/min、4℃离心 15min 收集菌体。用 1×TES 悬浮菌体，同样条件下离心洗涤 3～4 次。

4.3　DNA 的提取　DNA 的提取方法与步骤见图 28-1。

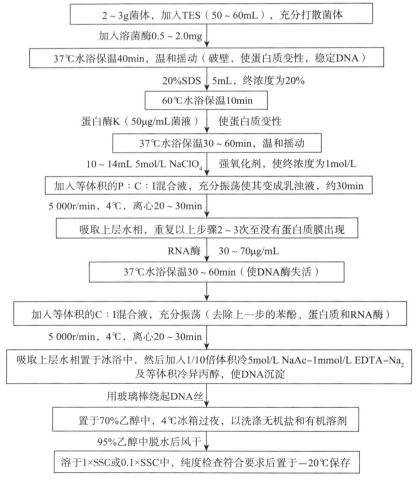

图 28-1　DNA 的提取方法与步骤

4.4 DNA 纯度和浓度检查 提取到的 DNA 样品，分别测其 260nm、280nm、230nm 的吸光度，如果 $A_{260}：A_{280}：A_{230}=1.0：0.515：0.450$，则其纯度符合实验要求。同时，使用紫外分光光度法测定 DNA 浓度。

4.5 测定 T_m 值和计算 G+C 摩尔百分含量 将提取得到的 DNA 置于配备加热装置的紫外分光光度计中测定热变性，基于变性过程中的温度和对应吸光度绘制 DNA 热变性曲线，确定 T_m 值，带入公式计算细菌 DNA 的 G+C 摩尔百分含量。

实验室常用的参比菌株是大肠杆菌 K_{12} 51.2%（G+C），若测定的大肠杆菌 K_{12} T_m 值为 90.5℃，使用如下公式。

$$1×SSC：G+C 摩尔百分含量=（T_m-69.3）×2.44×100\%$$
$$0.1×SSC：G+C 摩尔百分含量=（T_m-53.9）×2.44×100\%$$

若测定的大肠杆菌 K_{12} T_m 值为其他值，使用如下公式。

$$1×SSC：G+C 摩尔百分含量=[51.2+2.44（T_m 未知菌-T_m 大肠杆菌 K_{12}）]×100\%$$
$$0.1×SSC：G+C 摩尔百分含量=[51.2+2.08（T_m 未知菌-T_m 大肠杆菌 K_{12}）]×100\%$$

5 实验结果

（1）记录 DNA 纯度、浓度检查结果。

（2）计算出热变性温度测定法测定的大肠杆菌 DNA 中 G+C 摩尔百分含量。

6 注意事项

（1）避免杂菌污染，否则影响 G+C 摩尔百分含量测定结果。

（2）提取 DNA 的过程中，去除 RNA 和蛋白质步骤要重复 2~3 遍，以确保 DNA 的纯度。

（3）溶菌酶要适量，太多则影响蛋白酶凝聚。

7 思考题

（1）为何使用蛋白酶 K，而不使用其他蛋白酶？

（2）请分别从菌种 DNA 的提取、测定等步骤说明本方法应注意的关键问题。

实验 29 基于 16S rRNA 基因序列分析的细菌鉴定

1 目的要求

（1）掌握 16S rRNA 基因序列分析用于细菌鉴定的基本原理。

（2）了解 16S rRNA 基因序列分析的基本操作。

2 基本原理

16S rRNA 基因序列分析是研究生物系统发育和微生物菌种分类鉴定的重要方法和手段，通过确定微生物菌种之间的亲缘关系（同源性比较）和系统发育，进而绘制系统进化树。该技术对属及属以上分类单元系统发育地位的确定较为可靠。随着技术不断革新，16S rRNA 全序列分析亦用于种水平的描述。

16S rRNA 基因序列分析技术的基本原理是从微生物样本中扩增相应的保守基因片段，通过克隆、测序或酶切、探针杂交获得 16S rRNA 基因序列信息，再与 16S rRNA 基因数据库中的序列数据或其他数据进行比较，确定该微生物在进化树中位置和微生物的归属。微生物保守序列分析的方法主要是利用 16S rRNA 恒定区序列特别保守的特点，在恒定区上设计引物，将细菌保守区域扩增出来，对其反转录产物（16S rDNA）进行直接测序，16S rRNA 基因序列分析流程如图 29-1 所示。

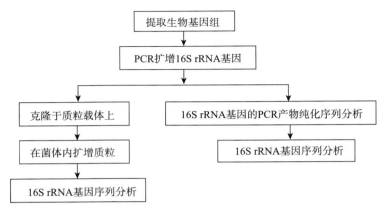

图 29-1　16S rRNA 基因序列分析流程

获得 16S rDNA 序列后，从核酸序列数据库中调取所需 16S rDNA 序列，利用一些必要的序列分析软件，如 Sequence、Phylip、Treecon、CLUSTAL W 等对其进行同源性比较，进而绘制系统进化树。目前国际上可供检索核糖体核酸序列的核酸数据库较多，其中常用的核酸序列数据库有 GenBank（National institutes of health）、EMBL（European molecular biology laboratory）、DDBJ（DNA data bank of Japan）。

3　实验材料

3.1　培养基及提取基因组材料　LB 培养基、细菌基因组提取试剂盒、引物（P₁、P₂）、Taq DNA 聚合酶、dNTPS、琼脂糖凝胶、2 000bp Marker、测序反应终止剂（95％甲酰胺、20mmol/L EDTA、0.05％溴酚蓝、0.05％二甲苯腈蓝 FF）、pMD19T 载体、*E. coli* DH5α。

3.2　测序引物设计　用于测序的通用正向引物 P_1 和通用反向引物 P_2 分别对应细菌基因组 16S rDNA 的 8～37 核苷酸和 1 479～1 506 核苷酸。

P₁：5′—AGAGTTTGATCCTGGTCAGAACGAACGCT—3′

P₂：5′—TACGGCTACCTTGTTACGACTTCACCCC—3′

3.3　仪器及其他用品　显微镜、PCR 仪、电泳仪、摇床、高速低温离心机、恒温水浴锅、Oxygen 离心管、移液器等。

4　实验方法与步骤

4.1　细菌菌体培养和收集

（1）扩大培养：将待鉴定细菌菌株经斜面活化后，接种于含液体培养基的试管中振荡培养，适宜温度条件下培养至对数期，镜检。确定无杂菌污染后，以 10％的接种量接种于含液体培养基的锥形瓶中，扩大培养至对数中后期。

（2）收集菌体（1～5mL）：将培养至对数中后期的待鉴定细菌菌株于 4℃、5 000r/min 条件下离心 15min，菌体沉淀经无菌水洗涤 3 次后收集备用。

4.2　细菌基因组提取　采用细菌基因组提取试剂盒提取待鉴定细菌菌株基因组，相关操作按照试剂盒说明书进行，提取完成后于－20℃保藏备用。

4.3　PCR 扩增 16S rDNA（16S rRNA 基因）

（1）染色体 DNA 作为 PCR 扩增模板，终浓度约为 1nmol/100μL 反应体系。

（2）DNA 扩增反应在 50μL 反应体系中进行，反应体系如下：

DNA 模板（1.0μmol/L）　　　　　　　　　1μL（先在沸水中加热 5min，急速冷却）

10×Taq 酶缓冲液	5μL
dNTP 混合物（终浓度：100μmol/L）	4μL
Taq DNA 聚合酶（2.5U）	1μL
引物 P_1（50pmol）	1μL
引物 P_2（50pmol）	1μL
去离子水	37μL
共计	50μL

依次加入以上试剂，置于 200μL Oxygen 离心管中，低速离心 30s，放入 PCR 仪进行 PCR 扩增反应。

（3）PCR 扩增条件：95℃ 起始变性 3min；95℃ 变性 30s，58℃ 复性 30s，72℃ 延伸 1.5min。经 25～30 个循环后，72℃ 继续延伸 10min，PCR 扩增产物 4℃ 保存备用。

扩增的 16S rDNA 首先在 1.0%（质量分数）低熔点琼脂糖凝胶板（含 EB）上水平电泳检测、纯化，即将每个 PCR 产物 3μL 与溴酚蓝 2μL 混合点样，75V 水平电泳 30min，紫外灯（UV）下观察，检测扩增片段长度及产量。

4.4　16S rDNA 载体连接及克隆表达　纯化后的 16S rDNA 与载体 pMD19T 在 16℃ 连接 8h，然后转化入 *E. coli* DH5α，转化子在含 X-Gal（X-Gal-3-溴-4-氯-3-吲哚-β-半乳糖苷）和氨苄青霉素的 LB 平板上筛选。

4.5　DNA 序列分析　从 *E. coli* DH5α 细胞中提取含 16S rDNA 的 PMD19T 质粒，纯化的质粒作为 DNA 测序的模板，取适量 16S rDNA-PMD19T 质粒送于测序公司进行序列比对，鉴定分析。

4.6　保守基因序列相似性分析　测序返回的结果可以获取 16S rDNA 序列，从 NCBI 数据库的核酸序列数据库中调取所需 16S rDNA 序列，利用 Sequence、Phylip、Treecon 等序列分析软件进行同源性比较，绘制系统进化树。目前各已知菌株 16S rDNA 均可在 GenBank 中获得，采用 CLUSTAL W 和 Phylip 软件进行数据分析。

5　实验结果

（1）观察、记录实验现象，分析电泳检测结果。

（2）对获取的 16S rDNA 序列进行数据分析。

（3）对构建的系统发育树进行系统发育分析。

6　注意事项

（1）溴化乙锭 EB 为强致癌剂，使用时应戴手套及防护面具。

（2）采用 PCR 扩增过程中，通用引物的使用会导致同时扩增混合样品中的多种微生物基因，出现嵌合产物（chimeric product）和扩增偏嗜性现象，影响结果的分析。

7　思考题

（1）为何 16S rRNA 基因序列可用于细菌的分类鉴定？

（2）采用 PCR 技术扩增 16S rRNA 基因的常用引物有哪些？

实验 30　基于 18S rRNA 基因序列分析的真菌鉴定

1　目的要求

（1）掌握 18S rRNA 基因序列分析用于真菌鉴定的基本原理。

（2）了解 18S rRNA 基因序列分析的基本操作。

2 基本原理

与原核生物 16S rRNA 一样，18S rRNA 是真核生物中是最为保守的基因之一，因此常用作生物分类的依据。由于 18S rRNA 在真核生物中的表达比较保守，所以目前也用来作为真核生物鉴定分析的内参。18S rRNA 全序列分析可以确定真核微生物菌种之间的亲缘关系（同源性比较）和系统发育，进而绘制系统进化树，该技术对属和属以上分类单元系统发育地位的确定是可靠的。

18S rRNA 序列分析技术的基本原理是从微生物样本中扩增相应的保守基因片段，通过克隆、测序或酶切、探针杂交获得 18S rRNA 序列信息，再与 NCBI 数据库中的 18S rRNA 序列数据或其他数据进行 BLAST，确定该真核微生物在进化树中的位置和系统分类。因此，18S rRNA 全序列分析已成为研究真核生物系统发育和菌种分类鉴定的重要方法及手段。真核微生物保守序列分析的方法主要是利用 18S rRNA 恒定区序列特别保守的特点，在保守区域设计引物，对其反转录产物（18S rDNA）进行直接测序，18S rRNA 基因序列分析流程如图 30-1 所示。

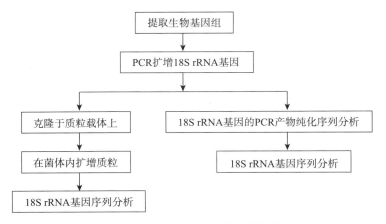

图 30-1 18S rRNA 基因序列分析流程

获得 18S rDNA 序列后，利用序列分析软件，进行同源性比较，绘制系统进化树。一般来说，通过 18S rDNA 序列同源性鉴定真菌时，如果菌株之间 18S rDNA 序列同源性低于 97%，那么无论采用哪种 DNA-DNA 杂交方法，其 DNA-DNA 相关性都不超过 60%；如果菌株之间的保守序列同源性高于 97%，则可能出现两种情况：一是 DNA 同源性大于 70%，则菌株为同种；二是 DNA 同源性小于 70%，则为不同种。

3 实验材料

3.1 培养基及提取基因组材料 PDA 平板培养基、真菌基因组提取试剂盒、液氮、引物 18-NS1/18-NS8、Taq DNA 聚合酶、dNTPS、琼脂糖凝胶、2 000bp Marker、测序反应终止剂（95% 甲酰胺、20mmol/L EDTA、0.05% 溴酚蓝、0.05% 二甲苯腈蓝 FF）。

3.2 测序引物设计 用于测序的通用正向引物 18-NS1 和通用反向引物 18-NS8 分别对应真菌基因组的 18S rRNA 的序列如下：

18-NS1：GTAGTCATATGCTTGTCTC

18-NS8：TCCGCAGGTTCACCTACG

3.3 仪器及其他用品 显微镜、PCR 仪、电泳仪、摇床、高速低温离心机、恒温水浴锅、Oxygen 离心管、移液器等。

4 实验方法与步骤

4.1 真菌菌体培养和收集

（1）菌种活化、扩培：不同类型的真菌接种于 PDA 平板培养基，于适宜温度下培养 3～4d，待菌体长出后切 1cm² 左右的培养基接种于液体发酵培养基中，于适宜温度条件下 200r/min 摇床培养。

（2）菌体收集：液体培养 4d 后，将液体发酵培养基抽真空过滤，并用滤纸吸干残留菌丝体的水分，备用。

4.2　真菌基因组提取　真菌 DNA 提取采用 CTAB 法。依据 EZgene™ Fungal DNA Miniprep Kits 真菌 DNA 提取试剂盒操作说明进行待鉴定真菌基因组 DNA 的提取。于干净的研钵中称取 3g 左右吸干水分的菌丝体，加入液氮充分研磨成细粉状，快速将磨碎的真菌组织收集至微胶管中，依据真菌 DNA 提取试剂盒说明书中步骤进行操作。

4.3　PCR 扩增 18S rDNA（18S rRNA 基因）

（1）染色体 DNA 作为 PCR 扩增模板，终浓度约为 1nmol/100μL 反应体系。

（2）DNA 扩增反应在 50μL 反应体系中进行，反应体系如下：

DNA 模板（1.0μmol/L）	1μL（沸水中加热 5min，急速冷却）
10×Taq 酶缓冲液	5μL
dNTP 混合物（终浓度：100μmol/L）	4μL
Taq DNA 聚合酶（2.5U）	1μL
引物 18-NS1（50pmol）	1μL
引物 18-NS8（50pmol）	1μL
去离子水	37μL
共计	50μL

依次加入以上试剂，置于 200μL Oxygen 离心管中，低速离心 30s，放入 PCR 仪进行 PCR 扩增反应。

（3）PCR 扩增条件：95℃起始变性 3min；95℃变性 30s，58℃复性 30s，72℃延伸 2min（18-NS1/18-NS8）。经 25～30 个循环后，72℃继续延伸 10min，最后 4℃贮存。

扩增的 18S rDNA 首先在 1.0%（质量分数）低熔点琼脂糖凝胶板（含 EB）上水平电泳检测、纯化，即将每个 PCR 产物 3μL 与溴酚蓝 2μL 混合点样，75V 水平电泳 30min，紫外灯（UV）下观察，检测扩增片段长度及产量。

4.4　18S rRNA 基因载体连接及克隆表达　纯化的 18S rRNA 基因与载体 pMD19T 在 16℃连接 8h，然后转化入 *E. coli* DH5α，转化子在含 X-Gal（X-Gal-3-溴-4-氯-3-吲哚-β-半乳糖苷）和氨苄青霉素的 LB 平板上筛选。

4.5　DNA 序列分析　从 *E. coli* DH5α 细胞中提取含 18S rRNA 的 pMD19T 质粒，纯化的质粒作为 DNA 测序的模板，取适量 18S rDNA-pMD19T 质粒送于测序公司进行序列比对，鉴定分析。

4.6　保守基因序列相似性分析　测序返回的结果可以获取 18S rDNA 序列，从 NCBI 数据库的核酸序列数据库中调取所需 18S rDNA 序列，利用 Sequence、Phylip、Treecon 等序列分析软件进行同源性比较，绘制系统进化树。目前各已知菌株 18S rDNA 均可在 GenBank 中获得，采用 CLUSTAL W 和 Phylip 软件进行数据分析。

5　实验结果

（1）观察记录实验现象，分析电泳检测结果。

（2）对获取的 18S rDNA 序列进行数据分析。

（3）对构建的系统发育树进行系统发育分析。

6　注意事项

（1）溴化乙锭 EB 为强致癌剂，使用时应戴手套及防护面具。

（2）破碎真菌细胞时需液氮研磨，注意使用液氮时不要冻伤皮肤，尽量简单快速完成菌体研磨操作。

（3）PCR 扩增保守序列过程中，要做一管空白对照（即模板 DNA 换成无菌水作为空白模板）。

7 思考题

（1）常用的核酸序列对比分析的数据库有哪些？

（2）采用 PCR 技术扩增 18S rRNA 基因的常用引物有哪些？

实验 31　毕赤酵母感受态细胞的制备和转化

1 目的要求

获得高效毕赤酵母 GS115 感受态细胞。

2 基本原理

感受态细胞（competent cell）的制备是指通过不同理化方法的诱导，使细胞表面出现空洞，进而增大细胞的通透性，此时细胞处于最适摄取和容纳外源基因或载体的状态。感受态细胞常用于表达并检验已构建载体，作为重组载体的宿主用于蛋白质的表达纯化等。

作为真核生物，毕赤酵母具有高等真核表达系统的许多优点，如蛋白加工、折叠、翻译后修饰等。与杆状病毒或哺乳动物组织培养等其他真核表达系统相比，毕赤酵母更快捷、简单、廉价，且表达水平更高。毕赤酵母具有与酿酒酵母相似的分子及遗传操作优点，且它的外源蛋白表达水平是后者的十倍甚至百倍。尽管毕赤酵母作为常用的蛋白表达系统有诸多优越性，然而，毕赤酵母细胞壁较厚，阻止外源 DNA 的摄入，无法使用化学转化法进行直接转化，因此要对毕赤酵母细胞进行适当处理，使其部分细胞壁去除，增加细胞通透性，从而可以高效转入外源 DNA。目前利用毕赤酵母细胞制备感受态细胞之前，大多使用适当浓度的 LiAc（乙酸锂）、DTT（二硫苏糖醇）及山梨醇的 Tris-HCl（pH 7.5）处理液预处理半小时，以增加细胞通透性，或购买经过预处理的毕赤酵母细胞，在此基础上进行感受态细胞的制备。

3 实验材料

3.1　菌种　表达宿主巴斯德毕赤酵母 GS115（*HIS*4 基因缺陷型）

3.2　培养基及试剂　YPD 培养基（培养基 23）、限制性酶（SacI、SalI、PmeI）、山梨醇、甘油、无菌水。MD（minimal dextrose medium，最小葡萄糖培养基）：13.4g 酵母基础氮源培养基（YNB）、0.4mg 生物素、20g 葡萄糖、水 1 000mL。

3.3　仪器及其他用品　超净工作台、低温冰箱、恒温摇床、高速低温离心机、分光光度计、漩涡混匀器、50mL 和 1 000mL 锥形瓶、Eppendorf 离心管等。

4 实验方法与步骤

4.1 毕赤酵母感受态细胞

（1）菌种活化：从 -70℃ 冰箱中取出保存的毕赤酵母 GS115，划线于 YPD 平板，30℃ 的恒温培养 3～4d，待菌体长出后使用灭菌的牙签挑取单菌落于含 5mL YPD 的 50mL 锥形瓶中，30℃、200r/min 培养 20～24h。

（2）扩大培养：取 1mL 上述种子液接种在含有 100mL（1%）新鲜 YPD 培养基的 1 000mL 锥形瓶中，30℃、200r/min 培养 5h 左右，至 OD_{600} 为 1.3～1.5。

（3）洗脱收集细胞：将上述菌体倒入无菌 50mL 离心管，于 4℃、3 000r/min 离心 5min 收集细胞，用 100mL 预冷的灭菌水悬浮细胞；离心后用 50mL 预冷的灭菌水再次悬浮细胞，以便将掺杂在细胞中的 YPD 培养基移除。

（4）山梨醇悬浮细胞处理：将上述悬浮细胞液离心，用 50mL 预冷的 1mol/L 山梨醇悬浮细胞后再次离心，用 1mL 预冷的 1mol/L 山梨醇悬浮细胞，离心管中终体积约为 0.5mL。其目的是使毕赤酵母细胞复苏及增加细胞膜通透性，使外源 DNA 能够高效进入毕赤酵母细胞。

（5）将上述山梨醇悬浮细胞混合液加入等体积已经灭菌的 30％甘油，至最终体积为 1mL 左右，轻柔混合完全，分装于灭菌的 1.5mL Eppendorf 离心管，每管 80μL，迅速放于液氮中孵育 2min，取出存于－70℃冰箱中，使用液氮处理感受态细胞的目的是使感受态细胞迅速处于休眠状态，对后续转化过程无副作用结果。

注：以上所有灭菌条件均为 121℃、20min。可冻存 80μL 等量的感受态细胞于－70℃冰箱中，但转化效率会下降。

4.2　电转化巴斯德毕赤酵母 GS115

（1）酶切线性化：重组质粒（含外源 DNA）（10μg）利用限制性酶（SacI/SalI/PmeI）进行酶切线性化，反应体系共 400μL，其中包括 40μL 10×Custmart Buffer，350μL 重组质粒和 10mL 限制性内切酶，37℃条件下酶切 8～10h，直至核酸电泳显示为单一条带。

（2）酶切线性化体系醇沉回收：

①向酶切线性化体系加入 40μL 5mol/L 乙酸钠（pH 5.2）、1mL 无水乙醇于－20℃孵育 30min。

②将上述体系于 4℃、12 000r/min 离心 10min，缓慢倒出上清液，离心管底可见沉淀 DNA。

③上述管中加入 1mL 预冷 70％乙醇，轻柔地上下颠倒数次混匀，于 4℃、12 000r/min 离心 10min，缓慢倒出上清液。

④重复步骤③，将沉淀 DNA 置于 37℃培养箱至乙醇完全挥发。

⑤经醇沉回收后溶于 10μL 双蒸水，进行后续电击转化实验。

（3）电转化巴斯德毕赤酵母 GS115 电转化参数：电压 2.0kV、0.2cm 电击杯、电阻 200Ω、电容 25μF、电击时间 5～6ms。取 10μL 乙醇沉淀产物加入 80μL 感受态细胞，电击完毕后立即加入预冷的 1mL 1mol/L 山梨醇溶液，混匀后将菌液涂布 MD 平板，30℃培养 2～3d，待阳性转化子长出。

5　注意事项

（1）全程在超净工作台中操作，防止染菌。

（2）感受态细胞离心重悬尽量在 4℃环境中操作，动作尽量快速，且离心速度不可过快，防止离心速度过快导致酵母细胞死亡。

6　思考题

（1）感受态细胞制备的常用方法有哪些？

（2）感受态细胞转化的常用方法有哪些？

实验 32　细菌感受态细胞的制备和转化

一、大肠杆菌感受态细胞的制备和转化

1　目的要求

（1）学习掌握制备大肠杆菌感受态细胞的原理和方法。

（2）学习掌握转化大肠杆菌的原理和方法。

（3）了解转化过程中各因素对转化率的影响。

2　基本原理

2.1　感受态细胞的概念　体外构建完成重组 DNA 分子后必须导入特定的宿主（受体细胞），使之无性繁殖并高效表达外源基因或直接改变其遗传性状，这个导入过程及操作统称为重组 DNA 分子的转化。在原核生物中，转化现象较为普遍，在细胞间转化是否发生，一方面取决于供体菌与受体菌两者在进化过程中的亲缘关系，另一方面还与受体菌是否处于一种感受状态有关。所谓的感受态，即指受体或者宿主最易接受外源 DNA 片段并实现其转化的一种生理状态，由受体菌的遗传性状决定，同时也受到菌龄、外界环境因子等因素影响。cAMP 可极大提高感受态水平，而 Ca^{2+} 也可大量促进转化作用。细胞的感受态一般出现在对数生长期，新鲜幼嫩的细胞是制备感受态细胞和进行成功转化的关键。新制备的感受态细胞暂时不用时可加入无菌甘油（占总体积 15%）于 -70℃ 保存，有效期为 6 个月。

2.2　转化的概念及原理　在基因克隆技术中，转化特指将质粒 DNA 或以其为载体构建的重组 DNA 导入细菌体内使之获得新遗传特性的研究方法，是微生物遗传、分子遗传、基因工程等研究领域的基本实验技术之一。受体细胞经过特殊方法，如电击法、$CaCl_2$ 法等化学试剂法处理后，细胞膜通透性发生变化，成为能容许外源 DNA 分子通过的感受态细胞。进入细胞的 DNA 分子通过复制、表达实现遗传信息的转移，使受体细胞出现新的遗传性状。

大肠杆菌的转化常用的 $CaCl_2$ 法，是由 Cohen 于 1972 年发现的。其具体过程是将细菌置于 0℃ $CaCl_2$ 的低渗溶液中，细胞膨胀成球形，转化混合物中 DNA 形成抗 DNase 的羟基-钙磷酸复合物并粘附于细胞表面，经短时间 42℃ 热冲击处理，促使细胞吸收 DNA 复合物。在丰富培养基上生长数小时后，球状细胞复原并分裂增殖，转化细菌的重组子中基因得到表达，在选择性培养基平板上可选出所需的转化子。Ca^{2+} 处理的感受态细胞的转化率一般能达到（5×10^6）~（2×10^7）转化子/μg 质粒 DNA，可以满足一般的基因克隆实验。如在 Ca^{2+} 的基础上联合其他的二价金属离子（如 Mn^{2+}、Co^{2+}）、DMSO 或还原剂等物质处理细菌，则可使转化率提高 100~1 000 倍。化学法简单、快速、稳定、重复性好，菌株适用范围广，感受态细菌可以在 -70℃ 保存，因此被广泛用于外源基因的转化。除化学法外，还有电击转化法，电击法不需要预先诱导细菌感受态，依靠短暂的电击，促使 DNA 进入细菌，转化率最高能达到 10^9~10^{10} 转化子/μg 闭环 DNA。

2.3　感受态细胞制备及转化中的影响因素

（1）细胞的生长状态和密度：最好从 -70℃ 或 -20℃ 甘油保存的菌种中直接转接用于制备感受态细胞的菌液，不要用已经过多次转接及贮存在 4℃ 的培养菌液。细胞生长密度以每升培养液中的细胞在 5×10^7 个左右为佳，即应用对数期或对数生长前期的细菌，其可通过测定培养液的 OD_{600} 控制。当 TG1 菌株 OD_{600} 为 0.5 时，细胞密度在 5×10^7 个/mL 左右。应注意 OD_{600} 与细胞数之间的关系随菌株的不同而不同，密度过高或不足均会使转化率下降。此外，受体细胞一般应是限制-修饰系统缺陷的突变株，即不含限制性内切酶和甲基化酶的突变株，并且受体细胞还应与所转化的载体性质相匹配。

（2）质粒 DNA 的质量和浓度：用于转化的质粒 DNA 主要是超螺旋态，其转化率与外源 DNA 的浓度在一定范围内成正比，但当加入的外源 DNA 量过多时则会使转化率下降。一般来说，DNA 溶液的体积不应超过感受态细胞体积的 5%，如 1ng 的 cDNA 即可使 50μL 的感受态细胞达到饱和。对于以质粒为载体的重组分子而言，分子质量大则转化效率相对较低，实验证明大于 30kb 的重组质粒很难进行转化。此外，重组 DNA 分子型与转化效率也密切相关，环状重组质粒的转化率较分子质量相同的线性重组质粒高 10~100 倍，因此重组 DNA 大多为环状双螺旋分子。

（3）试剂的质量要求：所用的 $CaCl_2$ 等试剂纯度要求高，超纯水配制后最好分装保存于 4℃。

（4）防止杂菌和杂 DNA 的污染：整个操作过程均应在无菌条件下进行，所用器皿如离心管、移液枪头等需无菌无酶处理。所有的试剂使用前须灭菌处理，且注意防止被其他试剂、DNA 酶或杂 DNA 污染，以防影响转化效率或转入杂 DNA。

（5）整个操作均须在冰上进行，以防降低细胞转化率。

3 实验材料

3.1 菌种 *E. coli* DH5α 菌株：R⁻，M⁻，Amp⁻；PBS 质粒 DNA，购买或实验室自制。

3.2 培养基及试剂 LB 固体和液体培养基（培养基 21）。

Amp 母液：称取氨苄青霉素 100mg 溶于 1mL 双蒸水中，0.22μm 滤器过滤除菌，用 EP 管分装后储存于 −20℃冰箱。

含 Amp 的 LB 固体培养基：将配好的 LB 固体培养基高压灭菌后冷却至 60℃左右，加入 Amp 储存液，使其终浓度为 50μg/mL，摇匀后铺板。

0.05mol/L CaCl$_2$ 溶液：称取 0.28g CaCl$_2$（无水，分析纯），溶于 50mL 双蒸水中，定容至 100mL，高压灭菌。

含 15％甘油的 0.05mol/L CaCl$_2$：称取 0.28g CaCl$_2$（无水，分析纯），溶于 50mL 双蒸水中，加入 15mL 甘油，定容至 100mL，高压灭菌。

3.3 仪器及其他用品 恒温摇床、电热恒温培养箱、台式低温高速离心机、超净工作台、低温冰箱、恒温水浴锅、制冰机、分光光度计、微量移液枪、Eppendorf 管等。

4 实验方法与步骤

4.1 受体菌的培养 在 LB 平板上挑取新活化的大肠杆菌单菌落（*E. coli* DH5α），接种于 3～5mL LB 液体培养基中，37℃下振荡培养 12h，直至对数生长后期。将该菌悬液以（1∶100）～（1∶50）的比例接种于 100mL LB 液体培养基中，37℃振荡培养 2～3h 至 OD_{600}＝0.5 左右。

4.2 感受态细胞的制备（CaCl$_2$ 法）

（1）将培养液转移到离心管中，冰上放置 10min，然后于 4℃下 3 000×g 离心 10min。

（2）弃去上清液，用预冷的 0.05mol/L 的 CaCl$_2$ 溶液 10mL 轻轻悬浮细胞，冰上放置 15～30min 后，4℃下 3 000×g 离心 10min。

（3）弃去上清液，加入 4mL 预冷含有 15％甘油的 0.05mol/L 的 CaCl$_2$ 溶液，轻轻悬浮细胞，冰上放置数分钟，即成感受态细胞悬液。

（4）感受态细胞分装成 200μL 的小份，可于 −70℃环境下保存半年。

4.3 转化（热击法）

（1）从 −70℃冰箱中取出 200μL 的感受态细胞悬液，室温下解冻后立即置于冰上。

（2）加入 PBS 质粒 DNA 溶液（含量不超过 500ng，体积不超过 10μL），轻轻摇匀，冰上放置 30min。

（3）42℃水浴中热击 90s 或者 37℃水浴 5min，热击后迅速置于冰上冷却 3～5min。

（4）向管中加入 1mL LB 液体培养基（不含 Amp），混匀后 37℃振荡培养 1h，使大肠杆菌恢复正常生长状态，并表达质粒编码的抗生素抗性基因（Ampr）。

（5）将上述菌液摇匀后取出 100μL 涂布于含有 Amp 筛选平板上，正面向上放置 0.5h，待菌液完全被培养基吸取后倒置培养皿，37℃培养 16～24h。同时做两个对照。

对照组 1：以相同体积的无菌双蒸水代替质粒 DNA 溶液，其他操作与上面相同。此组正常情况下在含有抗生素的 LB 平板上应没有菌落出现。

对照组 2：以相同体积的无菌双蒸水代替质粒 DNA 溶液，但涂板时只取 5μL 菌液涂布于不含抗生素的 LB 平板上，此组正常情况下应产生大量菌落。

5 实验结果

统计每个培养皿中菌落数。转化后在含抗生素的平板上长出的菌落即为转化子，根据培养皿中的菌落数可计算出转化子总数和转化频率：

$$转化子总数 = \frac{菌落数 \times 稀释倍数 \times 转化反应原液总体积}{涂板菌液体积}$$

$$转化频率 = \frac{转化子总数}{质粒 DNA 加入量（mg）}$$

$$感受态细胞总数 = \frac{对照组 2 菌落数 \times 稀释倍数 \times 菌液总体积}{涂板菌液体积}$$

$$感受态细胞转化频率 = \frac{转化子总数}{感受态细胞总数}$$

6　注意事项

（1）大肠杆菌在培养过程中需在显微镜下观察细胞形态，确保无杂菌污染。

（2）在混合 DNA 溶液与感受态细菌时，必须保证冰上操作，温度的起伏会导致转化效率的降低。

（3）平板涂布细菌时应避免反复来回涂布，因为感受态细菌的细胞壁比较敏感，机械压力过大会使细胞破碎。

（4）不同的大肠杆菌菌株和质粒的转化率不同，这影响计算单菌落时的准确性，对于转化效率高的，可以将转化液进行多梯度稀释；对于转化效率低的，可采用菌液浓缩手段（如离心）。

7　思考题

（1）实验中两个对照组的作用分别是什么？

（2）如何在实验中提高大肠杆菌感受态细胞的转化效率？

二、乳酸菌感受态细胞的制备和转化

1　目的要求

（1）学习掌握制备乳酸菌感受态细胞的原理和方法。

（2）学习掌握转化乳酸菌的原理和方法。

（3）了解转化过程中各因素对转化率的影响。

2　基本原理

乳酸菌可用于生产风味独特、营养丰富的发酵食物，具有极高的生产利用价值，利用分子技术深化和拓展乳酸菌的基础研究和工业应用一直受到科研人员的广泛关注。当前利用基因工程技术对乳酸菌进行遗传性状改良，从而满足工业生产需要是相关研究热点之一。转化是对乳酸菌进行基因改良的基本操作。经典的遗传转化（genetic transformation）需要筛选特殊的受体菌株，在进行转化时，要求受体菌株具有良好的可以接受外源 DNA 的生理状态，即感受态。这种转化方法的缺点是受体范围很窄，限制了在基因工程领域中 DNA 的转化操作。为扩大受体范围，发展了原生质体转化（protoplast transformation）方法，其基本原理：受体细胞经溶菌酶处理脱去细胞壁形成原生质体，再经聚乙二醇（PEG）诱导后吸收外源 DNA，并在特定培养基上再生细胞壁，恢复并形成正常细胞。原生质体转化不仅转化频率高，而且扩大了受体范围。在正常情况下，只要受体菌株能形成原生质体，且在受体细胞内的限制修饰系统（R/M 系统）较弱，并在特定培养基上能够再生出细胞壁，即可作为受体菌株。但是，原生质体转化也存在整个过程需要时间较长（几天时间），且操作非常烦琐等缺点。20 世纪 80年代末发展起来的电转化（electrotransformation）方法，也称电打孔（electroporation）法，具有省时、简便、高效、受体范围广泛等优点，在原核和真核细胞中得到广泛应用。其基本原理：首先活化培养感受态受体细胞，使其细胞壁弱化，然后在高压脉冲电击条件下，受体细胞膜蛋白质脂质之间形成瞬时小孔，使外源 DNA 进入受体细胞内。

3　实验材料

3.1　菌株和质粒　植物乳杆菌（*L. plantarum*）；质粒：pBEmpM4、pBEmpM4a、pBEmpM4b、pBEmpM4c。如有其他乳酸菌和配合乳酸菌质粒也可以使用。

3.2　试剂

（1）MRSS 培养基：MRS 培养基中添加 0.3mol/L 蔗糖，121℃高压蒸汽灭菌 15min，4℃保存。

（2）20%（W/V）甘氨酸贮液：20g 甘氨酸粉末溶于 100mL 去离子水中，过滤除菌，4℃保存。

（3）洗涤液（washing buffer）：0.3mol/L 蔗糖、1mmol/L 氯化镁，过滤除菌，4℃保存。

（4）30%（W/V）PEG-1 500 贮液：30g PEG-1500 粉末溶于 100mL 去离子水中，过滤除菌，4℃保存。

（5）MRSSM 培养基：MRS 培养基中添加 0.3mol/L 蔗糖和 0.1mol/L 氯化镁，121℃高压蒸汽灭菌 15min，4℃保存。

（6）红霉素贮液（25mg/mL）：0.25g 红霉素粉末溶于 10mL 无水乙醇中，过滤除菌后分装成小份，－20℃避光保存。

（7）其他：MRSSM 固体培养基，MRS 培养基。

3.3　仪器及其他用品　超净工作台、高压蒸汽灭菌锅、紫外-可见分光光度计、电子天平、电热恒温培养箱、电泳仪、凝胶成像系统、低温离心机、电转化仪、漩涡振荡器、制冰机、低温冰箱、移液枪、1mL/200μL 枪头、10mL/1.5mL 离心管、比色皿、液氮、培养皿、涂布棒等。

4　实验方法与步骤

4.1　乳酸菌感受态细胞的制备

（1）将新鲜活化的乳酸菌以 1%（V/V）接种量接种于 10mL 含有 1%（W/V）甘氨酸的 MRSS 培养基中，置于 37℃培养至 OD_{600} 达到 0.4～0.6，空白培养基调零。

（2）将菌液转移至无菌的 10mL 离心管中，4℃、6 000×g 离心 10min，收集菌体。

（3）弃上清液，加入 2mL 预冷的洗涤液洗涤菌体，4℃、6 000×g 离心 10min，收集菌体，重复一次。

（4）弃上清液，加入 2mL 预冷的 30%（W/V）PEG-1500 重悬菌体，4℃、6 000×g 离心 10min，收集菌体。

（5）弃上清液，加入 200μL 预冷的 30%（W/V）PEG-1500 重悬菌体，分装成小份，置于冰浴中备用或在液氮中速冻后置于－80℃冰箱中保存。

4.2　乳酸菌的电转化

（1）在电转仪中设定电击参数：1.5kV，25μF，400Ω。

（2）将 40μL 感受态细胞注入预冷的 2mm 电转杯中，进行电击，观察是否有电弧产生，若无电弧出现则作为空菌对照。

（3）将 0.5μg 纯化的 DNA 与 40μL 感受态细胞混匀后注入预冷的 2mm 电转杯中进行电击，电击后立即加入 1mL MRSSM 复苏培养基。

（4）将电转杯中的培养物转移至 1.5mL 无菌离心管中，置于 37℃预培养 2h。

（5）室温下 6 000×g 离心 5min 收集菌体，除去部分上清液，将复苏菌液混匀后涂布于含有 5μg/mL 红霉素的 MRS 平板上，倒置于 37℃培养 48～72h。

（6）挑取重组子单菌落，接种于含有 5μg/mL 红霉素的 MRS 培养基中置于 37℃培养至稳定期，提取质粒（方法见实验 33 乳酸菌质粒提取），电泳检测，鉴定重组子。

5　实验结果

（1）获得重组子菌落并鉴定。

（2）根据重组子培养和鉴定结果，写出实验报告，并附重组子培养平板照片和琼脂糖凝胶电泳检测谱带照片。

6　注意事项

（1）应注意无菌操作，避免微生物感染。

（2）感受态细胞制备过程中注意低温操作，保护细胞。

（3）每次重悬菌体后要反复吸打均匀，保证菌体与溶液充分接触。

（4）涂布平板前注意菌液浓度，必要时可以用生理盐水稀释后再涂布。

（5）平板培养时应倒置平板，避免水汽污染。

7　思考题

（1）为什么选取 OD_{600} 为 0.4～0.6 的菌液进行实验？此时的菌体处于什么时期？

（2）PEG-1500 试剂在此处的作用原理是什么？

（3）为什么要使用含有红霉素的 MRS 培养基培养重组细胞？

（4）电击转化法有什么优点？

实验 33　乳酸菌质粒提取

1　目的要求

（1）了解乳酸菌天然质粒的类型和复制机制。

（2）学习乳酸菌天然质粒的提取原理和方法。

2　基本原理

乳酸菌天然质粒的研究始于 20 世纪 70 年代。研究发现，乳酸菌中普遍存在着大量的天然质粒，这些质粒可能编码多种重要功能特性，如乳糖等糖类利用能力、蛋白质水解作用、柠檬酸代谢、对细菌噬菌体的抗性、DNA 的限制与修饰、细菌素的产生、抗生素的抗性、金属离子的运输及耐受、胞外多糖的产生等。显而易见，这些天然质粒的存在是乳酸菌生理功能的重要补充，对于宿主的生存至关重要，同时这些可能由质粒编码的功能特性与乳品发酵等工业生产紧密相连，具有重要的应用价值。此外，大量的天然质粒中还包括多种大小在 1～100kb 的未编码显性表型性状的隐蔽型质粒。删除这类质粒不会影响宿主菌株的生存，这种特性使之成为宿主菌株之间以及宿主菌株和外界环境之间进行 DNA 转移和交换的天然载体，是开发乳酸菌遗传操作载体工具的重要资源。

乳酸菌天然质粒的
分类及复制模式

本实验利用碱裂解法结合溶菌酶处理进行乳杆菌天然质粒的提取。碱裂解法提取质粒 DNA 是基于染色体 DNA 与质粒 DNA 在变性与复性中的差异而达到分离目的的。在 pH 大于 12 的碱性条件下，由于染色体 DNA 与质粒 DNA 拓扑构型不同，染色体 DNA 双螺旋结构解开，而共价闭环质粒 DNA 的氢键虽被断裂，但两条互补链彼此相互盘绕仍会紧密地结合在一起。当溶液 pH 恢复至中性，在高盐浓度的情况下，染色体 DNA 之间交联形成不溶性网状结构并与蛋白质-SDS 复合物等形成沉淀；不同的是，质粒 DNA 复性迅速而准确，保持可溶状态而留在上清液中。通过离心，染色体 DNA 与不稳定的大分子 RNA、蛋白质-SDS 复合物等一起沉淀下来而被除去。除去沉淀后上清液中的质粒可用酚氯仿抽提进一步纯化质粒 DNA。

3 实验材料

3.1 菌株 植物乳杆菌（*L. plantarum* M4）。

3.2 试剂

（1）1mol/L Tris-Cl：121.1g Tris 碱溶于 800mL 去离子水中，调 pH 至 8.0，定容至 1 000mL，121℃高压蒸汽灭菌 20min，室温保存。

（2）0.5mol/L EDTA：126.1g 乙二胺四乙酸二钠溶于 800mL 去离子水中，调 pH 至 8.0，定容至 1 000mL，121℃高压蒸汽灭菌 20min，室温保存。

（3）10%（*m/V*）SDS：10g SDS 粉末溶于 80mL 去离子水中，定容至 100mL，室温保存。

（4）1mol/L NaOH：4g NaOH 溶于 90mL 去离子水中，定容至 100mL，室温保存。

（5）TES：25%（*W/V*）蔗糖，50mmol/L Tris-Cl（pH 8.0），30mmol/L EDTA（pH 8.0），121℃高压蒸汽灭菌 15min，4℃保存。

（6）溶菌酶贮液（30mg/mL）：3g 溶菌酶粉末溶于 100mL TES 中，过滤除菌后分装成小份，−20℃保存。

（7）Solution Ⅱ：0.2mol/L NaOH，1%（*m/V*）SDS，现用现配。

（8）Solution Ⅲ：5mol/L 乙酸钾 60mL、冰乙酸 11.5mL 和去离子水 28.5mL 混匀，4℃保存。

（9）Tris-饱和酚：购买商品化 Tris-饱和酚（pH 8.0）溶液；使用前颠倒混匀，静置 30min，用移液器吸取下层饱和酚溶液使用。

（10）氯仿-异戊醇混合液：96%（*V/V*）氯仿，4%（*V/V*）异戊醇，混匀后置于棕色瓶中，4℃避光保存。

（11）70%（*V/V*）乙醇：70mL 无水乙醇溶于 20mL 去离子水中，定容至 100mL，室温保存。

（12）TE 缓冲液：100mmol/L Tris-Cl（pH 8.0），10mmol/L EDTA（pH 8.0），121℃高压蒸汽灭菌 20min，室温保存。

（13）RNase A 溶液（100mg/mL）：商品化试剂。

3.3 仪器及其他用品 超净工作台、电热恒温培养箱、台式低温高速离心机、移液器等。

4 实验方法与步骤

4.1 菌悬液制备

（1）吸取适量新鲜培养的菌液注入无菌离心管中，10 000×g 离心 2min，去上清液。

（2）加入 500μL TES 重悬菌体，10 000×g 离心 2min，去上清液。

4.2 菌体裂解

（1）加入 200μL 溶菌酶贮液重悬菌体，置于 37℃水浴中消化 1h。

（2）加入 400μL 新配制的 Solution Ⅱ，轻柔混匀后立即置于冰浴中 10min。

（3）加入 300μL 预冷的 Solution Ⅲ，轻柔混匀后立即置于冰浴中 10min。

（4）4℃、10 000×g 离心 10min，吸取上清液转移至新的离心管中。

4.3 质粒 DNA 提取及纯化

（1）加入等体积的 Tris-饱和酚和氯仿-异戊醇，充分混匀；4℃、10 000×g 离心 10min，吸取上层水相溶液转移至新的离心管中。

（2）加入等体积的异丙醇或两倍体积的无水乙醇，−20℃沉淀 2h。

（3）4℃、10 000×g 离心 10min，去上清液，收集 DNA 沉淀，加入 500μL 70%乙醇洗涤沉淀。

（4）10 000×g 离心 5min，去上清液使沉淀干燥 2min，加入 20μL TE 缓冲液溶解 DNA 沉淀，加入 2μL RNase A 溶液，置于 37℃水浴中消化 30min，琼脂糖电泳检测质粒提取结果，−20℃

冻存。

5　实验结果

（1）观察并拍摄琼脂糖电泳图。

（2）对提取质粒条带数量、大小进行描述

6　注意事项

（1）缓冲液会影响实验结果，在基因操作实验中，保存或提取 DNA 过程中一般都采用 TE 缓冲液，而不选用其他的缓冲液。

（2）SDS 是离子型表面活性剂。它主要功能有：溶解细胞膜上的脂肪与蛋白质，从而溶解膜蛋白而破坏细胞膜；解聚细胞中的核蛋白；SDS 能与蛋白质结合形成复合物，使蛋白质变性而沉淀。但是 SDS 能抑制核糖核酸酶的作用，所以在提取过程中，必须把它去除干净，防止在下一步操作中受干扰。

7　思考题

（1）影响质粒 DNA 提纯质量和产率的因素有哪些？

（2）碱裂解法提取质粒 DNA 时应注意哪些问题？溶液Ⅱ、Ⅲ的作用分别是什么？

实验 34　基于 RAPD 技术鉴定双歧杆菌

1　目的要求

（1）了解随机扩增多态性 DNA 技术（random amplified polymorphic DNA，RAPD）体外扩增 DNA 的原理。

（2）采用随机扩增多态性 DNA 技术（RAPD）在种及菌株水平上对双歧杆菌进行分类鉴定。

2　基本原理

2.1　RAPD 的原理及特点　随机扩增多态性 DNA 技术（RAPD）是由杜邦公司的 Williams 和加利福尼亚生物研究院的 Welsh 于 1990 年创立的，其建立在 PCR 技术基础之上，具体指以一条碱基顺序随机排列的单链寡核苷酸（一般为 10 个碱基长度）为引物，对所研究的生物的基因组 DNA 进行 PCR 扩增。扩增产物通过聚丙烯酰胺凝胶电泳或琼脂糖凝胶电泳分离，经 EB 染色来检测扩增产物 DNA 片段的多态性。对于任一条特定的引物，它同基因组 DNA 序列有其特定的结合位点，这些位点在基因组 DNA 某些区域内的分布，如果符合 PCR 扩增的条件，即引物在模板的两条链上有互补的位置，且引物的 3' 端相距在一定的长度范围内（一般小于 2kb），就可以扩增出 DNA 片段。如果基因组在这些区域发生 DNA 片段的插入、缺失或碱基突变，就可能导致这些特定的结合位点分布发生相应的变化，而使 PCR 产物增加，缺少或发生分子数量的变化。通过对 PCR 产物分析检测可得到基因组 DNA 在这些区域的多态性。作为一种 PCR 技术的延伸，RAPD 反应具有区别于常规的 PCR 反应的以下特点：

（1）无须专门设计 RAPD 扩增反应的引物。一般使用 C＋G 摩尔百分含量高于 40％ 的 10 个碱基长度的随机合成寡核苷酸作为引物。

（2）不同于常规 PCR 反应所需的一对上下游引物，RAPD 反应中只需加入一个引物。

（3）RAPD 反应的退火温度明显低于常规 PCR 反应，一般仅为 36℃，可以扩大引物在基因组 DNA 配对的随机性，提高基因组 DNA 多态性分析效率。

2.2　影响 RAPD 扩增效果的因素　RAPD 技术是由多种成分参加的生化反应，反应中各种成分均为微量，尽管其反应灵敏度高，但是影响因素较多，会出现重复性差等一些问题。为了得到较稳定的结果，各种反应参数必须事先优化选择，操作中每一步都必须小心谨慎，以防止出现差错。

（1）温度：RAPD一般反应条件是变性 92～95℃，常用 94℃，30～60s；延伸 72℃，60～120s；退火 35～37℃，30～60s。变性和延伸温度一般没有太大变化，而退火温度影响较大。退火温度低，引物和模板结合特异性较差，出现的条带可能增多；退火温度高，引物和模板结合特异性增加。有人提出，在寻找基因差异为目的的实验中，退火采用 33～34℃ 效果更好。在优化方案中，退火温度可能要提高，以便降低引物结合的随机性，得到少而清晰的"带"。温度的梯度率也是十分重要的，特别是退火与延伸之间的梯度尤为重要。各种仪器的控温、升降温性能均有差别，一些仪器（如一些旧型号的仪器）在到达特定的温度前就开始计时，一些 PCR 仪显示的温度与实际温度会有差异。这些在设计程序和结果分析时有必要考虑，所以注明所用仪器的生产厂家、品牌、规格，就显得很有必要，对于同一批实验，注意控制在同样的温度条件下进行反应，结果才有可比性。

（2）反应物影响：PCR 扩增受多种成分的制约，产物仅在部分循环中呈指数增长，逐渐将达到一个平台期，模板是关键制约因素之一，RAPD 产物取决于此，精确的模板浓度对于实验十分关键。浓度过低，分子碰撞概率低，偶然性大，扩增产物不稳定；浓度过高，会增加非专一性扩增产物。更重要的是，若循环数控制不好，引物过早消耗完，后面循环中，PCR 扩增产物的 3' 端会和原模板及每一次循环的扩增产物退火，造成不等长度的延伸。因此，如果原模板浓度过高，非专一性扩增产物就足以形成背景，这是高浓度模板造成弥散型产物的原因。相对而言，模板纯度影响不大，即反应液中蛋白质、多糖、RNA 等大分子物质影响不大。理想的模板和引物浓度能产生多态性丰富、强弱带分明的 RAPD 图谱。引物 3' 端的重要性似乎更大。此外，Mg^{2+} 浓度也影响反应的参数，包括产物的特异性和引物二聚体的形成，人们在各自的实验中得出不同的结论，浓度在 1.5～4mmol/L。总之，各种反应物的浓度应事先进行筛选优化。

（3）污染问题：实验中应设空白对照。因为引物、各种缓冲液和双蒸水都会造成污染。而且 Taq 酶也可能出现污染，给分析带来困难，所以必须设置对照以排除系统误差，同时酶也需尽可能优化。

（4）电泳分辨率：电泳时，基因组不同位置的扩增产物可能共同移动，即不同分子质量的扩增产物可能在电泳时没有分开而形成一条带，凝胶分离系统和基因组的亲缘关系有可能提高共同移动概率。一般而言，聚丙烯酰胺和银染的分辨效果比琼脂糖和溴化乙胺要高，用较长（可达到 20cm）或浓度更高（2%）的琼脂糖凝胶有助于提高分辨率。当然，随着分辨率和灵敏度的提高，更可能出现实验误差。所以有人评述，最保险而简单的方法是用琼脂糖电脉分离而且只注意那些无疑而重发性高的带。但是，聚丙烯酰胺和银染所揭示的高信息量的多态性无疑可加快分子标记的鉴定过程。

3 实验材料

3.1 菌种 长双歧杆菌（*Bifidobacterium longum*）、短双歧杆菌（*B. breve*）、青春双歧杆菌（*B. adolescentis*）、两歧双歧杆菌（*B. bifidum*）、动物双歧杆菌（*B. animalis*）、婴儿双歧杆菌（*B. infantis*）等模式菌株或已经过鉴定的上述菌株；待测菌株。

3.2 试剂 RAPD引物：为保证实验结果，本实验采用 5 个 RAPD 引物分别进行 5 次独立实验进行鉴定。RAPD 鉴定引物序列如表 34-1 所示。

表 34-1 RAPD 鉴定引物序列

编号	序列
OPA02	TGCCGAGCTG
OPA18	AGGTGACCGT
OPL07	AGGCGGGAAC
OPL16	AGGTTGCAGG
OPM05	GGGAACGTGT

Taq 酶；0.2mmol/L dNTPs（必须使用高质量的 dNTPs，这一点非常重要，dNTPs 经反复化冻后会发生降解）；10×PCR 缓冲液（500mmol/L KCl，15mmol/L MgCl$_2$，100mmol/L Tris-HCl，pH 8.3）；电泳所需试剂。

3.3　仪器及其他用品　RAPD 分析软件、PCR 扩增仪、电泳装置、微量离心机、微量移液器（1～20μL 和 20～200μL）、0.5mL Eppendorf 管、紫外线观察装置及照相设备等。

4　实验方法与步骤

4.1　双歧杆菌 DNA 提取　利用溶菌酶-煮沸法提取。

（1）取 5mL 24h 双歧杆菌发酵液，6 000×g 离心 5min，倾去上清液，用 1mL TE（pH8.0）溶液重悬浮所得菌体沉淀，将菌悬液转移至 1.5mL 灭菌塑料离心管中，6 000×g 离心 5min，去上清液。

（2）加入 50μL 10mg/mL 溶菌酶溶液、0.9mL TE 溶液，吸打混匀，用 0.1mol/L NaOH 溶液调节体系 pH 至 8.0，37℃水浴 1h。

（3）将塑料离心管盖紧，于沸水浴中煮 15min，6 000×g 离心 10min，吸取上清液至一灭菌新离心管中，4℃保存，此上清液稀释后可直接作为模板进行 RAPD 扩增。

4.2　RAPD 步骤

（1）在冰里向无菌的 Eppendorf 管中加入以下反应物：

10×缓冲液	2μL
10×dNTPs	2μL
引物（20mmol/L）	0.2μL
DNA（10～100ng）	1μL
Taq DNA 聚合酶	1U
水	14.75μL
终体积	20μL
液体石蜡	20μL

（2）93℃反应 2min 后开始如下循环：93℃变性反应 1min，36℃退火反应 1min，72℃延伸反应 1.5min，经过 45 个循环后，最后一个循环 72℃增加 5min，循环结束后反应产物置于 4℃保存。

（3）选取 20mL 反应产物进行凝胶电泳，经溴化乙锭染色检测扩增的情况。

5　实验结果

对扩增后的片段进行图谱分析，利用软件（ImageJ、Quantity One 等）进行条带识别，分析条带图谱相似度，建立系统发育树，从而确定不同菌株的相似度（详见不同电泳图谱分析软件的操作说明）。

6　注意事项

（1）溴化乙锭 EB 为强致癌剂，使用时应戴一次性手套及防护面具，并小心操作。
（2）紫外灯下观察应戴防护眼镜。

7　思考题

（1）采用 RAPD 进行双歧杆菌鉴定的优势？
（2）比较说明 RAPD 技术与常规 PCR 技术的异同。
（3）RAPD 的特异性主要由哪些因素决定？

Part 2

第二部分
食品微生物学安全实验技术

实验 35　样品的采集

1　目的要求

（1）掌握采样原则、采样方案的确定、正确的采样方法。

（2）了解采样技术在食品微生物检测过程中的重要性。

2　采样原则及其重要性

采样是指在一定质量或数量的产品中，采取一个或多个单元用于检测的过程。采样技术在食品微生物检测过程中至关重要，要求操作人员必须具有很高的专业技能，使整个过程为无菌操作，所采样品具有代表性，并在样品传递、样品保存、样品制备等环节严格操作，保证样品从采样到制样整个过程的一致性，检测结果具有统计学有效性。

采样原则包括以下几点：①根据检验目的、食品特点、批量、检验方法、微生物的危害程度等确定采样方案；②应采用随机原则进行采样，确保所采集的样品具有代表性；③采样过程遵循无菌操作程序，防止一切可能的外来污染；④样品在保存和运输的过程中，应采取必要的措施防止样品中原有微生物的数量变化，保持样品的原有状态。

采样全过程应采取必要的措施，防止食品中固有微生物的数量和生长能力发生变化，确定检验批次，注意产品的均质性和来源，确保检样的代表性。

食品加工批次、原料情况（来源、种类、地区、季节等）、加工方法、运输、保藏条件、销售中的各个环节（如有无防蝇、防污染、防蟑螂及防鼠等设备）及销售人员的责任心和卫生认识水平等均可影响食品或包装表面微生物数量和存在状况，因此，采样前必须考虑周密，确定正确的采样方案。

采样方案类型

3　实验材料

3.1　培养基及试剂　75%乙醇、100mg/L 次氯酸钠溶液、灭菌的稀释液（生理盐水、磷酸盐缓冲液及 0.1%蛋白胨水）、2%硫代硫酸钠溶液。

3.2　仪器及其他用品　冰箱、便携式冰箱或保温箱、预先冷冻的冰袋、电子天平（感量为 0.1g）、酒精灯、整套不锈钢勺子、解剖刀、固体粉末采样器、带有防尘磨口瓶塞的广口瓶、镊子、采样规格板、一次性吸管和培养皿、聚乙烯袋（瓶）或金属试管、金属电子温度计、标签纸、滤纸、油性记号笔、一次性手套等。

4　实验方法与步骤

4.1　采样工具的准备与灭菌

（1）采样工具如整套不锈钢勺子、镊子、滤纸、培养皿等高压灭菌。

（2）采样容器必须清洁、干燥、防漏、广口、灭菌，大小适合盛放检样，一般选用灭菌的金属试管或预先灭菌的聚乙烯袋（瓶）。为防运输时破碎造成采样失败，最好不要使用玻璃容器，如广口瓶等。

（3）温度计在采样前采用75％乙醇或100mg/L次氯酸钠溶液浸泡消毒。

（4）用干燥的棉花-羊毛缠在长4cm、直径1～1.5cm的木棒或不锈钢丝上做成棉花-羊毛拭子，然后将拭子放入合金试管，盖上盖子后灭菌。

（5）不干胶标签背面标明采样信息，将其一端向内弯回大约1cm左右，采样前用75％乙醇进行短时消毒后使用。

4.2　各类食品的采样方法

食品种类繁多，采样方法、采样量各有不同，现按照几大类各列举一例：

（1）液体样品的采样。以大罐牛乳为例。先将牛乳搅拌混匀，分别从同批次几个罐中采样口采样，装入灭菌容器。采样量为检验单位的5倍或以上。如要进行菌落总数测定，可采集200～500mL牛乳样品。小容器也可采用灭菌的长柄勺采样，但要注意无菌操作，防止环境微生物污染。

取完样品后，用消毒后的温度计插入牛乳中测量温度，并记录。

（2）固体样品的采样。以鲜肉、全蛋粉为例。

肉类采用灭菌的解剖刀分别在表皮几个不同位置采取适量样品，用镊子放入同一个无菌聚乙烯袋内密封；再在肉深层采用同样方法采样，与表皮样品分开放置。采样总量应满足微生物指标检验的要求（250g以上）。注意深层采样时要小心不要被表面污染。

全蛋粉采用固体粉末采样器采样。用灭菌的采样器斜角插入箱底，样品填满采样器后提出箱外，再用灭菌小勺从上、中、下部位采样，放入无菌袋密封。

（3）表面采样。表面采样技术只能直接转移菌体，不能做系列稀释，只有在菌体数量较多时才适用。其最大优点是检测时不破坏样品。

①棉拭子法。采集食品工艺实验室操作台微生物样本。采样时先将棉花-羊毛拭子在灭菌生理盐水中浸湿，用灭菌的采样规格板（25cm^2）确定被测试区域，然后在待检样品的表面缓慢旋转拭子平行用力涂抹两次。涂抹过程中应保证拭子在采样框内。采样后拭子重新放回装有10mL采样溶液的试管中。

②淋洗法。采集香肠表面微生物样本。在无菌区内，先用镊子固定香肠，再用质量为样品质量10倍的灭菌稀释液对样品进行淋洗，得到10^{-1}的样品原液。

③胶带法。采集食品包装表面微生物。将标签从灭菌粘贴架上取下，压在待测食品包装表面，迅速取样后，重新贴回粘贴架，密封。送回实验室后，将其从粘贴架上取下，压在所需培养基表面培养。

④触片法。采集鲜肉表面微生物。取50cm^{2}消毒滤纸，用无菌刀贴于被检肉表面，持续1min，取下装入盛有100mL无菌生理盐水和玻璃珠的采样容器中，送至实验室后，补足250mL，强力振荡至滤纸成细纤维状备用。也可采用无菌玻片触压食品表面后，带回实验室固定染色镜检，但不能用于菌体计数。

（4）空气样品的采样。空气采样方法有直接沉降法和过滤法两种，实验选用直接沉降法测定食品工艺实验室空气中的微生物状况。

首先选取实验室取样点位置。设东、西、南、北、中五点，周围4点距墙1m，高度同操作台面，各点避开空调、门窗等空气流通处。将含平板计数琼脂培养基的平板置采样点，打开平皿盖，使平板在空气中暴露5min后，盖上皿盖。

（5）自来水的取样。将实验室龙头嘴里外擦拭干净，打开龙头让水流几分钟，然后用75％乙醇消毒或用酒精灯灼烧，再次打开龙头让水流1～2min后取水样并装满带有防尘磨口瓶塞的广口瓶。如果自来水是用氯气处理过的,取样后每 100mL 水样中加入 0.1mL 的 2%硫代硫酸钠溶液,以还原余氯。

4.3 样品的标记 对所采集样品进行及时、准确的记录和标记。清晰填写采样单(包括采样人、采样地点、时间、样品名称、类别、来源、批号、包装形式、规格、状态、数量、保存条件等)。

4.4 样品的贮存和运输 将所采样品在接近原有贮存温度条件下尽快送往实验室检验。运输时应保持样品完整。如不能及时运送,应在接近原有贮存温度条件下贮存。

5 实验结果

(1)检查采样单,核对项目是否全面,填写内容是否正确。

(2)重复取样,通过细菌菌落总数测定验证采样的准确性。

6 注意事项

(1)灭菌容器盛装液体样品的量不应超过其容量的 3/4,以便于检验前将样品摇匀。

(2)测温度时尽可能不用水银温度计测量,以防温度计破碎后水银污染食品。

(3)样品标记应牢固并具防水性,确保字迹不会被擦掉或脱色。

(4)水样采集时用灭菌瓶直接取样,不得用水样涮洗。采样时握紧瓶子下部,避免手指和其他物品对瓶口的污染。

7 思考题

(1)样品采集和保存在食品微生物学检测中有何重要性?

(2)食品采样过程中,如何保证样品具有代表性?如何保证样品在运输、保存过程中微生物指标不发生变化?

实验 36   食品中菌落总数的测定

1 目的要求

(1)掌握食品中菌落总数测定的方法和步骤。

(2)了解菌落总数测定在食品卫生学评价中的意义。

2 基本原理

菌落总数是指食品检样经过处理,在一定条件下(如培养基、培养温度和时间等)培养后,所得每克(毫升)检样中形成微生物菌落总数。

菌落总数是判定食品清洁程度(被污染程度)的标志,通常卫生程度越好的食品,单位样品菌落总数越低,反之,菌落总数就越高。由于菌落总数的测定是在 37℃有氧条件下培养的结果,故厌氧菌、微需氧菌、嗜冷菌和嗜热菌在此条件下不生长,有特殊营养要求的细菌也受到限制。因此,这种方法所得到的结果,实际上只包括一群在平板计数琼脂培养基中发育、嗜中温的需氧或兼性厌氧菌的菌落总数。但由于在自然界这类细菌占大多数,其数量的多少能反映出样品中细菌的总数,所以,用该方法来测定食品中含有的细菌总数已得到了广泛的认可。此外,菌落总数并不能区分其中细菌的种类,所以有时被称为杂菌数、需氧菌数等。

平板菌落计数法又称标准平板活菌计数法(standard plate count,简称 SPC 法)是最常用的一种活菌计数法。它是根据微生物在高度稀释条件下,于固体培养基上形成的单个菌落是由一个单细胞繁殖而成的这一培养特征设计的计数方法,即一个菌落代表一个单细胞。测定时,根据待检样品的污染程度,做 10 倍递增系列稀释,尽量使样品中的微生物细胞在稀释液中均匀分散开,呈单个细胞存在。

选择其中 2～3 个稀释度菌液接种、培养后，统计菌落数，根据其稀释倍数和取样接种量即可换算出样品中的活菌数。一般细菌平板菌落计数以 30～300 个为宜，以减少计数和统计中的误差。由于在使用菌落计数法时，不能绝对保证一个菌落只由一个活细胞形成，故计算出的活细胞数称为菌落形成单位（colony forming unit，CFU）。CFU 往往比样品中实际细胞数低。

3　实验材料

3.1　培养基及试剂　平板计数琼脂培养基（PCA，培养基 24）、0.85％生理盐水、磷酸盐缓冲液(pH 7.2±0.2)。

3.2　仪器及其他用品　无菌超净工作台、高压蒸汽灭菌锅、恒温培养箱、冰箱、恒温水浴锅、电子天平（感量为 0.1g）、拍打式或刀头式均质器、漩涡混匀器、无菌吸管 1mL（具 0.01mL 刻度）或微量移液器及吸头、无菌锥形瓶（容量 250mL、500mL）、无菌培养皿（直径 90mm）、pH 计（也可用 pH 比色管或精密 pH 试纸）、放大镜或/和菌落计数器等。

4　检验程序（图 36-1）

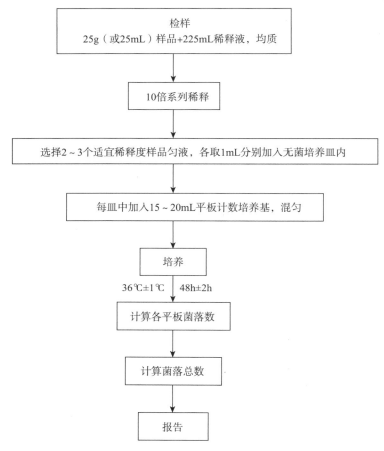

图 36-1　菌落总数测定程序

5　实验方法与步骤

5.1　样品的稀释

（1）固体和半固体样品：称取 25g 样品置盛有 225mL 磷酸盐缓冲液或生理盐水的无菌均质杯内，8 000～10 000r/min 均质 1～2min，或放入盛有 225mL 稀释液的无菌均质袋中，用拍击式均质器拍打

1～2min，制成 1：10 的样品匀液。

（2）液体样品：以无菌吸管吸取 25mL 样品置盛有 225mL 磷酸盐缓冲液或生理盐水的无菌锥形瓶（瓶内预置适当数量的无菌玻璃珠）中，充分混匀，制成 1：10 的样品匀液。

（3）用 1mL 无菌吸管或微量移液器吸取 1：10 样品匀液 1mL，沿管壁缓慢注于盛有 9mL 稀释液的无菌试管中（注意吸管或吸头尖端不要触及稀释液面），振摇试管或换用一支无菌吸管反复吹打使其混合均匀，制成 1：100 的样品匀液。

（4）按上述（3）操作程序，制备 10 倍系列稀释样品匀液。每递增稀释一次，换用一次 1mL 无菌吸管或吸头。从制备样品匀液至样品接种完毕，全过程不得超过 15min。

5.2　取样、制平板培养

（1）根据对样品污染状况的估计，选择 2～3 个适宜稀释度的样品匀液（液体样品可包括原液），在进行 10 倍递增稀释时，每个稀释度分别吸取 1mL 样品匀液加入两个无菌平皿内。同时分别取 1mL 稀释液加入两个无菌平皿作空白对照。

（2）及时将 15～20mL 熔化并冷却到 46℃（可放置于 46℃±1℃ 的恒温水浴箱中保温）的平板计数琼脂培养基倾入平皿，并转动平皿使其混合均匀。

（3）待琼脂凝固后，翻转平板，置 36℃±1℃ 温箱内培养 48h±2h，水产品为 30℃±1℃ 培养72h±3h。

（4）如果样品中可能含有在琼脂培养基表面弥漫生长的菌落时，可在凝固后的琼脂表面覆盖一薄层琼脂培养基（约 4mL），凝固后翻转平板，按上述条件进行培养。

5.3　菌落计数

可用肉眼观察，必要时用放大镜或菌落计数器，记录稀释倍数和相应的菌落数量。菌落计数以菌落形成单位（CFU）表示。

（1）选取菌落数在 30～300CFU 且无蔓延菌落生长的平板计数菌落总数。低于 30CFU 的平板记录具体菌落数，大于 300CFU 的可记录为多不可计。每个稀释度的菌落数应采用两个平板的平均数。

（2）其中一个平板有较大片状菌落生长时，则不宜采用，而应以无片状菌落生长的平板作为该稀释度的菌落数；若片状菌落不到平板的一半，而其余一半中菌落分布又很均匀，即可计算半个平板后乘以 2，代表一个平板菌落数。

（3）当平板上出现菌落间无明显界线的链状生长时，则将每条单链作为一个菌落计数。

5.4　结果计算

（1）若只有一个稀释度平板上的菌落数在适宜计数范围内，计算两个平板菌落数的平均值，再将平均值乘以相应稀释倍数，作为每克（毫升）中菌落总数结果。

（2）若有两个连续稀释度的平板菌落数在适宜计数范围内时，按下式计算：

$$N = \frac{\sum C}{(n_1 + 0.1n_2)d}$$

式中　N——样品中菌落数；

　　　$\sum C$——平板（含适宜范围菌落数的平板）菌落数之和；

　　　n_1——第一个适宜稀释度的平板个数；

　　　n_2——第二个适宜稀释度的平板个数；

　　　d——稀释因子（第一稀释度）。

（3）若所有稀释度的平板上菌落数均大于 300CFU，则对稀释度最高的平板进行计数，其他平板可记录为多不可计，结果按平均菌落数乘以最高稀释倍数计算。

（4）若所有稀释度的平板菌落数均小于 30CFU，则应按稀释度最低的平均菌落数乘以稀释倍数计算。

（5）若所有稀释度（包括液体样品原液）平板均无菌落生长，则以小于 1 乘以最低稀释倍数计算。

（6）若所有稀释度的平板菌落数均不在 30～300CFU，其中一部分小于 30CFU 或大于 300CFU 时，则以最接近 30CFU 或 300CFU 的平均菌落数乘以稀释倍数计算。

5.5 结果报告

（1）菌落数在 100 以内时，按"四舍五入"原则修约，采用两位有效数字报告。

（2）大于或等于 100 时，第三位数字采用"四舍五入"原则修约后，取前两位数字，后面用 0 代替位数；也可用 10 的指数形式来表示，按"四舍五入"原则修约后，采用两位有效数字。

（3）若所有平板上均为蔓延菌落而无法计数，则报告菌落蔓延。

（4）若空白对照上有菌落生长，则此次检测结果无效。

（5）称重取样以 CFU/g 为单位报告，体积取样以 CFU/mL 为单位报告。

根据菌落总数的计数方法报告最终结果，并对样品菌落总数作出是否符合卫生要求的结论。

6 实验结果

将各培养皿上菌落计数和最后计算结果填入下表。

稀释度	每个平板上菌落数			结果报告
	第 1 平板/个	第 2 平板/个	平均值/个	

7 注意事项

（1）为防止食品碎屑混入琼脂影响计数，通常需在平板计数琼脂中添加一定量 TTC（氯化三苯四氮唑），每 100mL 加 1mL 0.5% TTC，培养后，如为食品颗粒则不见变化，如为细菌，则生成红色菌落。

（2）1 只移液管只能接触 1 个稀释度的菌悬液，并在移取菌液前，必须在待移菌液中来回吹吸几次，使菌液混匀并让移液管内壁达到吸附平衡。

（3）菌悬液加入培养皿后，应尽快倒入熔化并冷却到 46℃ 左右的培养基，立即摇匀，否则细菌菌体常会吸附皿底，不易形成均匀分布的单个菌落，影响计数的准确性。

（4）前一稀释度的平均菌落数应大致为后一稀释度平均菌落数的 10 倍左右，若差别太大应重做。若菌落稠密或长成菌苔严重的平板，不能用来计数。

8 思考题

（1）影响菌落总数准确性的因素有哪些？

（2）在食品卫生检验中，为什么要以菌落总数为指标？

实验 37 食品中大肠菌群的测定

一、大肠菌群 MPN 计数法

1 目的要求

（1）学习并掌握食品中大肠菌群的 MPN 计数法。

（2）了解大肠菌群在食品卫生学检验中的意义。

2　基本原理

大肠菌群是指一群在36℃条件下培养48h能发酵乳糖、产酸产气的需氧和兼性厌氧革兰氏阴性无芽孢杆菌。大肠菌群MPN计数法是统计学和微生物学结合的一种定量检测法。该方法适合于大肠菌群含量较低的食品的检测。将待测样品系列稀释并培养后，根据其未生长的最低稀释度与生长的最高稀释度，应用统计学概率论推算出待测样品中大肠菌群的最大可能数。实验初发酵培养基为月桂基硫酸盐胰蛋白胨（LST）肉汤，复发酵培养基为煌绿乳糖胆盐（BGLB）肉汤，二者既是选择性培养基也是鉴别性培养基，其中乳糖是大肠菌群可发酵性的糖类，月桂基硫酸钠、煌绿及牛胆粉可抑制非大肠菌群细菌的生长。利用大肠菌群发酵乳糖产气的特性，统计经证实为大肠菌群阳性管数，查MPN检索表，报告每克（毫升）检样内大肠菌群最可能数（most probable number，MPN）。MPN是对样品中活菌密度的估计。

3　实验材料

3.1　培养基及试剂　月桂基硫酸盐胰蛋白胨（LST）肉汤（培养基25）、煌绿乳糖胆盐（BGLB）肉汤（培养基26）、磷酸盐缓冲液（pH7.2±0.2）、无菌生理盐水、1mol/L氢氧化钠、1mol/L盐酸。

3.2　仪器及其他用品　恒温培养箱、冰箱、恒温水浴锅、电子天平（感量为0.1g）、均质器、振荡器、1mL（具0.01mL刻度）及10mL（具0.1mL刻度）无菌吸管或微量移液器及吸头、无菌锥形瓶（容量500mL）、无菌培养皿（直径90mm）等。

4　检验程序（图37-1）

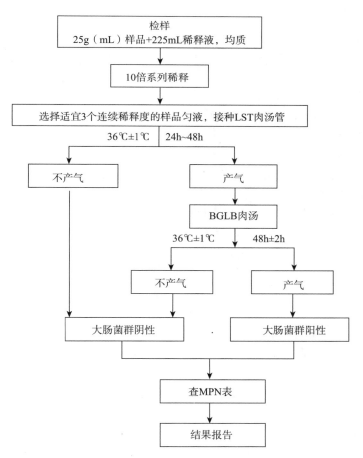

图37-1　大肠菌群MPN计数法检验程序

5 实验方法与步骤

5.1 样品的稀释 参照实验 36 中的 5.1。

5.2 初发酵试验 每个样品，选择 3 个适宜的连续稀释度的样品匀液（液体样品可以选择原液），每个稀释度接种 3 管月桂基硫酸盐胰蛋白胨（LST）肉汤，每管接种 1mL（如接种量超过 1mL，则用双料 LST 肉汤），36℃±1℃培养 24h±2h，观察倒管内是否有气泡产生，如未产气则继续培养至 48h±2h。记录在 24h 和 48h 内产气的 LST 肉汤管数。未产气者为大肠菌群阴性，产气者则进行复发酵试验。

5.3 复发酵试验 用接种环从所有 48h±2h 内发酵产气的 LST 肉汤管中分别取培养物 1 环，移种于煌绿乳糖胆盐（BGLB）肉汤管中，36℃±1℃培养 48h±2h，观察产气情况。产气者，计为大肠菌群阳性管。

6 实验结果

（1）将大肠菌群检验结果填入下表。

接种量	管号	初发酵反应结果	复发酵反应结果	最后结论（＋或－）
0.1mL	1			
	2			
	3			
0.01mL	1			
	2			
	3			
0.001mL	1			
	2			
	3			

（2）根据证实为大肠菌群的阳性管数，查 MPN 检索表后报告每毫升（克）大肠菌群的 MPN 值。

7 注意事项

（1）双料乳糖发酵管中除蒸馏水外，其他成分加倍。30mL 和 10mL 乳糖发酵管专供酱油及酱类检验用，3mL 乳糖发酵管供大肠菌群确证试验用。

（2）发酵管内的小倒管如果存留气体则是阳性结果，如果不存留气体，但液面及管壁可以看到缓慢上浮的小气泡，或者对没有气体产生的发酵管用手轻轻弹动试管，有气泡出现而且沿管壁上升，都应考虑可能是由菌发酵产生气体的缘故。因此，应做进一步观察，因为这种情况阳性检出率可达 50％以上。

（3）所谓典型大肠杆菌是指具有该菌所有生物学特性的大肠杆菌。新近随粪便排出的大肠杆菌多属于这一类型，所以如查出大量典型大肠杆菌表明样品近期受到粪便的污染。研究表明，典型大肠杆菌随粪便排到外界环境中约一周后，典型菌可变为非典型菌。这种变化以生化变异为主。如果样品检测结果以非典型大肠杆菌为主，则指示样品受粪便的远期污染。

8 思考题

（1）什么是大肠菌群？阐述大肠菌群表示的单位及其意义。

（2）检样 3 个稀释度检测结果都是阴性时，MPN 怎样表示？

二、大肠菌群平板计数法

1 目的要求

（1）学习并掌握食品中大肠菌群的平板计数法。

（2）了解大肠菌群在食品卫生学检验中的意义。

2　基本原理

　　样品经结晶紫中性红胆盐琼脂（VRBA）初筛后，再经煌绿乳糖胆盐（BGLB）肉汤培养基证实并进行计数。VRBA 既是选择性培养基也是鉴别性培养基，其中的胆盐和结晶紫，可以抑制革兰氏阳性菌的生长，而乳糖是大肠菌群可发酵性的糖类，若是大肠菌群中的菌发酵乳糖后可以产酸，在中性红存在时，产生典型的紫红色周围有红色胆盐沉淀的菌落。由于其他阴性肠杆菌可以分解其他糖类产生红色菌落，容易和大肠菌群中的菌混淆，因此，需将在 VRBA 中生长的可疑菌落接种 BGLB 肉汤培养基进一步证实。经证实为大肠菌群阳性的试管比例乘以 VRBA 培养基中计数的平板菌落数，再乘以稀释倍数，即为每克（毫升）样品中大肠菌群数。

　　平板计数法适用于大肠菌群含量较高的食品。在实际应用过程中，具体使用该法还是 MPN 计数法，主要依据检验目的和食品安全相关标准的规定。

3　实验材料

3.1　培养基及试剂　煌绿乳糖胆盐（BGLB）肉汤（培养基 26）、结晶紫中性红胆盐琼脂（VRBA，培养基 27）、磷酸盐缓冲液、无菌生理盐水、1mol/L 氢氧化钠、1mol/L 盐酸。
3.2　仪器及其他用品　同大肠菌群 MPN 计数法。

4　检验程序（图 37-2）

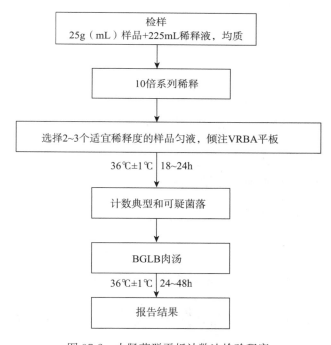

图 37-2　大肠菌群平板计数法检验程序

5　实验方法与步骤

5.1　样品的稀释　参照实验 36 中的 5.1。
5.2　样品接种及培养

　　（1）选取 2～3 个适宜的连续稀释度，每个稀释度接种两个无菌平皿，每皿 1mL。同时分别取 1mL 生理盐水加入两个无菌平皿作为空白对照。

（2）及时将 15～20mL 冷却至 46℃的结晶紫中性红胆盐琼脂（VRBA）倾注于每个平皿中。小心旋转平皿，将培养基与样液充分混匀，待琼脂凝固后，再加 3～4mL VRBA 覆盖平板表层。翻转平板，置于 36℃±1℃培养 18～24h。

5.3　平板菌落数的选择　选取菌落数在 15～150CFU 的平板，分别计数平板上出现的典型和可疑大肠菌群菌落。典型菌落为紫红色，菌落周围有红色的胆盐沉淀环，菌落直径为 0.5mm 或更大。

5.4　确证试验　从 VRBA 平板上挑取 10 个不同类型的典型和可疑菌落，少于 10 个菌落的挑取全部典型和可疑菌落。分别移种于 BGLB 肉汤管内，36℃±1℃培养 24～48h，观察产气情况。凡 BGLB 肉汤管产气，即可报告为大肠菌群阳性。

5.5　大肠菌群平板计数的报告　经最后证实为大肠菌群阳性的试管比例乘以 5.3 中计数的平板菌落数，再乘以稀释倍数，即为每克（毫升）样品中大肠菌群数。若所有稀释度（包括液体样品原液）平板均无菌落生长，则以小于 1 乘以最低稀释倍数计算。连续两个稀释度的 4 个平皿的菌落数都在 15～150CFU，菌落总数的计数方法参照实验 36 中的 5.3。

6　实验结果

（1）将大肠菌群检验结果填入下表。

		10^n	10^{n-1}	10^{n-2}
VRBA 平板可疑菌落数	第一个平板			
	第二个平板			
BGLB 肉汤管中的阳性管数（比例）	第一个平板			
	第二个平板			
确证平板上菌落数	第一个平板			
	第二个平板			
结果报告〔每克（毫升）样品中〕				

（2）经过计算得出每克（毫升）样品中大肠菌群数。

7　注意事项

（1）实验过程中，每批样品稀释液均需做空白对照，一旦空白对照平板上出现菌落，应废弃本次实验结果。

（2）样品稀释液建议使用磷酸盐缓冲溶液，以更好地纠正食品样品的 pH 变化。

8　思考题

使用此法进行大肠菌群检验程序中哪些是最关键的步骤？如果出现结果误差，请分析原因。

实验 38　食品中粪大肠菌群的测定

1　目的要求

（1）学习并掌握食品中粪大肠菌群的 MPN 计数法。

（2）了解粪大肠菌群在食品卫生学检验中的意义。

2　基本原理

粪大肠菌群是大肠菌群中的一部分，主要来自粪便。粪大肠菌群是指一群在 44.5℃培养 24～48h

能发酵乳糖、产酸产气的需氧和兼性厌氧革兰氏阴性无芽孢杆菌。该菌群来自人和温血动物粪便，可作为粪便污染指标评价食品的卫生状况，推断食品中肠道致病菌污染的可能性。

粪大肠菌群MPN计数法的原理是根据粪大肠菌群的定义。初发酵培养基为月桂基硫酸盐胰蛋白胨（LST）肉汤，其中的乳糖起选择作用，因为很多细菌不能发酵乳糖，而粪大肠菌群能发酵乳糖并产酸产气。将样品在36℃±1℃下培养24h±2h，初发酵为阳性结果的发酵管，进行复发酵。将其初发酵培养物进一步转接到复发酵培养基EC肉汤培养液中，在44.5℃±0.2℃下培养24h±2h（提高培养温度可造成不利于来自自然环境的大肠菌群的生长）。培养后立即观察，复发酵产气则证实为粪大肠菌群阳性。经证实为粪大肠菌群阳性管数，查MPN检索表，报告每克（毫升）粪大肠菌群的最可能数（MPN）表示。

3 实验材料

3.1 培养基及试剂 月桂基硫酸盐胰蛋白胨（LST）肉汤（培养基25）、EC肉汤（培养基28）、无菌生理盐水、1mol/L氢氧化钠、1mol/L盐酸。

3.2 仪器及其他用品 恒温培养箱、冰箱、恒温水浴锅（44.5℃±0.2℃）、电子天平（感量为0.1g）、均质器、振荡器、无菌吸管1mL（具0.01mL刻度）及10mL（具0.1mL刻度）或微量移液器及吸头、500mL无菌锥形瓶、无菌培养皿、pH计（也可用pH比色管或精密pH试纸）等。

4 检验程序（图38-1）

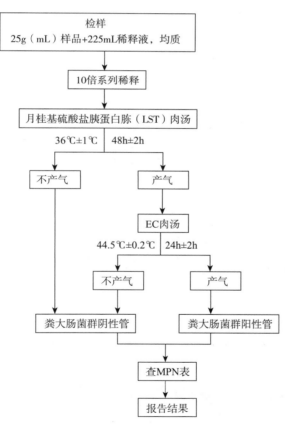

图38-1 粪大肠菌群MPN计数法检验程序

5 实验方法与步骤

5.1 样品的稀释 参照实验36中的5.1。如采用多个稀释度，最终确定最适的3个连续稀释度的方法参见二维码。

5.2　初发酵试验　每个样品，选择 3 个适宜的连续稀释度的样品匀液（液体样品可以选择原液），每个稀释度接种 3 管月桂基硫酸盐胰蛋白胨（LST）肉汤，每管接种 1mL（如接种量超过 1mL，则用双料 LST 肉汤），36℃±1℃培养 24h±2h，观察管内是否有气泡产生，如未产气则继续培养至 48h±2h。记录在 24h 和 48h 内产气的 LST 肉汤管数。未产气者为粪大肠菌群阴性，产气者则进行复发酵试验。

5.3　复发酵试验　用接种环从所有 48h±2h 内发酵产气的 LST 肉汤管中分别取培养物 1 环，移种于 44.5℃ EC 肉汤管中。将所有接种的 EC 肉汤管放入带盖的 44.5℃±0.2℃恒温水浴箱内，水浴的水面应高于肉汤培养基液面，培养 24h±2h，记录 EC 肉汤管的产气情况。产气管为粪大肠菌群阳性，不产气为粪大肠菌群阴性。

确定最适的三个
连续稀释度的方法

定期以已知为 44.5℃产气阳性的大肠杆菌和 44.5℃不产气的产气肠杆菌或其他大肠菌群细菌作为阳性和阴性对照。

6　实验结果

（1）将粪大肠菌群检验结果填入下表。

接种量	管号	初发酵反应结果	复发酵反应结果	最后结论（＋或－）
1mL	1			
	2			
	3			
0.1mL	1			
	2			
	3			
0.01mL	1			
	2			
	3			

（2）根据证实为粪大肠菌群的阳性管数，参照大肠菌群最可能数（MPN）检索表，报告每毫升（克）粪大肠菌群的 MPN 值。

7　注意事项

（1）实验过程应该严格无菌操作，同时注意个人防护，试验结束时实验室废弃物应进行消毒处理。

（2）复发酵试验时，定期以已知为 44.5℃产气阳性的大肠杆菌和 44.5℃不产气的产气肠杆菌或其他大肠菌群细菌作阳性和阴性对照。

8　思考题

比较粪大肠菌群和大肠菌群 MPN 计数法，说明二者之间的主要差异。

实验 39　食品中金黄色葡萄球菌的检测

一、金黄色葡萄球菌定性检验

1　目的要求

（1）了解金黄色葡萄球菌定性检验的原理。

（2）掌握金黄色葡萄球菌的鉴定要点和检验方法。

2　基本原理

金黄色葡萄球菌定性检验是依据其在不同培养基中生长表现不同进行鉴定。首先在 7.5％氯化钠肉汤中对金黄色葡萄球菌进行增菌，之后根据其在血平板和 Baird-Parker 平板上的菌落特征对其进行初步鉴定，最后通过革兰氏染色和血浆凝固酶试验对其最终确证。

金黄色葡萄球菌可产生多种毒素和酶。在血平板上生长时，因产生金黄色色素使菌落呈金黄色；由于产生溶血素使菌落周围形成大而透明的溶血圈。在 Baird-Parker 平板上生长时，因将亚碲酸钾还原成碲酸钾而使菌落呈灰黑色；因产生脂酶使菌落周围有一浑浊带，而在其外层因产生蛋白水解酶而有一透明带。在脑心浸出液肉汤中生长时，菌体可生成血浆凝固酶并释放于培养基中（叫作游离凝固酶）。此酶类似凝血酶原物质，不直接作用到血浆纤维蛋白原上，而是被血浆中的致活剂（即凝固酶致活因子）激活后，转变成耐热的凝血酶样物质，此物质可使血浆中的液态纤维蛋白原变成固态纤维蛋白，血浆因而成凝固状态。

3　实验材料

3.1　培养基及试剂　7.5％氯化钠肉汤（培养基 29）、血琼脂平板（培养基 30）、Baird-Parker 琼脂平板（培养基 31）、脑心浸出液（BHI）肉汤（培养基 32）、兔血浆（培养基 33）、营养琼脂斜面（培养基 5）、磷酸盐缓冲液、革兰氏染色液、无菌生理盐水。

3.2　仪器及其他用品　生物安全柜、恒温培养箱、冰箱、恒温水浴锅、电子天平（感量为 0.1g）、均质器、振荡器、1mL（具 0.01mL 刻度）和 10mL（具 0.1mL 刻度）无菌吸管或微量移液器及吸头、100mL 和 500mL 无菌锥形瓶、无菌培养皿、涂布棒、pH 计（也可用 pH 比色管或精密 pH 试纸）等。

4　检验程序（图 39-1）

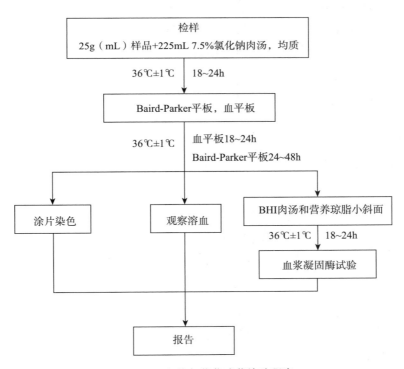

图 39-1　金黄色葡萄球菌检验程序

5　检验方法与步骤

5.1　样品的处理　称取 25g 样品至盛有 225mL 7.5%氯化钠肉汤的无菌均质杯内，8 000～10 000r/min 均质 1～2min，或放入盛有 225mL 7.5%氯化钠肉汤的无菌均质袋中，用拍击式均质器拍打 1～2min。若样品为液态，吸取 25mL 样品至盛有 225mL 7.5%氯化钠肉汤的无菌锥形瓶（瓶内可预置适当数量的无菌玻璃珠）中，振荡混匀。

5.2　增菌　将上述样品匀液于 36℃±1℃培养 18～24h，观察微生物生长情况。金黄色葡萄球菌在 7.5%氯化钠肉汤中呈浑浊生长。

5.3　分离　将增菌后的培养物，分别划线接种到 Baird-Parker 平板和血平板，血平板 36℃±1℃培养 18～24h。Baird-Parker 平板 36℃±1℃培养 24～48h。

5.4　初步鉴定　观察两种平板上的菌落特征，进行初步鉴定。金黄色葡萄球菌在 Baird-Parker 平板上呈圆形，表面光滑、凸起、湿润，菌落直径为 2～3mm，颜色呈灰黑色至黑色，有光泽，常有浅色（非白色）的边缘，周围绕以不透明圈（沉淀），其外常有一清晰带。当用接种针触及菌落时具有黄油样黏稠感。有时可见到不分解脂肪的菌株，除没有不透明圈和清晰带外，其他外观基本相同。从长期贮存的冷冻或脱水食品中分离的菌落，其黑色常较典型菌落浅些，且外观可能较粗糙，质地较干燥。在血平板上，形成菌落较大，圆形、光滑凸起、湿润、金黄色（有时为白色），菌落周围可见完全透明溶血圈。挑取上述可疑菌落进行革兰氏染色镜检及血浆凝固酶试验。

5.5　确证试验

（1）染色镜检：金黄色葡萄球菌为革兰氏阳性球菌，排列呈葡萄球状，无芽孢，无荚膜，直径为 0.5～1μm。

（2）血浆凝固酶试验。

①挑取 Baird-Parker 平板或血平板上至少 5 个可疑菌落（小于 5 个全选），分别接种到 5mL BHI 和营养琼脂小斜面，36℃±1℃培养 18～24h。

②取新鲜配制兔血浆 0.5mL，放入小试管中，再加入上述的 BHI 培养物 0.2～0.3mL，振荡摇匀，置 36℃±1℃温箱或水浴箱内，每半小时观察一次，观察 6h，如呈现凝固（即将试管倾斜或倒置时，呈现凝块）或凝固体积大于原体积的一半，被判定为阳性结果。同时以血浆凝固酶试验阳性和阴性葡萄球菌菌株的肉汤培养物作为对照。

③结果如可疑，挑取营养琼脂斜面的菌落到 5mL BHI，36℃±1℃培养 18～48h，重复上述操作。

6　实验结果

观察记录实验现象，综合实验 5.4、5.5 进行结果判定，并给出在 25g（mL）样品中是否检出金黄色葡萄球菌的结果报告。

二、金黄色葡萄球菌平板计数法

1　目的要求

（1）了解金黄色葡萄球菌平板计数法检验原理。

（2）掌握金黄色葡萄球菌的平板计数法操作要点和检验方法。

2　基本原理

金黄色葡萄球菌在各个培养基中的培养特征同金黄色葡萄球菌定性检验。实验对其在 Baird-Parker

平板上生长的典型菌落进行计数，选取一定数目的典型菌落进一步通过染色镜检、血浆凝固酶试验、血平板实验进行确认，根据确认的比例对结果进行最终计数。

3　实验材料

3.1　培养基及试剂　血琼脂平板（培养基 30）、Baird-Parker 琼脂平板（培养基 31）、脑心浸出液（BHI）肉汤（培养基 32）、兔血浆（培养基 33）、营养琼脂斜面（培养基 5）、磷酸盐缓冲液、革兰氏染色液、无菌生理盐水。

3.2　仪器及其他用品　生物安全柜、恒温培养箱、冰箱、恒温水浴锅、电子天平（感量为 0.1g）、均质器、振荡器、微量移液器及吸头、100mL 和 500mL 无菌锥形瓶、无菌培养皿、涂布棒、pH 计（也可用 pH 比色管或精密 pH 试纸）等。

4　检验程序（图 39-2）

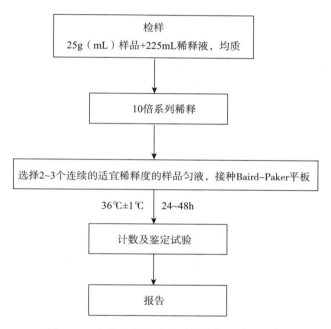

图 39-2　金黄色葡萄球菌平板计数法检验程序

5　检验方法与步骤

5.1　样品的稀释　参照实验 36 中的 5.1。

5.2　样品的接种　根据对样品污染状况的估计，选择 2～3 个适宜稀释度的样品匀液（液体样品可包括原液），在进行 10 倍递增稀释的同时，每个稀释度分别吸取 1mL 样品匀液以 0.3mL、0.3mL、0.4mL 接种量分别加入 3 块 Baird-Parker 平板，然后用无菌涂布棒涂布整个平板，注意不要触及平板边缘。使用前，如 Baird-Parker 平板表面有水珠，可放在 25～50℃ 的培养箱里干燥，直到平板表面的水珠消失。

5.3　培养　在通常情况下，涂布后将平板静置 10min，如样液不易吸收，可将平板放在培养箱 36℃±1℃培养 1h；等样品匀液吸收后翻转平板，倒置后于 36℃±1℃ 培养 24～48h。

5.4　典型菌落计数和确认

（1）金黄色葡萄球菌在 Baird-Parker 平板上菌落描述表现同其定性检验中的 5.4 初步鉴定。

（2）若只有一个稀释度平板的典型菌落数在 20～200CFU，计数该稀释度平板上的典型菌落；若最低稀释度平板的典型菌落数小于 20CFU，计数该稀释度平板上的典型菌落；若某一稀释度平板的典型菌落数大于 200CFU，但下一稀释度平板上没有典型菌落，计数该稀释度平板上的典型菌落；若某一稀释度平板的典型菌落数大于 200CFU，而下一稀释度平板上虽有典型菌落但不在 20～200CFU，应计数该稀释度平板上的典型菌落。以上情况按式（39-1）计算菌落数。若 2 个连续稀释度的平板典型菌落数均在 20～200CFU，按式（39-2）计算。

$$T = \frac{AB}{Cd} \tag{39-1}$$

式中　T——样品中金黄色葡萄球菌菌落数；

　　　A——某一稀释度典型菌落的总数；

　　　B——某一稀释度血浆凝固酶阳性的菌落数；

　　　C——某一稀释度用于血浆凝固酶试验的菌落数；

　　　d——某一稀释度。

$$N = \frac{\sum T}{1.1d} \tag{39-2}$$

式中　N——样品中金黄色葡萄球菌菌落数；

　　　$\sum T$——平板上所有金黄色葡萄球菌菌落数之和；

　　　1.1——计算系数；

　　　d——稀释因子（第一稀释度）。

（3）从典型菌落中至少选 5 个可疑菌落（小于 5 个全选）进行鉴定试验。分别做染色镜检、血浆凝固酶试验（见金黄色葡萄球菌定性检验中的 5.5）；同时划线接种到血平板 36℃±1℃培养 18～24h 后观察菌落形态。

6　实验结果

根据 Baird-Parker 平板上金黄色葡萄球菌的典型菌落数，按上述公式计算，报告每克（毫升）样品中金黄色葡萄球菌数，以 CFU/g（mL）表示；如 T 或 N 值为 0，则以小于 1 乘以最低稀释倍数报告。

7　注意事项

（1）金黄色葡萄球菌繁殖时呈多个平面的不规则分裂，堆积成葡萄串状。在中毒食品、脓汁或液体培养基中常呈单个或环球短链排列，易误认为是链球菌。

（2）此法适用于金黄色葡萄球菌含量较高的食品中金黄色葡萄球菌的计数。

8　思考题

（1）金黄色葡萄球菌在 Baird-Parker 平板上的菌落特征如何？为什么？

（2）鉴定致病性金黄色葡萄球菌的重要指标是什么？

三、金黄色葡萄球菌 MPN 计数法

1　目的要求

（1）了解金黄色葡萄球菌 MPN 计数法检验原理。

（2）掌握金黄色葡萄球菌 MPN 计数法的操作要点和检验方法。

2　基本原理

MPN 计数法是统计学和微生物学结合的一种定量检测法。待测样品经系列稀释并培养后，根据其未生长的最低稀释度与生长的最高稀释度，应用统计学概率论推算出待测样品中金黄色葡萄球菌的最大可能数。

将在 7.5% 氯化钠肉汤中和 Baird-Parker 平板上可疑的金黄色葡萄球菌进一步通过染色镜检、血浆凝固酶试验、血平板实验进行确认，根据证实为金黄色葡萄球菌阳性的试管管数，查 MPN 检索表，报告每克（毫升）样品中金黄色葡萄球菌的最可能数，以 MPN/g（mL）表示。

3　实验材料

3.1　培养基及试剂　7.5% 氯化钠肉汤（培养基 29）、血琼脂平板（培养基 30）、Baird-Parker 琼脂平板（培养基 31）、脑心浸出液（BHI）肉汤（培养基 32）、兔血浆（培养基 33）、营养琼脂斜面（培养基 5）、磷酸盐缓冲液、革兰氏染色液、无菌生理盐水。

3.2　仪器及其他用品　生物安全柜、恒温培养箱、冰箱、恒温水浴锅、电子天平（感量为 0.1g）、均质器、振荡器、1mL（具 0.01mL 刻度）和 10mL（具 0.1mL 刻度）无菌吸管或微量移液器及吸头、100mL 和 500mL 无菌锥形瓶、无菌培养皿、涂布棒、pH 计（也可用 pH 比色管或精密 pH 试纸）等。

4　检验程序（图 39-3）

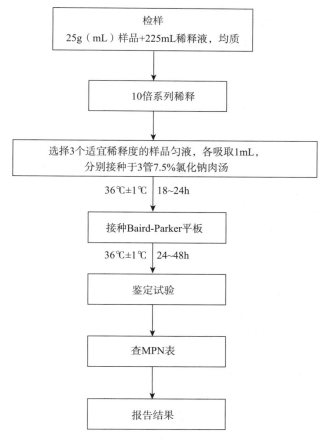

图 39-3　金黄色葡萄球菌 MPN 计数法检验程序

5　检验方法与步骤

5.1　样品的稀释　参照实验 36 中的 5.1。

5.2　样品的接种　根据对样品污染状况的估计，选择 3 个适宜稀释度的样品匀液（液体样品可包括原液），在进行 10 倍递增稀释的同时，每个稀释度分别接种 1mL 样品匀液至 7.5％氯化钠肉汤管（如接种量超过 1mL，则用双料 7.5％氯化钠肉汤），每个稀释度接种 3 管，将上述接种物于 36℃±1℃培养 18～24h。

5.3　培养　用接种环从培养后的 7.5％氯化钠肉汤管中分别取培养物 1 环，移种于 Baird-Parker 平板于 36℃±1℃培养 24～48h。

5.4　典型菌落确认　确认方法同金黄色葡萄球菌平板计数法中的 5.4。

6　实验结果

根据证实为金黄色葡萄球菌阳性的试管管数，查 MPN 检索表，报告每克（毫升）样品中金黄色葡萄球菌的最可能数，以 MPN/g（mL）表示。

实验 40　食品中溶血性链球菌的检测

1　目的要求

（1）了解溶血性链球菌的检验原理。

（2）掌握溶血性链球菌的鉴定要点和检验方法。

2　基本原理

乙型（β）溶血性链球菌属于链球菌属，革兰氏阳性菌（G^+），在液体培养基中易呈长链，固体培养基中常呈短链，不形成芽孢，无鞭毛，触酶阴性，链激酶阳性。

β 型溶血性链球菌致病性强，能产生溶血毒素，在血平板上生长，可使菌落周围形成一个宽 2～4mm、界限分明、完全透明的无色溶血环，称乙型溶血；还能产生链激酶（又称溶纤维蛋白酶），激活血浆中的血浆蛋白酶原，使之变成活动性的血浆蛋白酶，故可溶解血块或阻止血浆凝固；还可以产生胞外 cAMP 因子，它可以增强葡萄球菌的溶血能力，即增强对羊、牛血红细胞的溶解能力。因此，在羊血琼脂平板上接种链球菌处，可以见到蘑菇状或箭头样的溶血区。

3　实验材料

3.1　培养基及试剂　改良胰蛋白胨大豆肉汤（mTSB）（培养基 34）、哥伦比亚 CNA 血琼脂（培养基 35）、哥伦比亚血琼脂（培养基 36）、胰蛋白胨大豆肉汤（培养基 34）、革兰氏染色液、草酸钾血浆（培养基 37）、0.25％氯化钙溶液、3％过氧化氢溶液、生化鉴定试剂盒或生化鉴定卡。

3.2　仪器及其他用品　生物安全柜、恒温培养箱、冰箱、厌氧培养装置、电子天平（感量 0.1g）、均质器与配套均质袋、显微镜、1mL（具 0.01mL 刻度）和 10mL（具 0.1mL 刻度）无菌吸管或微量移液器及吸头、无菌锥形瓶（100mL、200mL 和 2 000mL）、无菌培养皿、pH 计（也可用 pH 比色管或精密 pH 试纸）、水浴装置（36℃±1℃）、微生物生化鉴定系统等。

4 检验程序 (图 40-1)

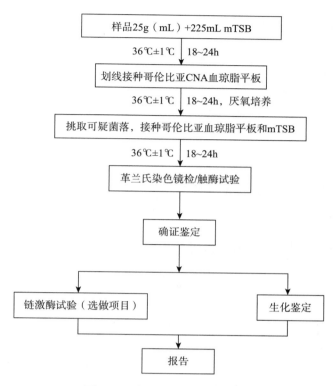

图 40-1 溶血性链球菌检验程序

5 检验方法与步骤

5.1 样品处理及增菌 按无菌操作称取检样 25g (mL)，加入盛有 225mL mTSB 的均质袋中，用拍击式均质器均质 1～2min；或加入盛有 225mL mTSB 的均质杯中，以 8 000～10 000r/min 均质 1～2min。若样品为液态，振荡均匀即可。36℃±1℃培养 18～24h。

5.2 分离 将增菌液划线接种于哥伦比亚 CNA 血琼脂平板，36℃±1℃厌氧培养 18～24h，观察菌落形态。溶血性链球菌在哥伦比亚 CNA 血琼脂平板上的典型菌落形态为直径 2～3mm、灰白色、半透明、光滑、表面突起、圆形、边缘整齐，并产生 β 型溶血。

5.3 鉴定

（1）分纯培养：挑取 5 个（如小于 5 个则全选）可疑菌落分别接种于哥伦比亚血琼脂平板和 mTSB 增菌液，36℃±1℃培养 18～24h。

（2）革兰氏染色镜检：挑取可疑菌落染色镜检。β 型溶血性链球菌为革兰氏染色阳性，球形或卵圆形，常排列成短链状。

（3）接触酶试验：挑取可疑菌落于洁净的载玻片上，滴加适量 3% 过氧化氢溶液，立即产生气泡者为阳性。β 型溶血性链球菌触酶为阴性。

（4）链激酶试验（选做项目）：吸取草酸钾血浆 0.2mL 与 0.8mL 灭菌生理盐水混匀，再加入经 36℃±1℃培养 18～24h 的可疑菌的 TSB 培养液 0.5mL 及 0.25% 氯化钙溶液 0.25mL，振荡摇匀，置于 36℃±1℃水浴中 10min，血浆混合物自行凝固（凝固程度至试管倒置，内容物不流动）。继续 36℃±1℃培养 24h，凝固块重新完全溶解为阳性，不溶解为阴性，β 型溶血性链球菌为阳性。

（5）其他检验：使用生化鉴定试剂盒或生化鉴定卡对可疑菌落进行鉴定。

6　实验结果

记录各阶段实验现象，综合实验结果，报告每 25g（mL）检样中检出或未检出溶血性链球菌。

7　注意事项

（1）进行前增菌、分离平板等操作时均需做空白对照。

（2）做链激酶实验时注意人血浆应新鲜。

（3）实验中须注意生物安全防护，实验结束后要对周围环境进行消毒，把实验材料高压灭菌后方可清洗或弃之。

8　思考题

（1）溶血性链球菌在血平板上生长时的菌落特征？

（2）溶血性链球菌的致病力强弱与哪些生物学特性有关？

实验 41　食品中沙门氏菌属的检验

1　目的要求

（1）学习沙门氏菌属生化反应及其原理。

（2）掌握沙门氏菌属血清因子使用方法。

（3）掌握沙门氏菌属的系统检验方法。

2　基本原理

沙门氏菌属是肠道杆菌科中最重要的病原菌属，它是引起人类和动物发病及食物中毒的主要病原菌之一，是一大群寄生于人类和动物肠道，其生化反应和抗原构造相似的、无芽孢的革兰氏阴性杆菌，周身鞭毛，能运动。食品中沙门氏菌的检验方法有 5 个基本步骤：①前增菌；②选择性增菌；③选择性平板分离沙门氏菌；④生化试验，鉴定到属；⑤血清学分型鉴定。食品中沙门氏菌的含量较少，且常由于食品加工过程使其受到损伤而处于濒死的状态。为了分离与检测食品中的沙门氏菌，对某些加工食品必须经过前增菌处理，用无选择性的培养基使处于濒死状态的沙门氏菌恢复活力，再进行选择性增菌，使沙门氏菌得以增殖而大多数的其他细菌受到抑制，然后再进行分离鉴定。

由于沙门氏菌属细菌不发酵乳糖，能在各种选择性培养基上生成特殊形态的菌落。由于大肠杆菌发酵乳糖产酸而出现与沙门氏菌形态特征不同的菌落，如在 SS 琼脂平板上使中性红指示剂变红，菌落呈红色，借此可把沙门氏菌同大肠杆菌相区别。根据沙门氏菌属的生化特征，借助于三糖铁、靛基质、尿素、KCN、赖氨酸等试验可与肠道其他菌属相鉴别。本菌属的所有菌种均有特殊的抗原结构，借此也可以把它们分辨出来。

3　实验材料

3.1　样品　肉制品（如火腿肠），巴氏杀菌乳，冷冻水产品。

3.2　培养基及试剂　缓冲蛋白胨水（BPW，培养基 38）、四硫磺酸钠煌绿（TTB）增菌液（培养基 39）、亚硒酸盐胱氨酸（SC）增菌液（培养基 40）、亚硫酸铋（BS）琼脂（培养基 41）、HE（Hoktoen Enteric）琼脂（培养基 42）、木糖赖氨酸脱氧胆盐（XLD）琼脂（培养基 43）、沙门氏菌属显色培养基、三糖铁（TSI）琼脂（培养基 44）、蛋白胨水和靛基质试剂（培养基 45）、尿素琼脂（pH7.2，培养基 46)、氰化钾（KCN）培养基（培养基 47）、赖氨酸脱羧酶试验培养基（培养基 16）、糖发酵管（培养基 8）、邻硝基酚-β-D 半乳糖苷（ONPG）培养基（培养基 48）、半固体营养琼脂培养基（培养基 5）、丙二酸钠培养基（培养基 49）、沙门氏菌 O 和 H、Vi 诊断血清、API20E 生化鉴定试剂盒或 VITEKGNI＋生化鉴定卡。

3.3 仪器及其他用品 生物安全柜、超净工作台、高压蒸汽灭菌锅、冰箱、电子天平（感量 0.1g）、均质器、振荡器、恒温培养箱、500mL 和 250mL 无菌锥形瓶、1mL（具 0.01mL 刻度）和 10mL（具 0.1mL 刻度）无菌吸管或微量移液器及吸头、无菌培养皿（直径 60mm、90mm）、无菌试管（3mm×50mm、10mm×75mm）、无菌毛细管、全自动微生物鉴定系统（VITEK）等。

4 检验程序（图 41-1）

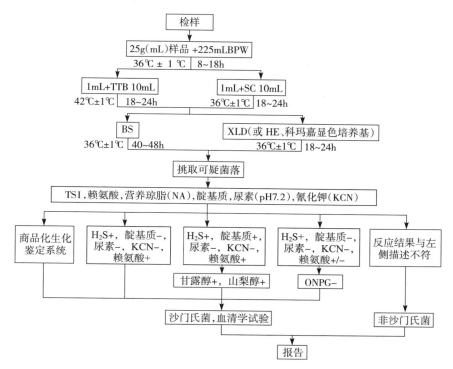

图 41-1 沙门氏菌属检验程序

5 实验方法与步骤

5.1 预增菌和增菌 称取 25g 固体样品或吸取 25mL 液体样品，加入 225mL BPW 中，固体样品研磨或置均质器中制成 1∶10 的样品匀液。调节 pH 至 6.8±0.2，于 36℃±1℃培养 8～18h。如为冷冻产品，应在 45℃以下不超过 15min，或 2～5℃不超过 18h 解冻。轻轻摇动培养过的样品混合物，移取 1mL，转种于 10mL TTB 内，于 42℃±1℃培养 18～24h。同时，另取 1mL，转种于 10mL SC 内，于 36℃±1℃培养 18～24h。

5.2 分离 分别用接种环取增菌液 1 环，划线接种于一个 BS 琼脂平板和一个 XLD 琼脂平板（或 HE 琼脂平板或沙门氏菌属显色培养基平板），于 36℃±1℃分别培养 40～48h（BS 琼脂平板）或 18～24h（XLD 琼脂平板、HE 琼脂平板、沙门氏菌属显色培养基平板），观察各个平板上生长的菌落。各个平板上的菌落特征见表 41-1。

表 41-1 沙门氏菌属在不同选择性琼脂平板上的菌落特征

选择性琼脂平板	沙门氏菌
BS 琼脂	菌落为黑色，有金属光泽，或呈棕褐色或灰色，菌落周围培养基可呈黑色或棕色；有些菌株形成灰绿色的菌落，周围培养基不变
HE 琼脂	呈蓝绿色或蓝色，多数菌落中心为黑色或几乎全黑色；有些菌株为黄色，中心为黑色或几乎全黑色
XLD 琼脂	菌落呈粉红色，带或不带黑色中心，有些菌株可呈现大的带光泽的黑色中心，或呈现全部黑色的菌落；有些菌株为黄色菌落，带或不带黑色中心
沙门氏菌属显色培养基	按照显色培养基的说明进行判定

5.3 生化试验

（1）三糖铁高层琼脂初步鉴别。自选择性琼脂平板上分别挑取两个以上典型或可疑菌落，接种于三糖铁琼脂，先在斜面划线，再于底层穿刺；接种针不要灭菌，直接接种赖氨酸脱羧酶试验培养基和营养琼脂平板，于 36℃±1℃培养 18～24h，必要时可延长至 48h。在三糖铁琼脂和赖氨酸脱羧酶试验培养基内，沙门氏菌属的反应结果见表 41-2。

表 41-2 沙门氏菌属在三糖铁琼脂和赖氨酸脱羧酶试验培养基内的反应结果

三糖铁琼脂				赖氨酸脱羧酶试验培养基	初步判断
斜面	底层	产气	硫化氢		
K	A	＋（－）	＋（－）	＋	可疑沙门氏菌属
K	A	＋（－）	＋（－）	－	可疑沙门氏菌属
A	A	＋（－）	＋（－）	＋	可疑沙门氏菌属
A	A	＋/－	＋/－	－	非沙门氏菌
K	K	＋/－	＋/－	＋/－	非沙门氏菌

注：K 产碱；A 产酸；＋阳性；－阴性；＋（－）多数阳性，少数阴性；＋/－阳性或阴性。

（2）其他生化试验。接种三糖铁琼脂和赖氨酸脱羧酶试验培养基的同时，可直接接种蛋白胨水（供做靛基质试验）、尿素琼脂（pH7.2）、氰化钾培养基，也可在初步判断结果后从营养琼脂平板上挑取可疑菌落，接种后于 36℃±1℃培养 18～24h，必要时可延长至 48h，按表 41-3 判定结果。将已挑菌落的平板储存于 2～5℃或室温至少保留 24h，以备必要时复查。

表 41-3 沙门氏菌属生化反应初步鉴别表

反应序号	H_2S	靛基质	尿素（pH7.2）	氰化钾	赖氨酸脱羧酶
A1	＋	－	－	－	＋
A2	＋	＋	－	－	＋
A3	－	－	－	－	＋/－

注：＋阳性；－阴性；＋/－阳性或阴性。

①反应序号 A1：典型反应判定为沙门氏菌属。如尿素、氰化钾和赖氨酸脱羧酶 3 项中有 1 项异常，按表 41-4 可判定为沙门氏菌属。如有 2 项异常，为非沙门氏菌属。

表 41-4 沙门氏菌属生化反应初步鉴别表

尿素（pH7.2）	氰化钾（KCN）	赖氨酸脱羧酶	判定结果
−	−	−	甲型副伤寒沙门氏菌（要求血清学鉴定结果）
−	+	+	沙门氏菌Ⅳ或Ⅴ（要求符合本群生化特性）
+	−	+	沙门氏菌个别变体（要求血清学鉴定结果）

注：＋阳性；－阴性。

②反应序号 A2：补做甘露醇和山梨醇试验，沙门氏菌靛基质阳性变体两项试验结果均为阳性，但需要结合血清学鉴定结果进行判定。

③反应序号 A3：补做 ONPG。ONPG 阴性为沙门氏菌，同时赖氨酸脱羧酶阳性，甲型副伤寒沙门氏菌为赖氨酸脱羧酶阴性。

④必要时按表 41-5 进行沙门氏菌生化群的鉴别。

表 41-5 沙门氏菌属各生化群的鉴别

项目	Ⅰ	Ⅱ	Ⅲ	Ⅳ	Ⅴ	Ⅵ
卫矛醇	+	+	−	−	+	−
山梨醇	+	+	+	+	+	−
水杨苷	−	−	−	+	−	−
ONPG	−	−	+	−	+	−
丙二酸盐	−	+	+	−	−	−
氰化钾	−	−	−	+	+	−

注：＋阳性；－阴性。

（3）如选择生化鉴定试剂盒或全自动微生物鉴定系统，可根据三糖铁高层琼脂初步判断结果，从营养琼脂平板上挑取可疑菌落，用生理盐水制备成浊度适当的菌悬液，使用生化鉴定试剂盒或全自动微生物鉴定系统进行鉴定。

5.4 血清学鉴定

（1）检查培养物有无自凝性。一般采用 1.2%～1.5% 琼脂培养物作为玻片凝集试验用的抗原。首先排除自凝集反应，在洁净的玻片上滴加一滴生理盐水，将待试培养物混合于生理盐水滴内，使其成为均一性的浑浊悬液，将玻片轻轻摇动 30～60s，在黑色背景下观察反应（必要时用放大镜观察），若出现可见的菌体凝集，即认为有自凝性，反之无自凝性。对无自凝的培养物参照下面方法进行血清学鉴定。

（2）多价菌体抗原（O）鉴定。在玻片上划出两个约 1cm×2cm 的区域，挑取 1 环待测菌，各放 1/2 环于玻片上的每一区域上部，在其中一个区域下部加 1 滴多价菌体（O）抗血清，在另一区域下部加入 1 滴生理盐水，作为对照。再用无菌的接种环或针分别将两个区域内的菌落研成乳状液。将玻片倾斜摇动混合 1min，并对着黑暗背景进行观察，任何程度的凝集现象皆为阳性反应。O 血清不凝集时，将菌株接种在琼脂量较高的（如 2%～3%）培养基上再检查；如果是由于 Vi 抗原的存在而阻止了 O 凝集反应时，可挑取菌苔于 1mL 生理盐水中做成浓菌液，于酒精灯火焰上煮沸后再检查。

（3）多价鞭毛抗原（H）鉴定。同多价菌体抗原（O）鉴定。H 抗原发育不良时，将菌株接种在 0.55%～0.65% 半固体琼脂平板的中央，待菌落蔓延生长时，在其边缘部分取菌检查；或将菌株通过接种于装有 0.3%～0.4% 半固体琼脂的小玻管 1～2 次，自远端取菌培养后再检查。

6　实验结果

综合以上生化试验和血清学鉴定的结果，报告 25g 样品中检出或未检出沙门氏菌属。

7　注意事项

（1）实验过程中，每次检验至少应做一个阴性对照，每一类食品至少应选取一个样品进行阳性对照试验。

（2）在进行 TSI 培养时，应该将试管口松开，保持管内有充足的氧气，否则会产生过量的 H_2S。由于该实验中底部糖分解需要厌氧环境，琼脂底部与斜面最低点的距离应不少于 4cm。

（3）BS 平板应制备后避光常温保存，并在 24h 内使用。

8　思考题

（1）如何提高沙门氏菌的检出率？

（2）沙门氏菌在三糖铁培养基上的反应结果如何？

（3）沙门氏菌属检测主要包括哪几个主要步骤？

实验 42　食品中志贺氏菌属的检验

1　目的要求

（1）熟悉志贺氏菌属检验的基本原理。

（2）掌握志贺氏菌属系统检验方法。

2　基本原理

志贺氏菌属属肠杆菌科，革兰氏阴性菌，无芽孢、无荚膜、无鞭毛，在营养培养基上生长良好。共有 A、B、C、D 四个亚群，分别是痢疾志贺氏菌、福氏志贺氏菌、鲍氏志贺氏菌和宋内氏志贺氏菌，是引起人类细菌性痢疾的病原菌。它们主要通过食品加工、集体食堂和饮食行业的从业人员中痢疾患者或带菌者污染食物，从而导致痢疾的发生，是一种较常见的、危害较大的致病菌。

与肠杆菌科各属细菌相比较，志贺氏菌属的主要鉴别特征为不运动，对各种糖的利用能力较差，并且在含糖的培养基内一般不形成可见气体。除运动力与生化反应外，志贺氏菌的进一步分群分型有赖于血清学实验。

3　实验材料

3.1　样品　肉与肉制品、蛋与蛋制品、乳与乳制品等。

3.2　培养基及试剂　志贺氏菌增菌肉汤-新生霉素（培养基 50）、麦康凯（MAC）琼脂（培养基 51）、木糖赖氨酸脱氧胆酸盐（XLD）琼脂（培养基 52）、志贺氏菌显色培养基、三糖铁（TSI）琼脂（培养基 44）、营养琼脂斜面（培养基 5）、半固体琼脂、葡萄糖铵培养基（培养基 53）、尿素琼脂（培养基 46）、β-半乳糖苷酶培养基（培养基 48）、氨基酸脱羧酶试验培养基（培养基 16）、糖发酵管（培养基 8）、西蒙氏柠檬酸盐培养基（培养基 11）、黏液酸盐培养基（培养基 54）、蛋白胨水（培养基 45）、靛基质试剂、志贺氏菌属诊断血清、生化鉴定试剂盒。

3.3　仪器及其他用品　生物安全柜、电子天平（感量 0.1g）、恒温培养箱、冰箱、膜过滤系统、厌氧培养装置（41.5℃±1℃）均质器、振荡器、显微镜、1mL（具 0.01mL 刻度）和 10mL（具 0.1mL 刻度）无菌吸管或微量移液器及吸头、500mL 无菌均质杯或无菌均质袋、无菌培养皿（直径 90mm）、pH

计（也可用 pH 比色管或精密 pH 试纸）、全自动微生物生化鉴定系统等。

4　检验程序（图 42-1）

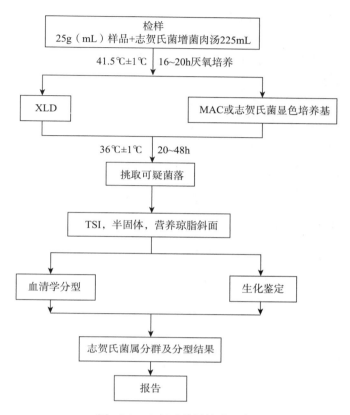

图 42-1　志贺氏菌属检验程序

5　实验方法与步骤

5.1　增菌　以无菌操作取检样 25g（mL），加入装有 225mL 灭菌志贺氏菌增菌肉汤的均质杯，用旋转刀片式均质器以 8 000～10 000r/min 均质；或加入装有 225mL 志贺氏菌增菌肉汤的均质袋中，用拍击式均质器连续均质 1～2min，液体样品振荡混匀即可，于 41.5℃±1℃，厌氧培养 16～20h。

5.2　分离　取增菌后的志贺氏菌增菌液分别划线接种于 XLD 琼脂平板和 MAC 琼脂平板或志贺氏菌显色培养基平板上，于 36℃±1℃培养 20～24h，观察各个平板上生长的菌落形态。宋内氏志贺氏菌的单个菌落直径大于其他志贺氏菌。若出现的菌落不典型或菌落较小不易观察，则继续培养至 48h 再进行观察。志贺氏菌在不同选择性琼脂平板上的菌落特征见表 42-1。

表 42-1　志贺氏菌在不同选择性琼脂平板上的菌落特征

选择性琼脂平板	志贺氏菌的菌落特征
MAC 琼脂	无色至浅粉红色，半透明，光滑，湿润，圆形，边缘整齐或不齐
XLD 琼脂	粉红色至无色，半透明，光滑，湿润，圆形，边缘整齐或不齐
志贺氏菌显色培养基	按照显色培养基的说明进行判定
D 群：宋内氏志贺氏菌	+/（+）

5.3 初步生化试验

（1）自选择性琼脂平板上分别挑取 2 个以上典型或可疑菌落，分别接种 TSI、半固体和营养琼脂斜面各一管，置 36℃±1℃培养 20～24h，分别观察结果。

（2）凡是三糖铁琼脂中斜面产碱、底层产酸（发酵葡萄糖，不发酵乳糖、蔗糖）、不产气（福氏志贺氏菌 6 型可产生少量气体）、不产硫化氢、半固体管中无动力的菌株，挑取其中同时在营养琼脂斜面上生长的菌苔，进行生化试验和血清学分型。

5.4 生化试验及附加生化试验

（1）生化试验。包括 β-半乳糖苷酶、尿素、赖氨酸脱羧酶、鸟氨酸脱羧酶以及水杨苷和七叶苷的分解试验。除宋内氏志贺氏菌、鲍氏志贺氏菌 13 型的鸟氨酸脱羧酶呈阳性，宋内氏志贺氏菌、痢疾志贺氏菌 1 型、鲍氏志贺氏菌 13 型的 β-半乳糖苷酶呈阳性以外，其余生化试验志贺氏菌属的培养物均为阴性结果。另外，由于福氏志贺氏菌 6 型的生化特性和痢疾志贺氏菌或鲍氏志贺氏菌相似，必要时还需加做靛基质、甘露醇、棉子糖、甘油试验，也可做革兰氏染色检查和氧化酶试验，应为氧化酶阴性的革兰氏阴性杆菌。生化反应不符合的菌株，即使能与某种志贺氏菌分型血清发生凝集，仍不得判定为志贺氏菌属。志贺氏菌属生化特性见表 42-2。

表 42-2　志贺氏菌属四个群的生化特性

生化反应	A 群：痢疾志贺氏菌	B 群：福氏志贺氏菌	C 群：鲍氏志贺氏菌	D 群：宋内氏志贺氏菌
β-半乳糖苷酶	−a	−	−a	＋
尿素	−	−	−	−
赖氨酸脱羧酶	−	−	−	−
鸟氨酸脱羧酶	−	−	−b	＋
水杨苷	−	−	−	−
七叶苷	−	−	−	−
靛基质	−/＋	（＋）	−/＋	−
甘露醇	−	＋c	＋	＋
棉子糖	−	＋	−	＋
甘油	（＋）	−	（＋）	d

注：＋表示阳性；−表示阴性；−/＋表示多数阴性，少数阳性；（＋）表示迟缓阳性；d 表示有不同生化型。

a. 痢疾志贺氏菌 1 型和鲍氏志贺氏菌 13 型为 β-半乳糖苷酶阳性。

b. 鲍氏志贺氏菌 13 型为鸟氨酸脱羧酶阳性。

c. 福氏志贺氏菌 4 型和 6 型常见甘露醇阴性变种。

（2）附加生化试验。由于某些不活泼的大肠杆菌（anaerogenic E. coli）、A-D（Alkalescens-D isparbiotypes，碱性-异型）菌的部分生化特征与志贺氏菌相似，并能与某种志贺氏菌分型血清发生凝集；因此前面生化试验符合志贺氏菌属生化特性的培养物还需另加葡萄糖胺、西蒙氏柠檬酸盐、黏液酸盐试验（36℃培养 24～48h）。志贺氏菌属和不活泼大肠杆菌、A-D 菌的生化特性区别见表 42-3。

如选择生化鉴定试剂盒或全自动微生物生化鉴定系统，可根据三糖铁琼脂的初步判断结果，取同时在营养琼脂斜面上生长的菌苔，使用生化鉴定试剂盒或全自动微生物生化鉴定系统进行鉴定。

表 42-3　志贺氏菌属与不活泼大肠杆菌、A-D 菌的生化特性区别

生化反应	A 群： 痢疾志贺氏菌	B 群： 福氏志贺氏菌	C 群： 鲍氏志贺氏菌	D 群： 宋内氏志贺氏菌	大肠杆菌	A-D 菌
葡萄糖铵	−	−	−	−	+	+
西蒙氏柠檬酸盐	−	−	−	−	d	d
黏液酸盐				d	+	d

注：＋表示阳性；−表示阴性；d 表示有不同生化型。在葡萄糖铵、西蒙氏柠檬酸盐、黏液酸盐试验 3 项反应中志贺氏菌一般为阴性，而不活泼的大肠杆菌、A-D（碱性-异型）菌至少有一项反应为阳性。

5.5　血清学鉴定

（1）抗原的准备。志贺氏菌属没有动力，所以没有鞭毛抗原。志贺氏菌属主要有菌体（O）抗原。菌体 O 抗原又可分为型和群的特异性抗原。一般采用 1.2％～1.5％琼脂培养物作为玻片凝集试验用的抗原。

注：①一些志贺氏菌如果因为 K 抗原的存在而不出现凝集反应时，可挑取菌苔于 1mL 生理盐水做成浓菌液，100℃煮沸 15～60min 去除 K 抗原后再检查。

②D 群志贺氏菌既可能是光滑型菌株也可能是粗糙型菌株，与其他志贺氏菌群抗原不存在交叉反应。与肠杆菌科不同，宋内氏志贺氏菌粗糙型菌株不一定会自凝。宋内氏志贺氏菌没有 K 抗原。

（2）凝集反应。在玻片上划出 2 个约 1cm×2cm 的区域，挑取一环待测菌，各放 1/2 环于玻片上的每一区域上部，在其中一个区域下部加 1 滴抗血清，在另一区域下部加入 1 滴生理盐水，作为对照。再用无菌的接种环或针分别将两个区域内的菌落研成乳状液。将玻片倾斜摇动混合 1min，并对着黑色背景进行观察，如果抗血清中出现凝结成块的颗粒，而且生理盐水中没有发生自凝现象，那么凝集反应为阳性。如果生理盐水中出现凝集，视作为自凝。这时，应挑取同一培养基上的其他菌落继续进行试验。

如果待测菌的生化特征符合志贺氏菌属生化特征，而其血清学试验为阴性的话，则按抗原的准备中注①进行试验。

6　实验结果

综合以上生化试验和血清学鉴定的结果，报告 25g（mL）样品中检出或未检出志贺氏菌。

7　注意事项

（1）实验过程中，样品前增菌液、选择性增菌液、分离平板等都需做空白对照。如果空白对照平板上出现志贺氏菌可疑菌落时，应废弃本次实验结果，并进行污染来源分析。

（2）在进行 TSI 培养时，应该将试管口松开，保持管内有充足的氧气，否则会产生过量的 H_2S。由于该实验中底部糖分解需要厌氧环境，琼脂底部与斜面最低点的距离应不少于 4cm。

（3）在培养箱中，为防止中间平皿过热，高度不得超过 6 个平皿。

8　思考题

（1）志贺氏菌属有哪些重要的生化特性？

（2）你认为在志贺氏菌属检验过程中，哪些实验是不可缺少的？

实验 43　食品中大肠杆菌 O157：H7 的检验

一、大肠杆菌 O157：H7 常规培养法

1　目的要求

（1）了解肠出血性大肠杆菌对人类的危害。

（2）掌握食品中大肠杆菌 O157：H7 常规培养法检验的原理和方法。

2　基本原理

大肠杆菌 O157：H7（*E. coli* O157：H7）是肠出血性大肠杆菌中最常见的血清型。1982 年美国首次报道了由 *E. coli* O157：H7 引起的出血性肠炎暴发。此后，世界各地陆续报道了该菌引起的感染，并有上升趋势。许多国家已把它列为法定的检测菌。

一般认为，*E. coli* O157：H7 的最初来源主要是出血性结肠炎病人及感染此菌的人的排泄物和动物（特别是牛和羊）的粪便。这些带菌的排泄物在进入生态环境之前处理不当，便通过一定的渠道进入饮食链中，而当人们在摄取这些食物或水时，其加工手段又不足以杀灭其中所有的 *E. coli* O157：H7，从而引起感染。牛肉、牛乳及其制品、蔬菜、水果、饮料等都能成为该菌的载体，特别是牛肉是该菌的主要载体。

E. coli O157：H7 属于肠杆菌科埃希氏菌属，革兰氏染色阴性，有周生鞭毛，并有菌毛，是无芽孢的短小杆菌。除不发酵或迟缓发酵山梨醇外，其他常见的生化特征与大肠杆菌基本相似，但也有某些生化反应不完全一致，具有鉴别意义。*E. coli* O157：H7 不发酵或迟缓发酵山梨醇，不能分解 4-甲基伞形酮-β-D-葡萄糖醛酸苷（MUG）产生荧光，即 MUG 阴性。

有关 O157：H7 或 O157：NM 的解释说明：大肠杆菌的 O 抗原和 H 抗原是按照发现的顺序排列的，O157 就是第 157 位发现的 O 抗原，H7 是发现的第 7 个 H 抗原，NM 是 none move 的缩写，意思为无动力。

3　实验材料

3.1　样品及标准菌　生牛肉、生牛乳；标准菌选大肠杆菌 ATCC25922 菌株、大肠杆菌 O157：H7 NCTC12900 菌株。

3.2　培养基及试剂　改良 EC 肉汤（mEC＋n）（培养基 55）、改良山梨醇麦康凯（CT-SMAC）琼脂（培养基 56）、三糖铁（TSI）琼脂（培养基 44）、营养琼脂和半固体琼脂培养基（培养基 5）、月桂基磺酸盐胰蛋白胨肉汤-MUG（MUG-LST，培养基 57）、氧化酶试剂、革兰氏染色液、PBS-Tween20 洗液、亚碲酸钾（AR 级）、头孢克肟、大肠杆菌 O157 显色培养基、大肠杆菌 O157 和 H7 诊断血清或乳胶凝集试剂、生化鉴定试剂盒。

3.3　仪器及其他用品　生物安全柜、高压蒸汽灭菌锅、电子天平（感量 0.1g、0.01g）、冰箱、拍打式均质器、恒温培养箱、恒温水浴箱、显微镜、微量移液器及吸头、500mL 无菌均质袋、漩涡混匀器、无菌培养皿、pH 计（也可用 pH 比色管或精密 pH 试纸）、长波紫外光灯（365nm，功率≤6W）、全自动微生物生化鉴定系统等。

4　检验程序（图 43-1）

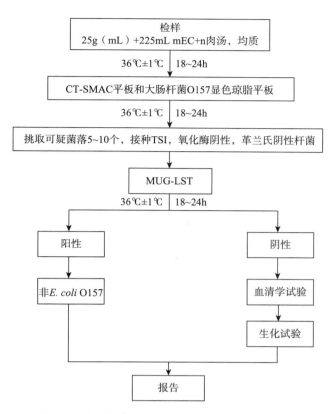

图 43-1　大肠杆菌 O157：H7/NM 常规法检验程序

5　实验方法与步骤

5.1　增菌培养　无菌操作取样 25g（mL）加入 225mL mEC＋n 肉汤的均质袋中，在拍打式均质器上连续均质 1～2min。36℃±1℃培养 18～24h。

5.2　分离　取增菌后的 mEC＋n 肉汤，划线接种于 CT-SMAC 平板和大肠杆菌 O157 显色琼脂平板上，于 36℃±1℃培养 18～24h，观察菌落形态。必要时将混合菌落分纯。在 CT-SMAC 平板上，典型菌落为圆形、光滑、较小的无色菌落，中心呈现较暗的灰褐色；在大肠杆菌 O157 显色琼脂平板上的菌落特征，按照产品说明书进行判定。

5.3　初步生化试验　在 CT-SMAC 和大肠杆菌 O157 显色琼脂平板上分别挑取 5～10 个可疑菌落，分别接种于 TSI 琼脂，同时接种 MUG-LST 肉汤，并用大肠杆菌 ATCC25922 菌株作为阳性对照，大肠杆菌 O157：H7（NCTC12900）作为阴性对照，于 36℃±1℃培养 18～24h。必要时进行氧化酶试验和革兰氏染色。在 TSI 琼脂中，典型菌株为斜面与底层均呈黄色，产气或不产气，不产生硫化氢。置 MUG-LST 肉汤管于长波紫外灯下观察，MUG 阳性的大肠杆菌菌株应该有荧光产生，阴性的无荧光产生；大肠埃希氏菌 O157：H7/NM 为 MUG 试验阴性，无荧光。挑取可疑菌落，在营养琼脂平板上分纯，于 36℃±1℃培养 18～24h，并进行下列鉴定。

5.4　鉴定

（1）血清学试验。在营养琼脂平板上挑取分纯的菌落，用 O157：H7 标准血清或 O157 乳胶凝集试剂做玻片凝集试验。对于 H7 因子血清不凝集者，应穿刺接种半固体琼脂，检查动力，经连续传代 3 次，动力试验均为阴性，确定为无动力株。

（2）生化试验。自营养琼脂平板上挑取菌落进行生化试验，大肠杆菌 O157：H7/NM 生化反应特征见表 43-1。

表 43-1　*E. coli* O157：H7 的生化反应特征

生化试验	特征反应
三糖铁琼脂	底层及斜面呈黄色，H_2S 阴性
山梨醇	阴性或迟缓发酵
靛基质	阳性
MR-VP	MR 阳性，VP 阴性
氧化酶	阴性
西蒙氏柠檬酸盐	阴性
赖氨酸脱羧酶	阳性（紫色）
鸟氨酸脱羧酶	阳性（紫色）
纤维二糖发酵	阴性
棉子糖发酵	阳性
MUG 试验	阴性
动力试验	有动力或无动力

如选择生化鉴定试剂盒或微生物鉴定系统，应从营养琼脂平板上挑取菌落，用稀释液制备成浊度适当的菌悬液，然后鉴定。

6　实验结果

综合生化和血清学的实验结果，报告 25g（mL）样品中检出或未检出大肠杆菌 O157：H7/NM。

二、大肠杆菌 O157：H7 免疫磁珠捕获法

1　目的要求

掌握食品中大肠杆菌 O157：H7 免疫磁珠捕获法检验的原理和方法。

2　基本原理

免疫磁珠捕获技术是通过对目的细菌进行选择性增菌，然后利用免疫磁珠进行选择性捕获的方法。捕获的目的细菌被结合到由抗体包被的磁性颗粒上，收集后再将磁性颗粒涂布到选择性琼脂平板上进行分离。在 CT-SMAC 平板上生长的可疑大肠杆菌 O157，因为不分解山梨醇，或在 *E. coli* O157 显色琼脂平板上产生特定的酶促反应呈现颜色变化，而与其他细菌相区别。

免疫磁珠的应用，特别是在样品含有大量杂菌时，对检样中含有少量的大肠杆菌 O157：H7/NM 的检出提供了更大的可能性。

免疫磁珠是运用核-壳的合成方法合成含有四氧化三铁超顺磁性的高分子覆盖物质，利用表面的功能集团进行抗体的耦合，可结合相应的抗原，并且在外界磁场的吸引下可做定向移动，从而达到分离、检测、纯化的目的。

3　实验材料

3.1　样品及标准菌　生牛肉、生牛乳；标准菌选大肠杆菌 ATCC25922 菌株、大肠杆菌 O157：H7 NCTC12900 菌株。

3.2　培养基及试剂　抗-*E. coli* O157 免疫磁珠，其他同常规培养法。

3.3　仪器及其他用品　无菌加长吸管、1.5mL 或 2.0mL 微量离心管、磁板、磁板架，其他同常规培养法。

4　检验程序（图 43-2）

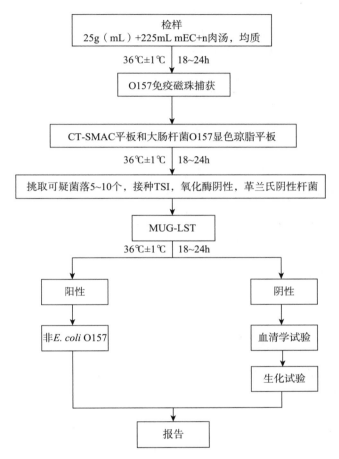

图 43-2　大肠杆菌 O157 免疫磁珠捕获法检验程序

5　实验方法与步骤

5.1　增菌　同大肠杆菌 O157：H7 常规培养法。

5.2　免疫磁珠捕获与分离　应按照生产商提供的使用说明进行免疫磁珠捕获与分离，当生产商的使用说明与下面的描述有偏差时，按生产商提供的使用说明进行。

（1）将微量离心管按样品和质控菌株进行编号，每个样品使用 1 支微量离心管，然后插入磁板架上。在漩涡混匀器上轻轻振荡 *E. coli* O157 免疫磁珠混悬液后，用开盖器打开每支微量离心管的盖子，每管加入 20μL *E. coli* O157 免疫磁珠混悬液。

（2）取 mEC＋n 肉汤增菌培养物 1mL，加入微量离心管中，盖上盖子，然后轻微振荡 10s。每个样品更换 1 支加样吸头，质控菌株必须与样品分开进行，避免交叉污染。

（3）结合：在 18～30℃环境中，将上述微量离心管连同磁板架放在样品混匀器上转动或用手轻微转 10min，使 *E. coli* O157 与免疫磁珠充分接触。

（4）捕获：将磁板插入磁板架中浓缩磁珠。在 3min 内不断地倾斜磁板架，确保悬液中与盖子上的免疫磁珠全部被收集起来，此时，在微量离心管壁中间明显可见圆形或椭圆形棕色聚集物。

（5）吸取上清液：取 1 支无菌加长吸管，从免疫磁珠聚集物对侧深入液面，轻轻吸走上清液。当吸到液面通过免疫磁珠聚集物时，应放慢速度，以确保免疫磁珠不被吸走。如吸取的上清液内含有磁珠，则应将其放回到微量离心管中，并重复步骤（4）。每个样品换用 1 支无菌加长吸管。

免疫磁珠的滑落：某些样品特别是那些富含脂肪的样品，其磁珠聚集物易滑落到管底。在吸取上清液时，很难做到不丢失磁珠，在这种情况下，可保留 $50\sim100\mu L$ 上清液于微量离心管中。如果在后续的洗涤过程中也这样做的话，脂肪的影响将减小，也可达到充分捕获的目的。

（6）洗涤：从磁板架上移走磁板，在每支微量离心管中加入 1mL PBS-Tween20 洗液，转动磁板架三次以上，洗涤免疫磁珠混合物。重复上述步骤（4）～（6）。

（7）重复上述步骤（4）～（5）。

（8）免疫磁珠悬浮：移走磁板，将免疫磁珠重新悬浮在 $100\mu L$ PBS-Tween20 洗液中。

（9）涂布平板：用漩涡混匀器将免疫磁珠混匀，用加样器各取 $50\mu L$ 免疫磁珠悬液分别转移至 CT-SMAC 平板和大肠杆菌 O157 显色琼脂平板一侧，然后用无菌涂布棒将免疫磁珠涂布平板的一半，再用接种环划线接种平板的另一半。待琼脂表面水分完全吸收后，翻转平板，于 36℃±1℃ 培养 18～24h。

注：若 CT-SMAC 平板和大肠杆菌 O157 显色琼脂平板表面水分过多时，应在 37℃ 下干燥 10～20min，涂布时避免将免疫磁珠涂布到平板的边缘。

5.3 菌落识别、初步生化试验、鉴定 参见常规培养法 5.2～5.4。

6 实验结果

综合生化和血清学的试验结果，报告 25g（mL）样品中检出或未检出大肠杆菌 O157：H7/NM。

7 注意事项

（1）实验过程中，样品选择性增菌液、分离平板等都要做空白对照。大肠杆菌 O157：H7 标准菌株在 BSL-Ⅱ生物安全实验室内进行阳性对照试验验证。

（2）当对易产生较大颗粒的样品（如肉类）进行检测时，建议使用带滤网均质袋，以方便均质后用吸管吸取匀液。

实验 44 食品中蜡样芽孢杆菌的检验

一、蜡样芽孢杆菌平板计数法

1 目的要求

（1）了解蜡样芽孢杆菌平板计数法检验的原理。

（2）掌握蜡样芽孢杆菌平板计数法检验的方法。

2 基本原理

蜡样芽孢杆菌在自然界分布较广，在正常情况下食品中就可能有此菌存在，因而易从各种食品中检出。蜡样芽孢杆菌的检验依据其形态、培养和生化特性进行。该菌为需氧、产芽孢的革兰氏阳性杆菌。能发酵麦芽糖、蔗糖和水杨苷，不发酵乳糖、甘露醇、木糖、阿拉伯糖、山梨醇和侧金盏花醇，在甘露醇-卵黄-多黏菌素（MYP）琼脂平板上生成微粉红色菌落。卵磷脂酶、酪蛋白酶、过氧化氢酶试验阳性，可以分解 MYP 琼脂中的卵磷脂，在菌落周围产生粉红色浑浊环（沉淀环）。可以分解培养基中的酪蛋白，生成 L-酪氨酸，在菌落周围形成透明圈。可以分解过氧化氢生成水和氧气。产生溶血素，使胰酪胨大豆羊血琼脂（TSSB）中的血细胞发生 β 溶血。能在 24h 内液化明胶和还原硝酸盐，在厌氧条件下能发酵葡萄糖。

蜡样芽孢杆菌平板计数法是对其在 MYP 琼脂平板上生长的典型菌落进行计数，选取一定数目的典型菌落进一步通过染色镜检，生化试验进行确认，根据确认的比例对结果进行最终计数。该方法适用于蜡样芽孢杆菌含量较高的食品检验。

3　实验材料

3.1　样品　袋装乳粉。

3.2　培养基及试剂　甘露醇卵黄多黏菌素（MYP）琼脂培养基（培养基 58）、胰酪胨大豆多黏菌素肉汤（培养基 59）、营养琼脂培养基（培养基 5）、酪蛋白琼脂培养基（培养基 60）、动力培养基（培养基 61）、硝酸盐培养基（培养基 62）、硫酸锰营养琼脂培养基（培养基 63）、0.5％碱性复红染色液、糖发酵管（培养基 8）、VP 培养基（培养基 64）、胰酪胨大豆羊血（TSSB）琼脂（培养基 65）、溶菌酶营养肉汤（培养基 66）、西蒙氏柠檬酸盐培养基（培养基 11）、明胶培养基（培养基 67）、磷酸盐缓冲液（PBS）、3％过氧化氢溶液。

3.3　仪器及其他用品　生物安全柜、恒温培养箱、冰箱、均质器、漩涡混匀器、电子天平（感量 0.1g）、100mL 和 500mL 无菌锥形瓶、恒温水浴锅、电炉、微量移液器及吸头、灭菌培养皿、灭菌试管、显微镜、L 型涂布棒等。

4　检验程序（图 44-1）

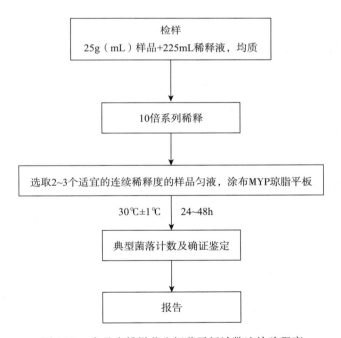

图 44-1　食品中蜡样芽孢杆菌平板计数法检验程序

5　实验方法与步骤

5.1　样品的稀释　参照实验 36 中的 5.1。

5.2　样品的接种　根据对样品污染状况的估计，选择 2～3 个适宜稀释度的样品匀液（液体样品可包括原液），以 0.3mL、0.3mL、0.4mL 接种量分别移入 3 块 MYP 琼脂平板，然后用无菌 L 型涂布棒涂布整个平板，注意不要触及平板边缘。使用前，如 MYP 琼脂平板表面有水珠，可放在 25～50℃的培养箱里干燥，直到平板表面的水珠消失。

5.3　分离、培养　在通常情况下，涂布后，将平板静置 10min。如样液不易吸收，可将平板放在培养箱 30℃±1℃培养 1h，等样品匀液吸收后翻转平皿，倒置于培养箱，30℃±1℃培养 24h±2h。如果菌落不典型，可继续培养 24h±2h 再观察。在 MYP 琼脂平板上，典型菌落为微粉红色（表示不发酵甘露醇），周围有白色至淡粉红色沉淀环（表示产卵磷脂酶）。

5.4　典型菌落计数和确定

（1）典型菌落计数。选择有典型蜡样芽孢杆菌菌落且同一稀释度 3 个平板所有菌落数合计在 20～200CFU 的平板，计数典型菌落数。如果出现①～⑥现象，按式（44-1）计算，如果出现⑦现象则按式（44-2）计算。

①只有一个稀释度的平板菌落数在 20～200CFU 且有典型菌落，计数该稀释度平板上的典型菌落。

②2 个连续稀释度的平板菌落数均在 20～200CFU，但只有一个稀释度的平板有典型菌落，应计数该稀释度平板上的典型菌落。

③所有稀释度的平板菌落数均小于 20CFU 且有典型菌落，应计数最低稀释度平板上的典型菌落。

④某一稀释度的平板菌落数大于 200CFU 且有典型菌落，但下一稀释度平板上没有典型菌落，应计数该稀释度平板上的典型菌落。

⑤所有稀释度的平板菌落数均大于 200CFU 且有典型菌落，应计数最高稀释度平板上的典型菌落。

⑥所有稀释度的平板菌落数均不在 20～200CFU 且有典型菌落，其中一部分小于 20CFU 或大于 200CFU 时，应计数最接近 20CFU 或 200CFU 的稀释度平板上的典型菌落。

⑦2 个连续稀释度的平板菌落数均在 20～200CFU 且均有典型菌落。

$$T = \frac{AB}{Cd} \tag{44-1}$$

式中　T——样品中蜡样芽孢杆菌菌落数；

　　　　A——某一稀释度典型蜡样芽孢杆菌菌落的总数；

　　　　B——鉴定结果为蜡样芽孢杆菌的菌落数；

　　　　C——用于蜡样芽孢杆菌鉴定的菌落数；

　　　　d——稀释因子。

$$T = \frac{A_1 B_1 / C_1 + A_2 B_2 / C_2}{1.1d} \tag{44-2}$$

式中　T——样品中蜡样芽孢杆菌菌落数；

　　　　A_1——第一稀释度（低稀释倍数）蜡样芽孢杆菌典型菌落的总数；

　　　　A_2——第二稀释度（高稀释倍数）蜡样芽孢杆菌典型菌落的总数；

　　　　B_1——第一稀释度（低稀释倍数）鉴定结果为蜡样芽孢杆菌的菌落数；

　　　　B_2——第二稀释度（高稀释倍数）鉴定结果为蜡样芽孢杆菌的菌落数；

　　　　C_1——第一稀释度（低稀释倍数）用于蜡样芽孢杆菌鉴定的菌落数；

　　　　C_2——第二稀释度（高稀释倍数）用于蜡样芽孢杆菌鉴定的菌落数；

　　　　1.1——计算系数（如果第二稀释度蜡样芽孢杆菌鉴定结果为 0，计算系数采用 1）；

　　　　d——稀释因子（第一稀释度）。

（2）典型菌落确认：从每个平板中挑取至少 5 个典型菌落（小于 5 个全选），分别划线接种于营养琼脂平板做纯培养，30℃±1℃培养 24h±2h 进行确证试验。在营养琼脂平板上，典型菌落为灰白色，偶有黄绿色，不透明，表面粗糙似毛玻璃状或熔蜡状，边缘常呈扩展状，直径为 4～10mm。挑取纯培养的单个菌落，进行染色镜检并进行生理生化试验。蜡样芽孢杆菌生化特征与其他芽孢杆菌的区别见表 44-1。

①染色镜检：挑取纯培养的单个菌落，革兰氏染色镜检。蜡样芽孢杆菌为革兰氏阳性芽孢杆菌，

大小为（1~1.3）μm×（3~5）μm，芽孢呈椭圆形，位于菌体中央或偏端，不膨大于菌体，菌体两端较平整，多呈短链或长链状排列。

②动力试验：用接种针挑取培养物穿刺接种于动力培养基中，30℃培养24h。有动力的蜡样芽孢杆菌应沿穿刺线呈扩散生长，而蕈状芽孢杆菌常呈绒毛状生长。也可用悬滴法检查。

③溶血试验：挑取纯培养的单个可疑菌落接种于 TSSB 琼脂平板上，30℃±1℃培养24h±2h。蜡样芽孢杆菌菌落为浅灰色，不透明，似白色毛玻璃状，有草绿色溶血环或完全溶血环。苏云金芽孢杆菌和蕈状芽孢杆菌呈现弱的溶血现象，而多数炭疽芽孢杆菌不溶血，巨大芽孢杆菌不溶血。

④根状生长试验：挑取单个可疑菌落按间隔2~3cm距离划平行直线于经室温干燥1~2d的营养琼脂平板上，30℃±1℃培养24~48h，不能超过72h。用蜡样芽孢杆菌和蕈状芽孢杆菌标准株作为对照进行同步试验。蕈状芽孢杆菌呈根状生长的特征。蜡样芽孢杆菌菌株呈粗糙山谷状生长的特征。

⑤溶菌酶耐性试验：用接种环取纯菌悬液一环，接种于溶菌酶肉汤中，36℃±1℃培养24h。蜡样芽孢杆菌在此培养基（含0.001%溶菌酶）中能生长。如出现阴性反应，应继续培养24h。巨大芽孢杆菌不生长。

⑥蛋白质毒素结晶试验：挑取纯培养的单个可疑菌落接种于硫酸锰营养琼脂平板上，30℃±1℃培养24h±2h，并于室温放置3~4d，挑取培养物少许于载玻片上，滴加蒸馏水混匀并涂成薄膜。经自然干燥，微火固定后，加甲醇作用30s后倾去，再通过火焰干燥，于载玻片上滴满0.5%碱性复红，放火焰上加热（微见蒸气，勿使染液沸腾）持续1~2min，移去火焰，更换染色液再次加温染色30s，倾去染液，用洁净自来水彻底清洗，晾干后镜检。观察有无游离芽孢（浅红色）和染成深红色的菱形蛋白结晶体。如发现游离芽孢形成不丰富，应再将培养物置室温2~3d后进行检查。除苏云金芽孢杆菌外，其他芽孢杆菌不产生蛋白结晶体。

表 44-1 蜡样芽孢杆菌生化特征与其他芽孢杆菌的区别

项目	蜡样芽孢杆菌	巨大芽孢杆菌	苏云金芽孢杆菌	蕈状芽孢杆菌	炭疽芽孢杆菌
过氧化氢酶	+	+	+	+	+
动力	+/-	+/-	+/-	-	-
硝酸盐还原	+	-/+	+/-	+	+
酪蛋白分解	+	+/-	+	+/-	-/+
溶菌酶耐性	+	-	+	+	+
卵黄反应	+	-	+	+	+
葡萄糖利用（厌氧）	+	-	+	+	+
VP 实验	+	-	+	+	+
甘露醇产酸	-	+	-	-	-
溶血（羊红细胞）	+	-	+	+	-/+
根状生长	-	-	-	+	-
蛋白质毒素晶体	-	-	+	-	-

注：＋表示90%~100%的菌株呈阳性；－表示90%~100%菌株呈阴性；＋/－表示大多数菌株呈阳性；－/＋表示大多数菌株呈阴性。

6 实验结果

根据 MYP 平板上蜡样芽孢杆菌的典型菌落数，按式（44-1）、式（44-2）计算，报告每克（毫升）

样品中蜡样芽孢杆菌菌数，以 CFU/g（mL）表示；如 T 值为 0，则以小于 1 乘以最低稀释倍数报告。

二、蜡样芽孢杆菌 MPN 计数法

1　目的要求

（1）了解蜡样芽孢杆菌 MPN 计数法检验的原理。
（2）掌握蜡样芽孢杆菌 MPN 计数法检验的方法。

2　基本原理

　　MPN 计数法是将在胰酪胨大豆多黏菌素肉汤中和 MYP 琼脂平板上可疑的蜡样芽孢杆菌于营养琼脂平板做纯培养后，进一步通过染色镜检、生化试验进行确认，根据证实为蜡样芽孢杆菌阳性的试管管数，查 MPN 检索表，报告每克（毫升）样品中蜡样芽孢杆菌的最可能数，以 MPN/g（mL）表示。该法适用于蜡样芽孢杆菌污染量低且杂菌较多的情况。

3　实验材料

3.1　样品　袋装乳粉。
3.2　培养基及试剂　同蜡样芽孢杆菌平板计数法。
3.3　仪器及其他用品　同蜡样芽孢杆菌平板计数法。

4　检验程序（图 44-2）

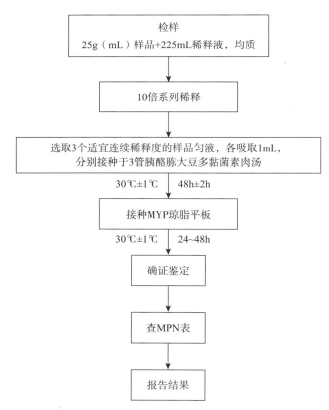

图 44-2　食品中蜡样芽孢杆菌 MPN 计数法检验程序

5　实验方法与步骤

5.1　样品的稀释　参照实验 36 中的 5.1。

5.2　样品的接种　取 3 个适宜连续稀释度的样品匀液（液体样品可包括原液），接种于 10mL 胰酪胨大豆多黏菌素肉汤中，每一稀释度接种 3 管，每管接种 1mL（如果接种量需要超过 1mL，则用双料胰酪胨大豆多黏菌素肉汤），于 30℃±1℃培养 48h±2h。

5.3　培养　用接种环从各管中分别移取 1 环，划线接种到 MYP 琼脂平板上，30℃±1℃培养 24h±2h。如果菌落不典型，可继续培养 24h±2h 再观察。

5.4　典型菌落确认　从每个平板选取 5 个典型菌落（小于 5 个全选），划线接种于营养琼脂平板做纯培养，30℃±1℃培养 24h±2h，进行确证试验，方法同蜡样芽孢杆菌平板计数法中 5.4。

6　实验结果

根据证实为蜡样芽孢杆菌阳性的试管管数，查 MPN 检索表，报告每克（毫升）样品中蜡样芽孢杆菌的最可能数，以 MPN/g（mL）表示。

7　注意事项

（1）实验过程中，样品增菌液、分离平板等都要做空白对照，且整个操作过程均应设置蜡样芽孢杆菌阳性对照。

（2）在做完其他生化鉴定试验后，若鉴定结果为蜡样-蕈状-苏云金芽孢杆菌，则进行根状生长试验及蛋白质毒素结晶试验。如果芽孢形成量少影响试验结果判读，容易造成假阴性结果。

8　思考题

（1）如何区分蜡样芽孢杆菌和苏云金芽孢杆菌？

（2）在实际检验过程中，如何正确选择蜡样芽孢杆菌检验的两种检验方法？

实验 45　食品中副溶血性弧菌的检验

1　目的要求

（1）了解副溶血性弧菌的检验原理。

（2）掌握食品中副溶血性弧菌的检验方法。

2　基本原理

副溶血性弧菌（*Vibrio parahaemolyticus*）是近海岸、河口处的栖息生物，常存在于海水、海底沉积物、海产品（鱼类、介壳类）及海渍食品中。人们食入污染此菌而未充分加热的海产品或食物可引起食物中毒或胃肠炎。

副溶血性弧菌为革兰氏阴性菌，呈棒状、弧状、卵圆状等多形态，有鞭毛（极单毛）、无芽孢、无荚膜，兼性厌氧，具有耐热的菌体（O）抗原，有群特征性，副溶血性弧菌的 O 抗原有 13 种。在菌体表面存在表面（K）抗原，不耐热，能阻止 O 抗原发生凝聚，共有 68 种。此外，该菌还有鞭毛（H）抗原，不耐热，无型特异性。

该菌对营养要求不高，但在培养基中必须加入适量的 NaCl，生长所需 NaCl 最适浓度为 3.5%，不含 NaCl 不能生长。最适 pH 为 7.7～8.0，但在 9.5 时仍能生长。最适生长温度为

30～37℃，在碱性蛋白胨水中经6～9h增菌可形成菌膜。典型的副溶血性弧菌在TCBS上呈圆形、半透明、表面光滑的菌落，用接种环轻触，有类似口香糖的质感，直径2～3mm。因不发酵蔗糖而使菌落呈绿色或蓝绿色。在3%氯化钠三糖铁琼脂斜面颜色不变或红色加深，穿刺培养底层变黄不变黑，无气泡。在普通血平板上不溶血或只产生α溶血。从腹泻患者中分离到的菌株95%以上在我妻氏血琼脂培养基上产生β溶血现象，即神奈川现象。副溶血性弧菌的生化特性见表45-1。

表 45-1　副溶血性弧菌的生化特性

试验项目	结果	试验项目	结果
氧化酶	＋	动力	＋
蔗糖	－	明胶	
葡萄糖	＋	硫化氢	－
甘露醇	＋	VP	
分解葡萄糖产气		ONPG	
乳糖	－	氯化钠生长试验	
D-纤维二糖	V	0%氯化钠	－
精氨酸双水解酶	－	3%氯化钠	＋
鸟氨酸脱羧酶	＋	6%氯化钠	＋
赖氨酸脱羧酶	＋	8%氯化钠	＋
脲酶	V	10%氯化钠	－

注：＋表示阳性；－表示阴性；V表示可变。

3　实验材料

3.1　样品　鱼类、贝类。

3.2　培养基及试剂　3%氯化钠碱性蛋白胨水（APW，培养基68）、硫代硫酸盐柠檬酸盐-胆盐-蔗糖（TCBS）琼脂（培养基69）、3%氯化钠胰蛋白胨大豆（TSA）琼脂（培养基70）、3%氯化钠三糖铁（TSI）琼脂（培养基71）、嗜盐性试验培养基（培养基72）、3%氯化钠甘露醇试验培养基（培养基73）、3%氯化钠赖氨酸脱羧酶试验培养基（培养基16）、3%氯化钠MR-VP培养基（培养基10）、我妻氏血琼脂（培养基74）、氧化酶试剂、革兰氏染色液、ONPG试剂、3%氯化钠溶液、Voges-Proskauer（VP）试剂、弧菌显色培养基、API20E生化鉴定试剂盒或VITEKNFC生化鉴定卡。

3.3　仪器及其他用品　生物安全柜、高压蒸汽灭菌锅、恒温培养箱、冰箱、全自动微生物鉴定系统（VITEK）、均质器或无菌乳钵、天平、无菌试管、无菌吸管或微量移液器及吸头、无菌锥形瓶、无菌培养皿、无菌手术剪、镊子、接种环等。

4 检测程序（图 45-1）

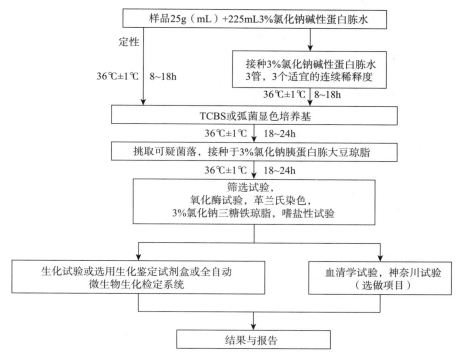

图 45-1 食品中副溶血性弧菌的检验

5 实验方法与步骤

5.1 样品制备

（1）非冷冻样品采集后应立即置于 7～10℃冰箱保存，及早检验；冷冻样品应在 45℃以下不超过 15min 或在 2～5℃不超过 18h 解冻。

鱼类和头足类动物取表面组织、肠或鳃。贝类取全部内容物，包括贝肉和体液；甲壳类取整个动物，或者动物的中心部分，包括肠和鳃。如为带壳贝类或甲壳类，则应先在自来水中洗刷外壳并甩干表面水分，然后以无菌操作打开外壳，按上述要求取相应部分。

（2）以无菌操作取检样 25g（mL），加入 3％氯化钠碱性蛋白胨水 225mL，用旋转刀片式均质器以 8 000r/min 均质 1min，或用拍击式均质器拍击 2min，制备成 1：10 的均匀稀释液。如无均质器，则将样品放入无菌乳钵，自 225mL 3％氯化钠碱性蛋白胨水中取少量稀释液加入研磨，样品磨碎后放在 500mL 的灭菌容器内，再用少量稀释液冲洗乳钵中的残留样品 1～2 次，洗液放入锥形瓶，最后将剩余稀释液全部放入锥形瓶，充分振荡，制备 1：10 的样品匀液。

5.2 增菌

（1）定性检测：将上述 1：10 稀释液于 36℃±1℃培养 8～18h。

（2）定量检测：用灭菌吸管吸取 1：10 稀释液，用 3％氯化钠碱性蛋白胨水梯度稀释。根据对检样污染情况的估计，选择 3 个连续的适宜稀释度，每个稀释度接种 3 支含有 9mL 3％氯化钠碱性蛋白胨水的试管，每管接种 1mL。置 36℃±1℃恒温箱内，培养 8～18h。

5.3 分离
在所有显示生长的增菌液中用接种环在距离液面以下 1cm 内蘸取一环，于 TCBS 平板或弧菌显色培养基平板上划线分离。一支试管划线一块平板，于 36℃±1℃培养 18～24h，观察菌落特征。如果采用的是弧菌显色培养基，其菌落特征按照产品说明进行判断。

注意：从培养箱取出 TCBS 平板后，应尽快（不超过 1h）挑取菌落或标记要挑取的菌落。

5.4 纯培养 挑取 3 个或以上可疑菌落，划线接种于 3% 氯化钠胰蛋白胨大豆琼脂平板，36℃±1℃培养 18~24h。

5.5 初步鉴定

（1）氧化酶试验：挑选纯培养的单个菌落进行氧化酶试验，观察结果。

（2）涂片镜检：将可疑菌落涂片，进行革兰氏染色镜检观察形态。

（3）挑取纯培养的单个可疑菌落，转种于 3% 氯化钠三糖铁琼脂斜面并穿刺底层，36℃±1℃培养 24h，观察结果。

（4）嗜盐性试验：挑取纯培养的单个可疑菌落，分别接种于 0%、6%、8% 和 10% 不同氯化钠浓度的胰胨水，36℃±1℃培养 24h，观察液体浑浊情况。

5.6 确定鉴定 取纯培养物分别接种于含 3% 氯化钠的甘露醇试验培养基、赖氨酸脱羧酶培养基、MR-VP 培养基，36℃±1℃培养 24~48h 后观察结果。3% 氯化钠三糖铁琼脂隔夜培养物进行 ONPG 试验。可选择生化鉴定试剂盒或全自动微生物生化鉴定系统。

6 实验结果

根据检出的可疑菌落的形态特征和生化性状，对照表 45-1 报告检样中是否检出副溶血性弧菌。如果进行定量检测，根据证实为副溶血性弧菌阳性的试管管数，查副溶血性弧菌最可能数（MPN）检索表，报告每克（毫升）副溶血性弧菌的 MPN 值。

7 注意事项

（1）副溶血性弧菌在适宜温度下繁殖较快，但不适于在低温生存，在寒冷的情况下容易死亡，所以应防止待检材料冷冻，以免影响检验结果。

（2）样品中的菌体因受存放条件等的影响，常处于受伤状态，所以不宜选用抑制性较强的培养基，否则影响细菌生长。

8 思考题

（1）副溶血性弧菌在 TCBS 平板上有何菌落特征？为什么？

（2）鉴定致病性副溶血性弧菌的重要指标是什么？

实验 46 食品中空肠弯曲杆菌的检验

1 目的要求

（1）了解食品中常规培养法检验空肠弯曲杆菌的原理。

（2）掌握利用常规培养法对空肠弯曲杆菌进行检验。

2 基本原理

空肠弯曲杆菌（*Campylobacter jejuni*）广泛存在于禽、猫、狗等动物体内，从牛乳、蟹肉、河水和无症状人群粪便中可分离到此菌。健康的鸡和奶牛也可能携带该菌。空肠弯曲杆菌已涉及生的和未煮熟的鸡、生的和巴氏杀菌不彻底的牛乳、蛋制品、生火腿、未经氯处理的水。

空肠弯曲杆菌为革兰氏染色阴性，典型菌体弯曲如小逗点状，两菌体的末端相接时呈 S 形，螺旋状或海鸥展翅状，大小为（0.2~0.8）μm×（0.5~5.0）μm，有一个以上螺旋并可长达 $8\mu m$。菌体无芽孢，一端或两端有单根鞭毛，长度为菌体的 2~3 倍，有活泼的动力或不产生动力。超过 48h 的培养物以衰老的球菌状居多，丧失动力。暴露空气后，菌体很快形成菌状体，初次分离时可见球形细菌。

空肠弯曲杆菌是一类微需氧菌，在大气或厌氧环境中均不生长，在 5% 氧气、10% 二氧化碳、85%

氮气的环境中生长最为适宜。该菌相对脆弱，对周围环境如干燥、加热、消毒、酸性和21％氧气都敏感。培养适宜温度为25～43℃，最适生长温度为42℃。最适生长pH7.2。对营养要求较高，在含有裂解血的培养基内生长良好，常用的选择性培养基有Butzler、Skirrow、Campy-BAP等培养基。在mCC-DA琼脂平板上的菌落通常为淡灰色，有金属光泽、潮湿、扁平，呈扩散生长的倾向。在Skirrow血琼脂平板上的菌落为灰色、扁平、湿润有光泽，呈沿接种线向外扩散的倾向；第二型菌落也不溶血，常呈分散凸起的单个菌落（直径1～2mm），边缘整齐、半透明、发亮。在布氏肉汤中生长呈均匀浑浊状。

　　该菌生化反应不活泼，不发酵糖类，不分解尿素，不液化明胶，不产生色素，氧化酶试验呈阳性。在含0.5％氯化钠培养基中能生长，含3.5％氯化钠培养基中不生长。

3　实验材料

3.1　样品　碎牛肉、牛乳、鸡、污水。

3.2　培养基及试剂　Bolton肉汤（培养基75）、改良CCD（mCCDA）琼脂（培养基76）、哥伦比亚血琼脂（培养基36）、布氏肉汤（培养基77）、氧化酶试剂、马尿酸钠水解试剂、吲哚乙酸酯纸片、Skirrow血琼脂（培养基78）、0.1％蛋白胨水（培养基79）、CFA显色平板、1mol/L硫代硫酸钠（$Na_2S_2O_3$）溶液、3％过氧化氢溶液、空肠弯曲杆菌显色培养基、生化鉴定试剂盒或生化鉴定卡。

3.3　仪器及其他用品　生物安全柜、高压蒸汽灭菌锅、冰箱、恒温培养箱、恒温振荡培养箱、水浴锅、微需氧培养装置（提供微需氧条件：5％氧气、10％二氧化碳和85％氮气）、均质器、振荡器、电子天平、过滤装置及滤膜（0.22μm、0.45μm）、显微镜、离心机（离心速度≥20 000×g）、微生物生化鉴定系统、无菌吸管、培养皿、pH计、比浊计等。

4　检验程序（图46-1）

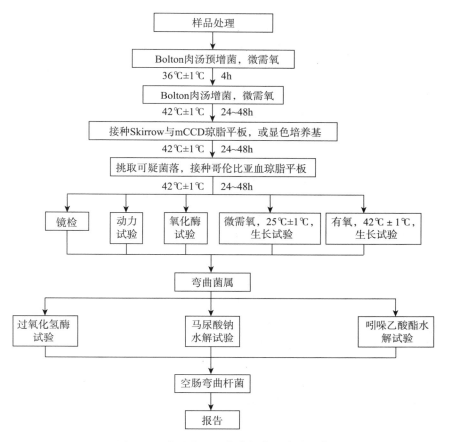

图46-1　食品中空肠弯曲杆菌的检验程序

5 实验方法与步骤

5.1 样品处理

（1）一般样品：取 25g（mL）样品（水果、蔬菜、水产品为 50g）加入盛有 225mL Bolton 肉汤的有滤网的均质袋中（若为无滤网的均质袋可使用无菌纱布过滤），用拍击式均质器均质 1～2min，经滤网或无菌纱布过滤，将滤液进行培养。

（2）整禽等样品：用 200mL 0.1％的蛋白胨水充分冲洗样品的内外部，并振荡 2～3min，经无菌纱布过滤至 250mL 离心管中，16 000×g 离心 15min 后弃去上清液，用 10mL 0.1％蛋白胨水悬浮沉淀，吸取 3mL 于 100mL Bolton 肉汤中进行培养。

（3）贝类：取至少 12 个带壳样品，除去外壳后将所有内容物放到均质袋中，用拍击式均质器均质 1～2min，取 25g 样品至 225mL Bolton 肉汤中（1：10 稀释），充分振荡后再转移 25mL 于 225mL Bolton 肉汤中（1：100 稀释），将 1：10 和 1：100 稀释的 Bolton 肉汤同时进行培养。

（4）蛋黄液或蛋浆：取 25g（mL）样品于 125mL Bolton 肉汤中并混匀（1：6 稀释），再转移 25mL 于 100mL Bolton 肉汤中并混匀（1：30 稀释），同时将 1：6 和 1：30 稀释的 Bolton 肉汤进行培养。

（5）鲜乳、冰淇淋、奶酪等：若为液体乳制品取 50mL；若为固体乳制品取 50g 加入盛有 50mL 0.1％蛋白胨水的有滤网均质袋中，用拍击式均质器均质 15～30s，保留过滤液。必要时调整 pH 至 7.2 ±0.2，将液体乳制品或滤过液以 20 000×g 离心 30min 后弃去上清液，用 10mL Bolton 肉汤悬浮沉淀（尽量避免带入油层），再转移至 90mL Bolton 肉汤进行培养。

（6）需表面涂拭检测的样品：用无菌棉签擦拭检测样品表面（面积至少 100cm² 以上），将棉签头剪落到 100mL Bolton 肉汤中进行培养。

（7）水样：将 4L 的水（对于氯处理的水，在过滤前每升水中加入 5mL 1mol/L 硫代硫酸钠溶液）经 0.45μm 滤膜过滤，将滤膜浸没在 100mL Bolton 肉汤中进行培养。

5.2 预增菌与增菌

在微需氧条件下，36℃±1℃培养 4h，如果条件允许配以 100r/min 的速度进行振荡。必要时测定增菌液的 pH 并调整至 7.2±0.2，42℃±1℃继续培养 24～48h。

5.3 分离

将 24h 增菌液、48h 增菌液以及对应的 1：50 稀释液分别划线接种于 Skirrow 与 mCCD 琼脂平板上，微需氧条件下 42℃±1℃培养 24～48h。另外可选择使用空肠弯曲杆菌显色平板作为补充。观察 24h 培养与 48h 培养的琼脂平板上的菌落形态。空肠弯曲杆菌显色培养基上的可疑菌落按照说明进行判定。

5.4 鉴定

（1）弯曲菌属的鉴定：挑取 5 个（如少于 5 个则全部挑取）或更多的可疑菌落接种到哥伦比亚血琼脂平板上，微需氧条件下 42℃±1℃培养 24～48h，按照下述方法进行鉴定，结果符合表 46-1 的可疑菌落确定为弯曲菌属。

①形态观察：挑取可疑菌落进行革兰氏染色，镜检。

②动力观察：挑取可疑菌落用 1mL 布氏肉汤悬浮，用相差显微镜观察运动状态。

③氧化酶试验：用铂/铱接种环或玻璃棒挑取可疑菌落至氧化酶试剂润湿的滤纸上，如果在 10s 内出现紫红色、紫罗兰色或深蓝色为阳性。

④微需氧条件下 25℃±1℃生长试验：挑取可疑菌落，接种到哥伦比亚血琼脂平板上，微需氧条件下 25℃±1℃培养 44h±4h，观察细菌生长情况。

⑤有氧条件下 42℃±1℃生长试验：挑取可疑菌落，接种到哥伦比亚血琼脂平板上，有氧条件下 42℃±1℃培养 44h±4h，观察细菌生长情况。

表 46-1　弯曲菌属的鉴定

项目	弯曲菌属特性
形态观察	革兰氏阴性，菌体弯曲如小逗点状，两菌体的末端相接时呈 S 形，螺旋状或海鸥展翅状①
动力观察	呈现螺旋状运动②
氧化酶试验	阳性
微需氧条件下 25℃±1℃生长试验	不生长
有氧条件下 42℃±1℃生长试验	不生长

注：①有些菌株的形态不典型；②有些菌株的运动不典型。

（2）空肠弯曲杆菌的鉴定：

①过氧化氢酶试验：挑取菌落，加到干净玻片上的 3％过氧化氢溶液中，如果在 30s 内出现气泡则判定结果为阳性。

②马尿酸钠水解试验：挑取菌落，加到盛有 0.4mL 1％马尿酸钠的试管中制成菌悬液。混合均匀后在 36℃±1℃水浴中温育 2h 或 36℃±1℃培养箱中温育 4h。沿着试管壁缓缓加入 0.2mL 茚三酮溶液，不要振荡，在 36℃±1℃的水浴或培养箱中再温育 10min 后判读结果。若出现深紫色则为阳性；若出现淡紫色或没有颜色变化则为阴性。

③吲哚乙酸酯水解试验：挑取菌落至吲哚乙酸酯纸片上，再滴加一滴灭菌水。如果吲哚乙酸酯水解，则在 5～10min 内出现深蓝色；若无颜色变化则表示没有发生水解。空肠弯曲杆菌的鉴定结果见表 46-2。

④替代试验：对于确定为弯曲菌属的菌落，可使用生化鉴定试剂盒或生化鉴定卡来替代上述①～③的鉴定。

表 46-2　空肠弯曲杆菌的鉴定

项目	空肠弯曲杆菌 (*C. jejuni*)	结肠弯曲菌 (*C. coli*)	海鸥弯曲菌 (*C. lari*)	乌普萨拉弯曲菌 (*C. upsaliensis*)
过氧化氢酶试验	＋	＋	＋	－或微弱
马尿酸钠水解试验	＋	－	－	－
吲哚乙酸酯水解试验	＋	＋	－	＋

注：＋表示阳性；－表示阴性。

6　实验结果

综合以上试验结果，报告检样单位中检出空肠弯曲杆菌或未检出空肠弯曲杆菌。

7　注意事项

（1）所检样品在室温中放置不能超过 24h，样品在分离前需放冰箱冷藏保存。由于－20℃冷冻会使其菌数下降两个对数级，因此扦取的非冷冻样品应避免冷冻保存。

（2）配制培养基时，抗生素配量必须准确，分离培养用培养基不能放置过久，最好现用现配。

8　思考题

（1）说明空肠弯曲杆菌的生长条件。

（2）如何鉴定一种细菌是否为空肠弯曲杆菌？

实验47　食品中肉毒梭状芽孢杆菌及肉毒毒素的检验

1　目的要求

（1）了解肉毒梭状芽孢杆菌的生长特性和产毒条件。

（2）熟悉肉毒梭状芽孢杆菌及其毒素检验的原理和方法。

2　基本原理

肉毒梭状芽孢杆菌（简称肉毒梭菌）广泛存在于自然界，易含有肉毒梭状芽孢杆菌而引起中毒的食品有腊肠、火腿、鱼及鱼制品和罐头食品等，在我国发生的该类食物中毒事件主要与发酵食品有关，如臭豆腐、豆瓣酱、面酱、豆豉等。检验食品（特别是不经加热处理而直接食用的食品）中有无肉毒毒素或肉毒梭菌（如罐头等密封性保存的食品）尤为重要。

肉毒梭菌为革兰氏阳性粗大杆菌，其芽孢为卵圆形，大于菌体，位于次端，菌体呈网球拍状；具有4~8根周生性鞭毛，运动迟缓、没有荚膜。

肉毒梭菌为专性厌氧菌，对营养要求不高，在普通琼脂上生长良好，适合生长温度28~37℃、pH6~8，A型和B型菌在35℃左右生长更好，E型菌在28℃左右生长更好。能分解葡萄糖、麦芽糖、果糖产酸产气，可液化明胶，缓慢液化凝固血清，靛基质阴性，H_2S阳性。在卵黄琼脂平板上，隆起或扁平，光滑或粗糙，易成蔓延生长，边缘不规则，在菌落周围形成乳色沉淀晕圈（E型较宽，A型和B型较窄），在斜视光下观察，菌落表面呈现珍珠样虹彩，这种光泽区可随蔓延生长扩散到不规则边缘区外的晕圈。研究发现，在庖肉培养基中加入铁粉，B型、E型菌生长更好，培养物呈均匀浑浊生长，产气、发臭，其中肉渣可被A型和B型菌消化溶解成烂泥状，并发黑，产生腐败恶臭味。TPGYT培养基更适合E型菌生长。

肉毒梭菌80℃加热30min或100℃加热10min即可被杀死，但其芽孢抵抗力强，需经高压蒸汽121℃加热30min或干热180℃加热5~15min才能将其杀死。实验中为了提高目标菌增菌效果，消除样品中部分杂菌的影响，采用80℃加热10min和不加热处理两种方法对比，80℃的处理减少对食品中未形成肉毒芽孢的检出的不利影响。分离纯化培养时，为减少杂菌干扰，提高目标菌的检出，采用添加无水乙醇处理后分离培养。在厌氧条件下该菌产生剧烈的外毒素——肉毒毒素。按其所产毒素的抗原特异性分为A、B、C（1、2）、D、E、F、G这7个型。除G型菌之外，其他各型菌分布相当广泛。我国各地发生的肉毒毒素中毒主要是A型菌和B型菌，C型菌和E型菌也发现过。肉毒毒素对酸和低温比较稳定，对碱和热敏感，如在pH8.5以上或100℃处理10~20min常被破坏。某些型的肉毒毒素在适宜条件下，毒性能被胰酶激活和加强。

3　实验材料

3.1　样品及材料　罐头、臭豆腐、豆瓣酱、面酱、豆豉等发酵食品，小白鼠。

3.2　培养基及试剂　庖肉培养基（培养基80）、胰蛋白酶胰蛋白胨葡萄糖酵母膏肉汤（TPGYT）（培养基81）、卵黄琼脂培养基（培养基82）、明胶磷酸盐缓冲液、10%胰蛋白酶溶液、革兰氏染色液、磷酸盐缓冲液（PBS）、1mol/L氢氧化钠溶液、1mol/L盐酸溶液、肉毒毒素诊断血清、无水乙醇、95%乙醇、10mg/mL溶菌酶溶液、10mg/mL蛋白酶K溶液、3mol/L乙酸钠溶液（pH5.2）、TE缓冲液、10×PCR缓冲液、25mmol/L $MgCl_2$、引物（根据表47-1中序列合成，临用时用超纯水配制，引物浓度为10μmol/L）、dNTPs（dATP、dTTP、dCTP、dGTP）、Taq酶、琼脂糖（电泳级）、溴化乙锭或Goldview、5×TBE缓冲液、6×加样缓冲液、DNA分子质量标准物。

3.3　仪器及其他用品　生物安全柜、高压蒸汽灭菌锅、离心机（3 000r/min、14 000r/min）、均质器或无菌研钵、厌氧培养装置、冰箱、恒温培养箱、恒温水浴箱、显微镜、PCR 仪、电泳仪、凝胶成像系统或紫外检测仪、核酸蛋白分析仪或紫外分光光度计、天平、可调微量移液器、无菌吸管、无菌平皿、无菌锥形瓶、无菌注射器、无菌手术剪、镊子、试剂勺等。

4　检验程序（图 47-1）

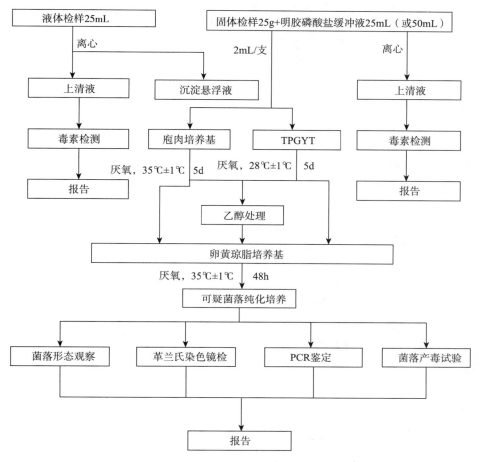

图 47-1　肉毒梭状芽孢杆菌及毒素的检验程序

5　实验方法与步骤

5.1　样品制备

（1）样品保存：待检样品应放置于 2～5℃冰箱冷藏。

（2）固态与半固态食品：固体或游离液体很少的半固态食品，以无菌操作称取样品 25g，放入无菌均质袋或无菌乳钵，块状食品以无菌操作切碎，含水量较高的固态食品加入 25mL 明胶磷酸盐缓冲液，乳粉、牛肉干等含水量低的食品加入 50mL 明胶磷酸盐缓冲液，浸泡 30min，用拍击式均质器拍打 2min 或用无菌研杵研磨制备样品匀液，收集备用。

（3）液态食品：液态食品摇匀，以无菌操作量取 25mL 检验。

（4）剩余样品处理：取样后的剩余样品放 2～5℃冰箱冷藏，直至检验结果报告发出后，按感染性废弃物要求进行无害化处理，检出阳性的样品应采用压力蒸汽灭菌方式进行无害化处理。

5.2　肉毒毒素检测

（1）毒素液制备：取样品匀液约 40mL 或均匀液体样品 25mL 放入离心管，3 000r/min 离心 10～

20min，收集上清液，分为两份放入无菌试管中，一份直接用于毒素检测，一份用于胰酶处理后进行毒素检测。液体样品保留底部沉淀及液体约 12mL，重悬，制备沉淀悬浮液备用。

胰酶处理：调节上清液 pH 至 6.2，按 9 份上清液加 1 份 10％胰酶（活力 1∶250）水溶液，混匀，37℃孵育 60min，期间间或轻轻摇动反应液。

（2）检出试验：用 5 号针头注射器分别取离心上清液和胰酶处理上清液腹腔注射小鼠 3 只，每只 0.5mL，观察和记录小鼠 48h 内的中毒表现。典型肉毒毒素中毒症状多在 24h 内出现，通常在 6h 内发病和死亡，其主要表现为竖毛、四肢瘫软，呼吸困难，呈现风箱式呼吸，腰腹部凹陷，宛如峰腰，多因呼吸衰竭而死亡，可初步判定为肉毒毒素所致。若小鼠在 24h 后发病或死亡，应仔细观察小鼠症状，必要时浓缩上清液重复试验，以排除肉毒毒素中毒。若小鼠出现猝死（30min 内）导致症状不明显时，应将毒素上清液进行适当稀释，重复试验。

注：毒素检测动物试验应遵循 GB 15193.2—2014《食品安全国家标准 食品毒理学实验室操作规范》的规定。

（3）确证试验：上清液或（和）胰酶处理上清液的毒素试验阳性者，取相应试验液 3 份，每份 0.5mL，其中第一份加等量多型混合肉毒毒素诊断血清，混匀，37℃孵育 30min；第二份加等量明胶磷酸盐缓冲液，混匀后煮沸 10min；第三份加等量明胶磷酸盐缓冲液，混匀。将三份混合液分别腹腔注射小鼠各两只，每只 0.5mL，观察 96h 内小鼠的中毒和死亡情况。

结果判定：若注射第一份和第二份混合液的小鼠未死亡，而第三份混合液小鼠发病死亡，并出现肉毒毒素中毒的特有症状，则判定检测样品中检出肉毒毒素。

5.3 肉毒梭菌检验

（1）增菌培养与检出试验：

①取出庖肉培养基 4 支和 TPGY 肉汤管 2 支，隔水煮沸 10～15min，排除溶解氧，迅速冷却，切勿摇动；在 TPGY 肉汤管中缓慢加入胰酶至液体石蜡液面下肉汤中，每支 1mL，制备成 TPGYT。

②吸取样品匀液或毒素制备过程中的离心沉淀悬浮液 2mL 接种至庖肉培养基中，每份样品接种 4 支，2 支直接放置 35℃±1℃厌氧培养 5d，另 2 支放置 80℃保温 10min，再放置 35℃±1℃厌氧培养 5d；同样方法接种 2 支 TPGYT 肉汤管，28℃±1℃厌氧培养 5d。

③检查、记录增菌培养物的浊度、产气、肉渣颗粒消化情况，并注意气味。

④取增菌培养物进行革兰氏染色镜检，观察菌体形态，注意是否有芽孢、芽孢的相对比例、芽孢在细胞内的位置。

⑤若增菌培养物 5d 无菌生长，应延长培养至 10d，观察生长情况。

⑥取增菌培养物阳性管的上清液，按 5.2 方法进行毒素检出和确证试验，必要时进行定型试验，阳性结果可证明样品中有肉毒梭菌存在。

注：TPGYT 增菌液的毒素试验无须添加胰酶处理。

（2）分离与纯化培养：

①增菌液前处理：吸取 1mL 增菌液至无菌螺旋帽试管中，加入等体积过滤除菌的无水乙醇，混匀，在室温下放置 1h。

②取增菌培养物和经乙醇处理的增菌液分别划线接种至卵黄琼脂平板，35℃±1℃厌氧培养 48h，观察平板培养物菌落形态。

③菌株纯化培养：在分离培养平板上选择 5 个肉毒梭菌可疑菌落，分别接种卵黄琼脂平板，35℃±1℃，厌氧培养 48h，观察菌落形态及其纯度。

（3）鉴定试验：

①染色镜检：挑取可疑菌落进行涂片、革兰氏染色和镜检。

②毒素基因检测：

a）菌株活化：挑取可疑菌落或待鉴定菌株接种 TPGY，35℃±1℃厌氧培养 24h。

b）DNA 模板制备：吸取 TPGY 培养液 1.4mL 至无菌离心管中，14 000×g 离心 2min，弃上清液，加入 1.0mL PBS 悬浮菌体，14 000×g 离心 2min，弃上清液，用 400μL PBS 重悬沉淀，加入 10mg/mL 溶菌酶溶液 100μL，摇匀，37℃ 水浴 15min，加入 10mg/mL 蛋白酶 K 溶液 10μL，摇匀，60℃ 水浴 1h，再沸水浴 10min，14 000×g 离心 2min，上清液转移至无菌小离心管中，加入 3mol/L NaAc 溶液 50μL 和 95％乙醇 1.0mL，摇匀，−70℃ 或−20℃ 放置 30min，14 000×g 离心 10min，弃去上清液，沉淀干燥后溶于 200μL TE 缓冲液，置于−20℃ 保存备用。

注：根据实验室实际情况，也可采用常规水煮沸法或商品化试剂盒制备 DNA 模板。

c）核酸浓度测定（必要时）：取 5μL DNA 模板溶液，加超纯水稀释至 1mL，用核酸蛋白分析仪或紫外分光光度计分别检测 260nm 和 280nm 波段的吸光值 A_{260} 和 A_{280}。按式（47-1）计算 DNA 浓度。当浓度在 0.34～340μg/mL 或 A_{260}/A_{280} 比值在 1.7～1.9 时，适宜于 PCR 扩增。

$$C = A_{260} \times N \times 50 \tag{47-1}$$

式中　C——DNA 浓度（μg/mL）；

　　　A_{260}——260nm 处的吸光值；

　　　N——核酸稀释倍数。

d）PCR 扩增：

1）分别采用针对各型肉毒梭菌毒素基因设计的特异性引物（表 47-1）进行 PCR 扩增，包括 A 型肉毒毒素、B 型肉毒毒素、E 型肉毒毒素和 F 型肉毒毒素，每个 PCR 反应管检测一种型别的肉毒梭菌。

表 47-1　肉毒梭菌毒素基因 PCR 检测的引物序列及其产物

肉毒梭菌类型	引物序列	扩增长度/bp
A 型	F5′-GTGATACAACCAGATGGTAGTTATAG-3′ R5′-AAAAAACAAGTCCCAATT ATT AACTTT-3′	983
B 型	F5′-GAGATG TTTGTGAAT ATT ATG ATCCAG-3′ R5′-GTTCATGCATTAATATCAAGGCTGG-3′	492
E 型	F5′-CCAGGCGGTTGTCAAGAATTTTAT-3′ R5′-TCAAATAAATCAGGCTCTGCTCCC-3′	410
F 型	F5′-GCTTCATTA AAGAACGGAAGCAGTGCT-3′ R5′-GTGGCGCCTTTGTACCTTTTCTAGG-3′	1 137

2）反应体系配制见表 47-2，反应体系中各试剂的量可根据具体情况或不同的反应总体积进行相应调整。

表 47-2　肉毒梭菌毒素基因 PCR 检测的反应体系

试剂	终浓度	加入体积/μL
10×PCR 缓冲液	1×	5.0
25mmol/L MgCl₂	2.5mmol/L	5.0
10mmol/L dNTPs	0.2mmol/L	1.0
10μmol/L 正向引物	0.5μmol/L	2.5
10μmol/L 反向引物	0.5μmol/L	2.5
5U/μL Taq 酶	0.05U/μL	0.5
DNA 模板	—	1.0
双蒸水	—	32.5
总体积	—	50.0

3）反应程序：预变性 95℃、5min；循环参数 94℃、1min，60℃、1min，72℃、1min；循环数 40；后延伸 72℃，10min；4℃保存备用。

4）PCR 扩增体系应设置阳性对照、阴性对照和空白对照。用含有已知肉毒梭菌菌株或含肉毒毒素基因的质控品作阳性对照，非肉毒梭菌基因组 DNA 作阴性对照，无菌水作空白对照。

e）凝胶电泳检测 PCR 扩增产物，用 0.5×TBE 缓冲液配制 1.2%～1.5% 的琼脂糖凝胶，凝胶加热熔化后冷却至 60℃左右加入溴化乙锭至 0.5μg/mL 或 Goldview 5μL/100mL 制备胶块，取 10μL PCR 扩增产物与 2.0μL 6×加样缓冲液混合，点样，其中一孔加入 DNA 分子质量标准物。

0.5×TBE 电泳缓冲液，10V/cm 恒压电泳，根据溴酚蓝的移动位置确定电泳时间，用紫外检测仪或凝胶成像系统观察和记录结果。

PCR 扩增产物也可采用毛细管电泳仪进行检测。

f）结果判定：阴性对照和空白对照均未出现条带，阳性对照出现预期大小的扩增条带（表 47-1），判定本次 PCR 检测成立；待测样品出现预期大小的扩增条带，判定为 PCR 结果阳性，根据表 47-1 判定肉毒梭菌菌株型别，待测样品未出现预期大小的扩增条带，判定 PCR 结果为阴性。

注：PCR 试验环境条件和过程控制应参照 GB/T 27403—2008《实验室质量控制规范　食品分子生物学检测》规定执行。

（4）菌株产毒试验：将 PCR 阳性菌株或可疑肉毒梭菌菌株接种庖肉培养基或 TPGYT 肉汤（用于 E 型肉毒梭菌），按 5.3 增菌培养与检出试验中的条件厌氧培养 5d，按 5.2 方法进行毒素检测和（或）定型试验，毒素确证试验阳性者，判定为肉毒梭菌，根据定型试验结果判定肉毒梭菌型别。

注：根据 PCR 阳性菌株型别，可直接用相应型别的肉毒毒素诊断血清进行确证试验。

6　实验结果

详细记录实验过程和现象，判断样品中是否检出肉毒毒素或肉毒梭状芽孢杆菌。

7　注意事项

（1）进行肉毒检出试验时，试验前 24h 内的观察是非常重要的。

（2）如果小白鼠注射经 1∶2 或 1∶5 稀释的样品后死亡，但注射更高稀释度的样品后未死亡，这也是非常可疑的现象，一般为非特异性死亡。

（3）小白鼠要用不会被抹去的颜料加以标记。小白鼠的饲料与水必须及时添加、充分供应。

（4）增菌培养接种时，用无菌吸管轻轻吸取样品匀液或离心沉淀悬浮液，将吸管口小心插入肉汤管底部，缓缓放出样液至肉汤中，切勿搅动或吹气。

8　思考题

（1）在食品中检出肉毒梭状芽孢杆菌，能否说明该食品可引起食物中毒？

（2）在检测食品中肉毒梭状芽孢杆菌及其毒素的过程中，应注意哪些事项？

实验 48　食品中单核细胞增生李斯特氏菌的检验

1　目的要求

（1）了解单核细胞增生李斯特氏菌的生物学特性、检验原理。

（2）掌握单核细胞增生李斯特氏菌常规培养方法。

2 基本原理

单核细胞增生李斯特氏菌（*Listeria monocytogenes*，简称单增李斯特氏菌）是人畜共患和经食物传播的病原菌，广泛存在于自然界中，对乳、肉、蛋均有不同程度的污染，是冷藏食品威胁人类健康的主要病原菌之一。

单增李斯特氏菌为革兰氏阳性短杆菌，大小为（0.4~0.5）μm×（0.5~2.0）μm，不形成芽孢，无荚膜，有鞭毛，在油镜或相差显微镜下观察菌悬液，会出现轻微旋转或翻滚样的运动。穿刺半固体或 SIM 培养基 25~30℃培养 2~5d，可见上方呈倒立伞状生长。

该菌为需氧或兼性厌氧菌，对营养要求不高，生长温度为 3~45℃（也有报道在 0℃能缓慢生长），最适培养温度为 30~37℃；具有嗜冷性，可在低至 4℃环境中生存和繁殖。最适生长 pH 为 7.0~8.0，pH9.6 仍能生长。在固体培养基上，菌落初始很小，透明，边缘整齐，呈露滴状，但随着菌落的增大，变得不透明。在分离用的 PALCAM 琼脂平板上呈小的圆形灰绿色菌落，由于分解七叶苷的生成物质与柠檬酸铁铵中的铁离子作用生成黑色铁酚类化合物，从而使菌落周围有棕黑色水解圈，有些菌落有黑色凹陷。在 5%~7%的血平板上，菌落通常也不大，呈灰白色，刺种血平板培养后由于产生溶血素 O（LLO），可形成窄小的 β-溶血环。在 0.6%酵母浸膏胰酪大豆琼脂（TSA-YE）上，用 45°角入射光照射菌落，通过解剖镜垂直观察，菌落呈蓝色、灰色或蓝灰色。该菌分解葡萄糖、鼠李糖，不分解木糖。单核细胞增生李斯特氏菌的主要生化特征与其他李斯特氏菌的区别见表 48-1。

表 48-1 单核细胞增生李斯特氏菌生化特征与其他李斯特氏菌的区别

菌种	溶血反应	葡萄糖	麦芽糖	MR-VP	甘露醇	鼠李糖	木糖	七叶苷
单核细胞增生李斯特氏菌	+	+	+	+/+	−	+	−	+
格氏李斯特氏菌	−	+	+	+/+	+	−	−	+
斯氏李斯特氏菌	+	+	+	+/+	−	−	+	+
威氏李斯特氏菌	−	+	+	+/+	−	V	+	+
伊氏李斯特氏菌	+	+	+	+/+	−	−	+	+
英诺克李斯特氏菌	−	+	+	+/+	−	V	−	+

注：＋表示阳性；－表示阴性；V 表示反应不定。

利用生理生化反应、毒力试验和协同溶血试验可以对该菌进行鉴定。目前国内外也出现了一些特征性的显色培养基可对单增李斯特氏菌进行检测。

若食品中的单增李斯特氏菌含量较高，其定量检测可采用平板计数法；若含量较低（<100CFU/g）而杂菌含量较高的食品，特别是牛乳、水及含干扰菌落计数颗粒物质的食品，采用 MPN 计数法进行检测。

3 实验材料

3.1 样品及材料 鸡肉、生牛排、鲜乳、芹菜、小白鼠。

3.2 菌种 金黄色葡萄球菌（*Staphylococcus aureus*）ATCC 25923、马红球菌（*Rhodococcus equi*）ATCC 6939、单核细胞增生李斯特氏菌（*Listeria monocytogenes*）ATCC 19111 或 CMCC 54004、伊氏李斯特氏菌（*L. ivanovii*）ATCC 19119、英诺克李斯特氏菌（*L. innocua*）ATCC 33090、斯氏李斯特氏菌（*L. seeligeri*）ATCC 35967，或其他等效标准菌株。

3.3 培养基及试剂 含 0.6%酵母浸膏的胰酪胨大豆肉汤（TSB-YE，培养基 83）、含 0.6%酵母浸膏的胰酪胨大豆琼脂（TSA-YE，培养基 83）、李氏增菌肉汤 LB（LB$_1$，LB$_2$，培养基 84）、1%盐酸吖啶黄（acriflavine HCl）溶液、1%萘啶酮酸钠盐（naladixic acid）溶液、PALCAM 琼脂（培养基 85）、革兰氏染色液、SIM 动力培养基（培养基 86）、缓冲葡萄糖蛋白胨水（甲基红试验和 VP 试验用，培养基 10）、5％～8％羊血琼脂（培养基 87）、糖发酵管（培养基 8）、过氧化氢试剂、李斯特氏菌显色培养基、生化鉴定试剂盒或全自动微生物鉴定系统、缓冲蛋白胨水（培养基 38）。

3.4　仪器及其他用品　高压蒸汽灭菌锅、冰箱、恒温培养箱、均质器、显微镜、电子天平、无菌锥形瓶、无菌吸管、无菌平皿、无菌试管、离心管、无菌注射器、全自动微生物生化鉴定系统等。

4　检验程序（图 48-1）

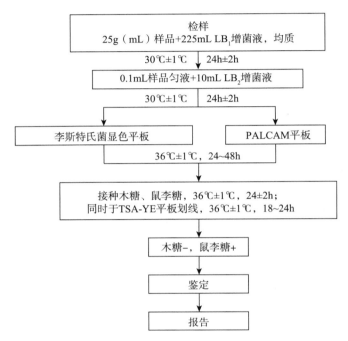

图 48-1　单核细胞增生李斯特氏菌定性检验程序

5　实验方法与步骤

5.1　增菌　以无菌操作取样品 25g（mL）加到含有 225mL LB₁ 增菌液的均质袋中，在拍击式均质器上连续均质 1～2min；或放入盛有 225mL LB₁ 增菌液的均质杯中，以 8 000～10 000r/min 均质 1～2min，于 30℃±1℃培养 24h±2h，移取 0.1mL 转种于 10mL LB₂ 增菌液内，于 30℃±1℃培养 24h±2h。

5.2　分离　取 LB₂ 二次增菌液划线接种于李斯特氏菌显色平板和 PALCAM 琼脂平板，于 36℃±1℃培养 24～48h，观察各个平板上是否有典型菌落生长。在李斯特氏菌显色平板上的菌落特征，参照产品说明进行判定。

5.3　初筛　自选择性琼脂平板上分别挑取 3～5 个以上典型或可疑菌落，分别接种在木糖、鼠李糖发酵管，于 36℃±1℃培养 24h±2h；同时在 TSA-YE 平板上划线，于 36℃±1℃培养 28～24h，然后选择木糖阴性、鼠李糖阳性的纯培养物继续进行鉴定。

5.4　鉴定　除以下鉴定方式也可选择生化鉴定试剂盒或全自动微生物鉴定系统等。

（1）染色镜检观察，并进行动力试验：挑取纯培养的单个可疑菌落穿刺半固体或 SIM 动力培养基，于 25～30℃培养 48h，观察是否有动力。如不明显，可继续培养 5d，再观察结果。

（2）生化鉴定：挑取纯培养的单个可疑菌落，进行过氧化氢酶试验，过氧化氢酶阳性反应的菌落继续进行糖发酵试验和 MR-VP 试验。对照表 48-1 进行鉴定。

（3）溶血试验：将新鲜的羊血琼脂平板底面划分为 20～25 个小格，挑取纯培养的单个可疑菌落刺种到血平板上，每格刺种一个菌落，并刺种阳性对照菌（单增李斯特氏菌和伊氏李斯特氏菌）和阴性对照菌（英诺克李斯特氏菌），穿刺时尽量接近底部，但不要触到底面，同时避免琼脂破裂，36℃±1℃培养24～48h，于明亮处观察比较。单增李斯特氏菌呈现狭窄、清晰、明亮的溶血圈，斯氏李斯特氏菌在刺种点周围产生弱的透明溶血圈，英诺克李斯特氏菌无溶血圈，伊氏李斯特氏菌产生宽的、轮廓清晰的β-溶血区域，若结果不明显，可置4℃冰箱24～48h再观察。

6　实验结果

综合以上生化试验和溶血试验的结果，报告25g（mL）样品中检出或未检出单核细胞增生李斯特氏菌。

7　注意事项

（1）在实验过程的每一步骤都要用已知阳性菌和阴性菌作为对照。

（2）PALCAM琼脂培养基使用时注意添加剂的加入时机，绝对禁止将添加剂和基础培养基一起灭菌。

8　思考题

（1）如何分离鉴定食品中存在的单核细胞增生李斯特氏菌？

（2）在日常生活中如何预防单核细胞增生李斯特氏菌引起食物中毒？

实验49　奶粉中克罗诺杆菌属（阪崎肠杆菌）的检验

一、克罗诺杆菌属的定性检验

1　目的要求

（1）观察克罗诺杆菌属的个体形态和培养特征。

（2）熟悉克罗诺杆菌属的检验方法。

2　基本原理

克罗诺杆菌属（*Cronobacter*）原来称为阪崎肠杆菌（*Enterobacter sakazakii*），广泛分布于食品和环境中，为食源性条件致病菌，革兰氏阴性，属于肠杆菌科。克罗诺杆菌属检验方法主要是针对其特有的生化特征，尤其是黄色素的产生和α-葡萄糖苷酶活性等生物学性状进行鉴定。克罗诺杆菌属经过增菌后在显色培养基（DFI）琼脂中呈现绿色，在胰蛋白胨大豆琼脂（TSA）上呈现黄色菌落，最后对两次筛选到的疑似菌落进行生化鉴定。阪崎肠杆菌显色培养基（DFI）中含有胆盐，抑制革兰氏阳性菌，同时显色底物5-溴-4-3-吲哚-α-D-葡萄糖苷与克罗诺杆菌属菌中的α-葡萄糖苷酶发生反应，水解底物，释放出5-溴-4-氯-3-吲哚基显色基团，从而使克罗诺杆菌属菌在深黄色平板上产生绿-蓝绿色的菌落。

3　实验材料

3.1　样品　奶粉。

3.2　菌种　克罗诺杆菌属标准质控菌株ATCC29544、大肠杆菌ATCC25922。

3.3　培养基及试剂　缓冲蛋白胨水（BPW，培养基38）、改良月桂基硫酸盐胰蛋白胨肉汤-万古霉素（mLST-Vm，培养基88）、阪崎肠杆菌显色培养基（培养基89）、胰蛋白胨大豆琼脂（TSA，培养基

70)、生化鉴定试剂盒、氧化酶试剂、L-赖氨酸脱羧酶培养基（培养基16）、L-鸟氨酸脱羧酶培养基（培养基16）、L-精氨酸双水解酶培养基（培养基16）、糖类发酵培养基（培养基90）、西蒙氏柠檬酸盐培养基（培养基11）。

3.4　仪器及其他用品　生物安全柜、高压蒸汽灭菌锅、恒温培养箱、冰箱、均质器、振荡器、电子天平（感量0.1g）、无菌锥形瓶（100mL、200mL、2 000mL）、恒温水浴箱、电炉、微量移液器及吸头、灭菌培养皿、灭菌锥形瓶、pH计（也可用pH比色管或精密pH试纸）、全自动微生物生化鉴定系统等。

4　检测流程（图49-1）

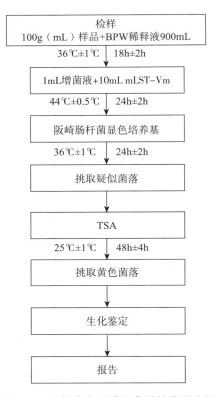

图49-1　奶粉中克罗诺杆菌属的检测流程

5　实验方法与步骤

5.1　前增菌和增菌　取检样100g（mL）置灭菌锥形瓶中，加入900mL已预热至44℃的缓冲蛋白胨水，用手缓缓地摇动至充分溶解，36℃±1℃培养18h±2h。移取1mL转种于10mL mLST-Vm肉汤，44℃±0.5℃培养24h±2h。

5.2　分离

（1）轻轻混匀mLST-Vm肉汤培养物，各取增菌培养物1环，分别划线接种于两个DFI平板，36℃±1℃培养24h±2h。

（2）挑取至少5个可疑菌落，不足5个时挑取全部可疑菌落，划线接种于TSA平板，25℃±1℃培养48h±4h。

5.3　鉴定　自TSA平板上直接挑取黄色可疑菌落，进行生化鉴定。克罗诺杆菌属的主要生化特征见表49-1。可选择生化鉴定试剂盒或全自动微生物生化鉴定系统进行鉴定。

表 49-1　克罗诺杆菌属的主要生化特性

	生化试验	特性
	黄色素产生	＋
	氧化酶	－
	L-赖氨酸脱羧酶	－
	L-鸟氨酸脱羧酶	（＋）
	L-精氨酸双水解酶	＋
	柠檬酸水解	（＋）
发酵	D-山梨醇	（－）
	L-鼠李糖	＋
	D-蔗糖	＋
	D-蜜二糖	＋
	苦杏仁甙	＋

注：＋表示＞99％阳性；－表示＞99％阴性；（＋）表示 90％～99％阳性；（－）表示 90％～99％阴性。

6　实验结果

综合菌落形态和生化特征，报告每 100g（mL）样品中检出或未检出克罗诺杆菌属。

二、克罗诺杆菌属的计数

1　目的要求

熟悉克罗诺杆菌属的计数方法。

2　基本原理

同克罗诺杆菌属的检验。

3　实验材料

同克罗诺杆菌属的检验。

4　实验方法与步骤

4.1　样品的稀释　以无菌操作称取固体和半固体样品 100g、10g、1g 各三份（液体样品：以无菌吸管分别取样品 100mL、10mL、1mL 各三份），加入已预热至 44℃分别盛有 900mL、90mL、9mL 缓冲蛋白胨水（BPW）的锥形瓶中，轻轻振摇使其充分溶解，制成 1∶10 样品匀液，置 36℃±1℃培养 18h±2h。分别移取 1mL 转种于 10mL mLST-Vm 肉汤，44℃±0.5℃培养 24h±2h。

4.2　分离、鉴定　同克罗诺杆菌属的检验 5.2～5.3。

5　实验结果

综合菌落形态和生化特征，根据证实为克罗诺杆菌属的阳性管数，查阅 MPN 检索表，报告每

100g（mL）样品中克罗诺杆菌属的 MPN 值。

6 注意事项

（1）检验中所使用的实验器皿、耗材（如培养基、稀释液、培养皿等）均必须进行完全灭菌。实验过程中，需要做空白对照，以检测耗材及环境的灭菌效果。增菌实验以缓冲蛋白胨水作阴性对照，同时以克罗诺杆菌属标准质控菌株作阳性对照。

（2）为保证显色培养基高压灭菌的效果，建议每瓶培养基不宜超过 400mL。

（3）每个样品必须同时分别划线接种于两个阪崎肠杆菌显色培养基平板，以避免只划一个，降低检出率。

7 思考题

（1）克罗诺杆菌属的检测包括哪几个主要环节？

（2）克罗诺杆菌属对婴儿的危害有哪些？目前还有哪些检测方法？

实验 50 食品中霉菌的计数及生物量的测定

1 目的要求

（1）学习与掌握用平板菌落计数法计数食品中霉菌的原理和方法。

（2）掌握测定霉菌生物量的方法。

2 基本原理

霉菌广泛分布于自然界中，各类食物（尤其是粮食）均容易遭受霉菌的侵染，引起霉变。有些霉菌还会生成有毒的次级代谢产物——霉菌毒素，因此加强食品的霉菌检验，在食品卫生学上具有重要的意义。

食品中霉菌的计数常采用稀释平板菌落计数法，该法是根据微生物经稀释至适宜浓度后在固体培养基上形成的单个菌落是由一个单细胞（孢子）繁殖而成这一培养特征设计的。先将待测定的微生物样品按比例进行一系列的稀释后，选择 2～3 个连续稀释度的菌液于无菌培养皿中，及时倒入马铃薯葡萄糖琼脂或孟加拉红琼脂培养基，立即摇匀，每个稀释度做两个平行。经 28℃±1℃培养 5d 后，平板中菌落计数乘以稀释倍数，即可知单位体积的原始菌样中所含的活菌数。稀释平板菌落计数法既可定性又可定量，所以可用于微生物的分离纯化及数量测定。霉菌和细菌平板计数方法相似，区别在于霉菌计数采用选择培养基，其中加入了抑制细菌生长的氯霉素。在孟加拉红培养基中，孟加拉红限制霉菌菌落蔓延生长，并使生长的菌落呈现红色。另外霉菌培养的温度和时间亦不同于细菌培养，食品中霉菌的计数参考国家标准 GB 4789.15—2016《食品安全国家标准 食品微生物学检验 霉菌和酵母计数》。

当然，也可以通过测定霉菌菌体的湿重或干重来测定霉菌的生物量，从而了解霉菌生长的状况。

3 实验材料

3.1 样品 各类食品。

3.2 培养基及试剂 马铃薯葡萄糖琼脂（PDA）培养基（培养基 3）、孟加拉红琼脂培养基（培养基 91）、灭菌生理盐水。

3.3 仪器及其他用品 电热干燥箱、恒温培养箱、拍击式均质器及均质袋、生物安全柜、电子天平（感量为 0.1g）、显微镜、500mL 无菌锥形瓶、试管（18mm×180mm）、微量移液器及吸头、酒精灯、载玻片、盖玻片、广口瓶、牛皮纸袋（121℃灭菌20min）、试管架、接种针、橡皮乳头、金属刀/勺、定量滤纸、直径90mm的无菌培养皿等。

4　检验程序（图50-1）

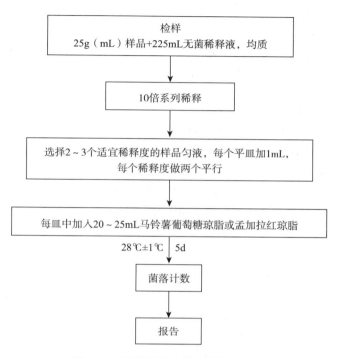

图50-1　霉菌平板计数法的检验程序

5　实验方法与步骤

5.1　食品中霉菌的计数

（1）采样：首先准备好已灭菌的容器和采样工具，如灭菌牛皮纸袋或广口瓶、金属刀/勺等。在卫生学调查基础上，采取有代表性的样品。采样后应尽快检验，否则应将样品放在低温干燥处。

粮食（包括粮库贮粮，粮店或家庭小量存粮）样品的采集，可根据粮囤或粮垛的大小类型，分层定点取样，一般可分三层五点，或随机采取不同点的样品，充分混合后，取500g左右送检。小量存粮可使用金属小勺采取上中下各部位的混合样品。

海运进口粮的采样为每一船舱采取表层、上层、中层及下层四个样品，每层从五点取样混合，如船舱盛粮超过10 000t，则应加采一个样品。必要时采取有疑问的样品送检。

谷物加工制品（包括熟饭、糕点、面包等）、发酵食品、乳及乳制品以及其他液体食品，用灭菌工具采集可疑霉变食品250g，装入灭菌容器内送检。

（2）编号：取四只盛有9mL无菌生理盐水的试管，依次标记10^{-1}、10^{-2}、10^{-3}、10^{-4}。再取无菌平皿8个，标记3个连续的稀释度，每个稀释度做两个平行，同时安排两个空白对照用平皿。

（3）稀释菌液：以无菌操作称取检样25g固体样（或25mL液体样），加入225mL无菌生理盐水，用拍击式均质器拍打1～2min，即为1∶10稀释液。取均匀10^{-1}稀释液1mL注入含有9mL灭菌生理盐水的试管中，另换一只1mL灭菌吸管吹吸几次，此液为10^{-2}稀释液。按上述操作顺序进行10倍递增稀释，每稀释一次，换一只1mL灭菌吸管，根据对样品污染情况的估计，选择3个合适的稀释度（一般情况为10^{-2}、10^{-3}、10^{-4}这几个稀释度），各吸取1mL稀释液于灭菌平皿中，每个稀释度做两个平行样。同时分别取1mL无菌稀释液加入2个灭菌平皿作为空白对照。

（4）倒平板、培养：菌液加入平皿后立即倒入熔化并冷却至 50℃左右的孟加拉红培养基，倒入量为 20～25mL，随即快速而轻巧地晃动平板，使菌液和培养基充分混匀后平置，待琼脂凝固后，于 28℃±1℃ 恒温培养箱中正置培养，观察记录培养 5d 的结果。

（5）计数菌落：取出平板，选取菌落数在 10～150CFU 的平板进行霉菌计数，霉菌蔓延生长覆盖整个平板的可记录为菌落蔓延。

（6）菌落总数计算结果：若只有一个稀释度的两个平板上的菌落数在 10～150CFU，计算两个平板菌落数的平均值乘以相应稀释倍数，作为每克（毫升）样品中菌落总数结果。

若有两个稀释度平板上菌落数均在 10～150CFU，则按照实验 36 的相应规定进行计算。

若所有平板上菌落数均大于 150CFU，则对稀释度最高的平板进行计数，其他平板可记录为多不可计，结果按平均菌落数乘以最高稀释倍数计算。

若所有平板上菌落数均小于 10CFU，则应按稀释度最低的平均菌落数乘以稀释倍数计算。

若所有稀释度（包括液体样品原液）平板均无菌落生长，则以小于 1 乘以最低稀释倍数计算。

若所有稀释度的平板菌落数均不在 10～150CFU，其中一部分小于 10CFU 或大于 150CFU 时，则以最接近 10CFU 或 150CFU 的平均菌落数乘以稀释倍数计算。

（7）结果报告：菌落数按"四舍五入"原则修约。菌落数在 10 以内时，采用一位有效数字报告；菌落数在 10～100 时，采用两位有效数字报告。

菌落数大于或等于 100 时，前 3 位数字采用"四舍五入"原则修约后，取前 2 位数字，后面用 0 代替位数来表示结果；也可用 10 的指数形式来表示，此时也按"四舍五入"原则修约，采用两位有效数字。

若空白对照平板上有菌落出现，则此次检测结果无效。

（8）清洗平皿：将计数后的平皿在沸水中煮 30min 后清洗晾干。

5.2　霉菌生物量的测定

将分离到的霉菌接种于 PDA 液体培养基中，28℃ 振荡培养 5～7d，取定量滤纸两张（质量、大小相同），分别在分析天平上称重（a_1 和 a_2）。取其中一张定量滤纸（a_1）将霉菌培养物进行过滤，收集菌体，沥干后称重（b），然后置于 80℃ 干燥箱中烘干至恒重（c）。取另一定量滤纸（a_2），用滤液润湿，沥干后称重（d）。

$$菌体的湿重＝（b－a_1）－（d－a_2）$$
$$菌体的干重＝c－a_1$$

6　实验结果

（1）记录各培养皿计数结果，报告样品中霉菌菌落总数〔CFU/g（mL）〕。
（2）记录培养液中霉菌菌体的湿重和干重。

7　注意事项

（1）实验过程中，从一个样品的均质到倾注琼脂平板，应在 15min 内完成。
（2）菌液加入培养皿后要尽快倒入熔化并冷却至 50℃ 的培养基，立即摇匀，否则菌体常会吸附在培养皿底，不易分散成单菌落，因而影响计数的准确性。
（3）平板应正置而非倒置培养，以防霉菌孢子形成次生菌落。

8　思考题

用平板菌落计数法计数霉菌为什么要在培养基中加入孟加拉红和氯霉素？

实验 51　食品中黄曲霉毒素的检测

1　目的要求

（1）了解免疫学检测原理。

（2）熟悉花生中黄曲霉毒素 B_1 的酶联免疫吸附测定（ELISA）方法。

2　基本原理

本实验采用间接性酶联免疫方法测试花生中的黄曲霉毒素 B_1。其基本原理为：已知抗原吸附在固态载体表面，洗除未吸附抗原，加入一定量抗体与待测样品（含有抗原）提取液混合，竞争培养后，在固相载体表面形成抗原抗体复合物。洗除多余抗体成分，然后加入酶标记的抗球蛋白的第二抗体结合物，与吸附在固体表面的抗原抗体结合物相结合，再加入酶底物。在酶的催化作用下，底物发生降解反应，产生有色物质，通过酶标检测仪测出酶底物的降解量，从而推知被测样品中的抗原量，其检出限能达到 $0.05\mu g/kg$。

目前免疫学 ELISA 方法作为国家标准中黄曲霉毒素的筛查方法使用，国家标准中的检测仪器法是高效液相色谱法。

3　实验材料

3.1　试剂　抗黄曲霉毒素 B_1 单克隆抗体、人工抗原（AFB_1-牛血清白蛋白结合物）、黄曲霉毒素 B_1 标准品、三氯甲烷、甲醇、石油醚、邻苯二胺（OPD）、辣根过氧化物酶（HRP）标记羊抗鼠 IgG、过氧化氢（H_2O_2）、硫酸、ELISA 缓冲液、包被缓冲液、洗液（PBS-T）、抗体稀释液、底物缓冲液、封闭液。

3.2　仪器及其他用品　研钵、摇床、酶标仪、水浴锅、培养箱、酶标板、微量加样器、吸头、具塞锥形瓶、20 目筛、移液管、量筒、烧杯、定性滤纸、蒸发皿、分液漏斗、具塞试管等。

4　实验方法与步骤

4.1　花生的毒素提取　样品去壳去皮捣碎、研磨后称取 20.0g，加入 250mL 具塞锥形瓶中，准确加入 100.0mL 甲醇-水（55∶45）溶液和 30mL 石油醚。盖塞后 150r/min 振荡 30min。静置 15min 后用快速定性滤纸过滤于 125mL 分液漏斗中。

放出下层甲醇-水溶液于 100mL 烧杯中，从中取 20.0mL 置于另一 125mL 分液漏斗中，加入 20.0mL 三氯甲烷，振摇 2min，静置。

将三氯甲烷收集于 75mL 蒸发皿中，再加 5.0mL 三氯甲烷于分液漏斗中重复上一步骤，一并收集三氯甲烷于蒸发皿中，65℃水浴通风挥干。

用 2.0mL 20%甲醇-PBS 分三次（0.8mL、0.7mL、0.5mL）溶解并彻底冲洗蒸发皿中的凝结物，移至小试管，加盖振荡后静置待测。此液每毫升相当于 2.0g 样品。

4.2　酶联免疫吸附测定（ELISA）

（1）包被微孔板：用 AFB_1-BSA 人工抗原包被酶标板，$100\mu L/$孔，4℃过夜。阴性对照：在已包被好的酶标板孔中，加入 7%甲醇 PBS 液与 AFB_1 抗体，再加羊抗兔-辣根过氧化物酶，其 *OD* 值最高；空白对照孔：不包被 AFB_1-蛋白结合物，之后操作与阴性对照孔相同，其 *OD* 值最低。

（2）封闭：将已包被的酶标板用洗液洗 3 次，每次洗 3min，吸水纸上拍击后加封闭液封闭，$250\mu L/$孔，置 37℃下 1h。

（3）抗体抗原反应：酶标板洗 3×3min 后，加抗体抗原反应液，$100\mu L/$孔，37℃，2h，以抗体稀释液为阴性对照；将黄曲霉毒素 B_1 纯化单克隆抗体，稀释后分别与等量样品提取液用 2mL 试管混合振荡，4℃静置 15min。此液用于测定样品中黄曲霉毒素 B_1 含量。

（4）酶标记反应：酶标板洗 3×3min，加酶标二抗（1：2 000，V/V）100μL/孔，1h。

（5）显色反应：酶标板用洗液洗 5×3min；加底物溶液（1mg OPD），加 2.5mL 底物缓冲液，加 37μL30％H_2O_2，待底物充分溶解后加入酶标板，100μL/孔，37℃，15min 反应。

（6）终止：加 2mol/LH_2SO_4，40μL/孔，终止反应。

（7）测定：酶标仪 490nm 测出 OD 值。

5 实验结果

（1）求出各孔的吸收校正值：

$$吸收校正值＝吸收实测值－空白对照孔吸收值（均值）$$

（2）求出待测样的吸收率：

$$吸收率（％）＝\frac{吸收校正值}{阴性对照孔吸收校正值（均值）}×100％$$

（3）求出待测样 AFB_1 含量（ng/g）：将待测样的吸收率（％）代入标准竞争抑制曲线，算出 AFB_1 含量。

6 注意事项

（1）该实验的操作要求在通风橱中完成；检测时要戴口罩和乳胶手套，以防止标准品和浓缩检测液接触皮肤，或者进入呼吸道。

（2）实验用具要在 4％的次氯酸钠溶液中浸泡以解除污染。

（3）本实验中黄曲霉毒素 B_1 标准曲线的绘制方法为：黄曲霉毒素 B_1 抗体稀释后分别与等量不同浓度的黄曲霉毒素 B_1 标准溶液用 2mL 试管混合振荡后，4℃静置 15min 后测其 OD 值。以不同浓度的黄曲霉毒素标准溶液浓度的对数值作横坐标，对应获得的 A％作纵坐标，制作标准竞争抑制曲线。

7 思考题

（1）本实验的检出限是多少？

（2）在检测中，多次孵育的原理是什么？

实验 52　苹果汁中展青霉素的检测

1 目的要求

（1）学习一种能够用于药品鉴别、杂质检查、含量测定等的简单层析方法。

（2）对检样中展青霉素进行薄层色谱分析。

2 基本原理

很多食品中都被发现含有展青霉素（亦称棒曲霉毒素），如变质的苹果和梨、面粉、苹果汁、山楂汁等。对苹果汁而言，展青霉素已作为判断其质量的一个指标，国家标准中规定其限量标准为 50μg/kg。

薄层液相色谱法（thin layer chromatography，TLC）是一种层析分析方法。该方法配合显色剂和薄层扫描仪，能够获得比较好的结果。TLC 方法的最小检出限为 3μg/kg，本实验即采用薄层层析法检测样品中的展青霉素，目前该方法是一种比较快速的定性检测方法。TLC 利用不同物质在固定相和流动相之间分配系数不同或不同溶剂对不同物质的吸附力不同来加以分离，该方法具有灵敏度高、显色方便，可同时检出几种毒素等优点，缺点是样品提纯较烦琐，需要使用标准毒素，易造成环境污染等。TLC 如若进行定量检测，需配合薄层扫描仪。

目前国家标准中的检测方法是高效液相色谱法（GB 5009.185—2016《食品安全国家标准 食品中展青霉素的测定》）。

3 实验材料

3.1 样品 苹果汁等。

3.2 试剂 薄层色谱展开剂、显示剂、展青霉素标准品、乙酸乙酯、1.5%碳酸钠溶液、无水硫酸钠、三氯甲烷。

3.3 仪器及其他用品 薄层扫描仪、旋转蒸发仪、恒温水浴锅、电热干燥箱、100mL 量筒、分液漏斗、100mL 梨形瓶、玻璃干燥器、玻璃板、硅胶（GF254）、涂布器、点样器、展开室（层析槽）、紫外光灯等。

4 实验方法与步骤

4.1 展青霉素的提取 量取 25mL 混匀的果汁，置于分液漏斗中，加等体积的乙酸乙酯，充分振摇，静置分层，留取有机相；加 2.5mL 的 1.5%碳酸钠振摇 1min，静置分层后，弃去碳酸钠层，同上步骤再用碳酸钠处理一次；将提取液滤入 100mL 梨形瓶中，于 40℃水浴上用真空减压浓缩至近干，用少许氯仿清洗瓶壁，浓缩干燥后加氯仿 0.4mL，定容备用。

4.2 薄层板的活化 将硅胶 GF254 在 105～110℃烘烤 30min，放入干燥器中备用。

4.3 配制溶液 展开剂［甲苯-乙酸乙酯-甲酸（50∶15∶1）］、显色剂［溶解 0.1g MBTH·HCl·H₂O（3-甲基-2-苯并噻唑酮腙水合盐酸盐）于 20mL 蒸馏水中，置于冰箱中保存，现用现配］。

4.4 点样 用点样器（或微量注射器，或毛细管）点样于薄层板上，一般为圆点。点样基线距底边 2.0cm，滴加 20μL 样液，同时点 5μg/L 的标准液为对照。

4.5 展开 将点好样品的薄层板放入层析缸的展开剂中，浸入展开剂的深度为距薄层板底边 0.5～1.0cm，密封室盖，待展开至规定距离（一般为 10～15cm），取出薄层板，晾干。在 254nm 紫外灯下观察，出现黑色吸收点则样品为阳性。

4.6 定性测定 将阳性样品的薄层色谱板，喷以 MBTH 显色剂，130℃烘烤 15min，冷却至室温后，于 365nm 紫外灯下观察，展青霉素应呈橙黄色点，与标准品进行比较。

4.7 定量测定 使用薄层色谱扫描测定。测定波长 270nm，参考波长 310nm；扫描速度 40nm/min，记录仪纸速 20nm/min；测定标准及样品中展青霉素峰面积。按式（52-1）计算展青霉素含量。

$$展青霉素含量（\mu g/mL）= \frac{c \times A \times V \times 1\,000}{S \times V_1} \tag{52-1}$$

式中 c——展青霉素标准液浓度（μg/mL）；

A——样液展青霉素峰面积；

S——标准溶液展青霉素峰面积；

V——加入氯仿定容体积（mL）；

V_1——液体样品的体积（mL）。

5 实验结果

（1）观察并图示层析结果。

（2）计算样品中展青霉素含量。

6　注意事项

（1）该实验要戴口罩、手套，并在通风橱中完成提取以及分析步骤。

（2）点样时样品直径要尽量小，最好不要超过 3mm，样品点吹干后再展开。

7　思考题

（1）该实验成败的关键步骤在哪里，为什么？

（2）限量检测和定量检测的区别？

实验 53　红曲米中橘青霉素的测定

1　目的要求

（1）学习红曲米中橘青霉素的检测原理。

（2）熟悉和掌握红曲米等固态样品中橘青霉素的定量测定方法。

2　基本原理

橘青霉素（citrinin）是青霉属（*Penicillium*）、曲霉属（*Aspergillus*）、红曲霉属（*Monascus*）等丝状霉菌代谢产生的一种真菌毒素，有致畸、致癌、致突变的潜在危害。红曲米又称红曲、红米，主要以籼稻、粳稻、糯米等稻米为原料，用红曲霉发酵而成，为棕红色或紫红色米粒。由于红曲米发酵过程中可以产生红曲色素、莫纳可林 K、γ-氨基丁酸、麦角固醇、活性多糖等有益次生代谢产物，故成为中国独特的传统食品。然而部分菌株在发酵过程中也可以产生橘青霉素，这给红曲米及相关产品的安全性带来巨大挑战。如何准确检测并评估红曲米中橘青霉素的含量是解决以上问题的关键基础。

橘青霉素极难溶于水，可溶于氯仿、甲醇、丙酮和乙酸乙酯等有机溶剂；在长波紫外灯的照射下可发射黄色荧光，最大紫外吸收波长在 250nm、333nm。

本实验将利用甲醇-水对固态红曲米样品中的橘青霉素进行提取，并将提取液过滤稀释后，用免疫亲和柱净化，再通过液相色谱结合荧光检测器测定橘青霉素含量，外标法定量。

3　实验材料

3.1　样品　红曲米。

3.2　试剂　橘青霉素标准品（纯度≥99.0％）、甲醇、超纯水、氢氧化钠溶液（2mol/L）、PBS 缓冲溶液（pH7.0）、0.1％吐温 20-PBS 溶液、0.1％磷酸溶液。

3.3　仪器及其他用品　橘青霉素免疫亲和柱（柱体积 3mL，最大柱容量 20ng）、玻璃纤维滤纸（直径 11cm，孔径 1.5μm）、配有荧光检测的高效液相色谱系统、分析天平、漩涡混匀器、高速均质器等。

4　实验方法与步骤

4.1　橘青霉素标准溶液的配制

（1）准确称取一定量的橘青霉素标准品，以甲醇溶解并定容至 10.0mL 作为标准储备液，浓度为 $100\mu g/mL$，于 4℃下保存。

（2）准确移取 1.0mL 橘青霉素标准储备液于 10mL 容量瓶中，用甲醇定容，浓度为 $10\mu g/mL$，于 4℃下保存。

（3）配制 0.0、1.0、2.0、5.0、10.0、20.0ng/mL 6 个浓度的基质标准工作液，现用现配，用于标准曲线制作。

4.2 样品提取 取经充分粉碎均质试样 1.0g（精确至 0.1g）于 50mL 具塞锥形瓶中，加入 20mL 甲醇-水（70+30）提取液，以高速均质器高速均质提取 2min，过滤提取液，移取 1.0mL 滤液，置于另一干净的容器中，加入 39mL PBS 缓冲溶液稀释、混匀；以玻璃纤维滤纸过滤得澄清滤液。

4.3 样品净化 将免疫亲和柱连接于 10mL 玻璃针筒下，准确移取 10.0mL 上述澄清滤液过免疫亲和柱，以 1～2 滴/s 的流速全部通过亲和柱；加入 10mL 0.1% 吐温 20-PBS 溶液，以 1～2 滴/s 的流速淋洗柱子，直至空气进入亲和柱中，弃去全部流出液。准确加入 1.0mL 洗脱液 [甲醇-0.1% 磷酸溶液（70+30）] 进行洗脱，洗脱流速为 1～2 滴/s。收集全部洗脱液于玻璃试管中，供检测用。

4.4 液相色谱分析条件设定 液相色谱分析条件设置如下。

色谱柱：C_{18} 色谱柱（150mm×4.6mm，粒度 5μm）；柱温：30℃；流动相 A 液：乙腈；流动相 B 液：1% 磷酸溶液；流速：0.7mL/min；检测器：荧光检测器，激发波长 350nm，发射波长 500nm；进样量：50μL。

4.5 标准曲线制作 在仪器最佳工作条件下，用基质标准工作溶液（0.0、1.0、2.0、5.0、10.0、20.0ng/mL 6 个浓度）分别进样，以相应的橘青霉素的色谱峰的峰面积为纵坐标，以基质标准工作溶液中橘青霉素的浓度为横坐标，绘制标准曲线。

4.6 样品含量测定 将试样溶液注入高效液相色谱仪，测定相应的峰面积。由标准曲线得到试样溶液中橘青霉素的浓度。

5 结果计算

绘制标准曲线，记录高效液相色谱仪测定的相应峰面积，按式（53-1）计算试样中橘青霉素含量。

$$X = \frac{\rho \times V \times f}{m} \tag{53-1}$$

式中　X——试样中橘青霉素的含量（μg/kg）；

ρ——样液中橘青霉素的浓度（μg/L）；

V——定容体积（mL）；

f——样液稀释倍数；

m——样液所代表的试样量（g）。

6 注意事项

本实验方法对红曲米中橘青霉素的检出限和定量限分别为 25μg/kg 和 80μg/kg。

7 思考题

为什么在激发波长 350nm、发射波长 500nm 下对待测样品进行荧光检测？

实验 54　鲜乳中抗生素残留检验

一、嗜热链球菌抑制法

1 目的要求

学习并掌握嗜热链球菌（*Streptococcus thermophilus*）抑制法测定鲜乳中残留抗生素的原理及方法。

2 基本原理

样品经过 80℃ 杀菌后，添加嗜热链球菌菌液。培养一段时间后，嗜热链球菌开始繁殖，这时候加入代谢底物 2，3，5-氯化三苯四氮唑（TTC），若该样品中不含有抗生素或抗生素的浓度低于检出限，嗜热链球菌将继续增殖，还原 TTC 成为红色物质。相反，如果样品中含有高于检出限的抑菌剂，则嗜热链球菌受到抑制，因此指示剂 TTC 不还原，保持原色。

该法适用于鲜乳中能抑制嗜热链球菌的抗生素检验，最低检出限为：青霉素 0.004IU，链霉素 0.5IU，庆大霉素 0.4IU，卡那霉素 5IU。

3　实验材料

3.1　样品　鲜乳。

3.2　敏感菌株　嗜热链球菌。

3.3　培养基及试剂　灭菌脱脂乳（培养基 20）、4% 2，3，5-氯化三苯四氮唑（TTC）水溶液、青霉素 G 参照溶液。

3.4　仪器及其他用品　超净工作台、高压蒸汽灭菌锅、冰箱、恒温培养箱、带盖恒温水浴锅、电子天平（感量 0.1g、0.001g）、漩涡混匀器、微量移液器及吸头、无菌试管、试管架、温度计等。

4　检验程序（图 54-1）

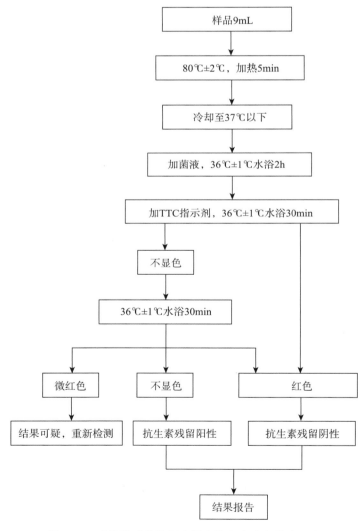

图 54-1　嗜热链球菌抑制法测定抗生素残留检验程序

5 实验方法与步骤

5.1 活化菌种 取一接种环嗜热链球菌菌种，接种在9mL灭菌脱脂乳中，置36℃±1℃恒温培养箱中培养12～15h后，置2～5℃冰箱保存备用。每15d转种一次。

5.2 测试菌液 将经过活化的嗜热链球菌菌种接种于灭菌脱脂乳，36℃±1℃培养15h±1h，加入相同体积的灭菌脱脂乳混匀稀释成为测试菌液。

5.3 培养 取样品9mL，置18mm×80mm试管内，每份样品另外做一份平行样。同时再做阴性和阳性对照各一份，阳性对照管用9mL青霉素G参照溶液，阴性对照管用9mL灭菌脱脂乳。所有试管置80℃±2℃水浴加热5min，冷却至37℃以下，加入测试菌液1mL，轻轻旋转试管混匀。36℃±1℃水浴培养2h，加4% TTC水溶液0.3mL，在漩涡混匀器上混合15s或振动试管混匀。36℃±1℃水浴避光培养30min，观察颜色变化。如果颜色没有变化，于水浴中继续避光培养30min后进行最终观察。观察时要迅速，避免光照过久出现干扰。

5.4 判断方法与报告 在白色背景前观察，试管中样品呈乳的原色时，说明乳中有抗生素存在，报告为阳性结果。试管中样品呈红色为阴性结果。如最终观察现象仍为可疑，建议重新检测。

6 实验结果

记录观察到的实验现象，并依据最终观察结果，报告实验中检测的鲜乳有无抗生素残留。

二、嗜热脂肪芽孢杆菌抑制法

1 目的要求

学习并掌握嗜热脂肪芽孢杆菌抑制法测定鲜乳中抗生素的原理及方法。

2 基本原理

培养基预先混合嗜热脂肪芽孢杆菌芽孢，并含有pH指示剂（溴甲酚紫）。加入样品并孵育后，若该样品中不含有抗生素或抗生素的浓度低于检出限，细菌芽孢将在培养基中生长并利用糖产酸，pH指示剂的紫色变为黄色。相反，如果样品中含有高于检出限的抗生素，则细菌芽孢不会生长，pH指示剂的颜色保持不变，仍为紫色。

该法适用于鲜乳中能抑制嗜热脂肪芽孢杆菌卡利德变种（*Bacillus stearothermophilus* var. calidolactis）的抗生素检验，也可用于复原乳、灭菌乳、乳粉中抗生素的检测。最低检出限为：青霉素3μg/L，链霉素50μg/L，庆大霉素30μg/L，卡那霉素50μg/L。

3 实验材料

3.1 样品 鲜乳、乳粉。

3.2 敏感菌株 嗜热脂肪芽孢杆菌卡利德变种〔该菌种在国际权威保藏机构DSMZ中已更名为嗜热脂肪地芽孢杆菌（*Geobacillus stearothermophilus*）〕。

3.3 培养基及试剂 灭菌脱脂乳（培养基20）、溴甲酚紫葡萄糖蛋白胨培养基（培养基92）、无菌磷酸盐缓冲液、青霉素G参照溶液。

3.4 仪器及其他用品 超净工作台、高压蒸汽灭菌锅、冰箱、恒温培养箱、带盖恒温水浴锅、电子天平（感量0.1g、0.001g）、微量移液器（100μL、200μL）及吸头、无菌试管（18mm×180mm、15mm×100mm）、温度计、离心机（转速5 000r/min）等。

4　检验程序（图 54-2）

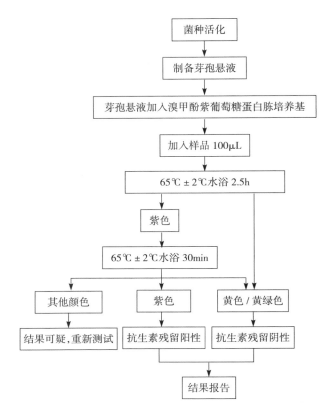

图 54-2　嗜热脂肪芽孢杆菌抑制法测定抗生素残留检验程序

5　实验方法与步骤

5.1　芽孢悬液　将嗜热脂肪芽孢杆菌菌种划线移种于营养琼脂平板表面，56℃±1℃培养 24h 后挑取乳白色半透明圆形特征菌落，在营养琼脂平板上再次划线培养，56℃±1℃培养 24h 后转入 36℃±1℃培养 3～4d，镜检芽孢产率达到 95％以上时进行芽孢悬液的制备。每块平板用 1～3mL 无菌磷酸盐缓冲液洗脱培养基表面的菌苔（如果使用克氏瓶，每瓶使用无菌磷酸盐缓冲液 10～20mL）。将洗脱液 5 000r/min 离心 15min。取沉淀物加 0.03mol/L 的无菌磷酸盐缓冲液（pH7.2），制成 10^9 CFU/mL 芽孢悬液，80℃±2℃恒温水浴 10min 后，密封防止水分蒸发，置 2～5℃保存备用。

5.2　测试培养基　在溴甲酚紫葡萄糖蛋白胨培养基中加入适量芽孢悬液，混合均匀，使最终的芽孢浓度为（$8×10^5$）～（$2×10^6$）CFU/mL。混合芽孢悬液的溴甲酚紫葡萄糖蛋白胨培养基分装小试管，每管 200μL，密封防止水分蒸发。配制好的测试培养基可以在 2～5℃保存 6 个月。

5.3　培养操作　吸取样品 100μL 加入含有芽孢的测试培养基中，轻轻旋转试管混匀。每份检样做两份，另外再做阴性和阳性对照各一份，阳性对照管为 100μL 青霉素 G 参照溶液，阴性对照管为 100μL 无抗生素的脱脂乳，于 65℃±2℃水浴培养 2.5h，观察培养基颜色的变化。如果颜色没有变化，须再于水浴中培养 30min 后进行最终观察。

5.4　判断方法与报告　在白色背景前，从侧面和底部观察小试管内培养基颜色。如果保持培养基原有的紫色，则报告为阳性结果；如果培养基变成黄色或黄绿色，则报告为阴性结果；颜色处于二者之间，为可疑结果。对于可疑结果应继续培养 30min 再进行最终观察。如果培养基颜色仍然处于黄色与紫色之间，表示抗生素浓度接近方法的最低检出限，此时建议重新检测一次。

6　实验结果

记录观察到的实验现象，并依据最终观察结果，报告实验中检测的鲜乳有无抗生素残留。

7　思考题

简述两种方法检测鲜乳中残留抗生素的原理，并说明二者之间操作的主要差异性。

实验 55　细菌回复突变试验——Ames 法

1　目的要求

（1）了解 Ames 法快速检测诱变剂和致癌剂的基本原理。

（2）熟悉 Ames 法的检测步骤。

2　基本原理

食品安全中的一个重要问题就是食品安全性检测，化学物质对微生物的诱发突变作用间接地反映了该物质对哺乳动物的潜在致癌性，化学物质致突变的主要检测方法之一就是采用鼠伤寒沙门氏菌（*Salmonella typhimurium*）微粒体系统（简称 Ames 法）。这种方法简便、快速，准确性高达 90％以上，已成为国际上公认的化学诱变检测常规方法。该方法还可用来探索化学物质导致遗传物质突变的分子基础，为研究遗传毒理、基因突变提供了一种有效手段。

通过鼠伤寒沙门氏菌回复突变检测待测物质的点突变，涉及的菌株生物学特性如表 55-1 所示，这些生物学性状的标记可鉴别是否发生诱变的回复突变，回复突变菌落数超过自发回复菌落数 1 倍以上为阳性反应，即待测化学物质是一种化学诱变剂。可参考 GB 15193.4—2014《食品安全国家标准　细菌回复突变试验》。

表 55-1　试验菌株的生物学特性

菌株	色氨酸缺陷	组氨酸缺陷 （his⁻）	脂多糖屏障缺陷 （rfa）	R 因子 （抗氨苄青霉素）	抗四环素	uvrB 修复缺陷
TA97		+	+	+	−	+
TA97a		+	+	+	−	+
TA98		+	+	+	−	+
TA100		+	+	+	−	+
TA102		+	+	+	+	
TA1535		+	+		−	+
TA1537		+	+		−	+
WP2uvrA	+			−	−	+
WP2uvrA （pKM101）	+			+	−	+

注：＋表示阳性；－表示阴性；空格表示不需要进行此项鉴定。

3 实验材料

3.1 菌株 鼠伤寒沙门氏菌突变型菌株 TA97、TA98、TA100、TA102。TA97 和 TA98 可检测各种移码型诱变剂；TA100 可检测引起碱基对置换的诱变剂；TA102 能检出其他测试菌株不能检出或极少检出的某些诱变剂，如甲醛、各种过氧化氢化合物和丝裂霉素 C 等交联剂。一般用来测试受试物诱变性时，必须通过 4 个菌株的检测。必要时可增加 TA1535、TA1537 等其他菌株。

3.2 培养基及试剂 营养肉汤培养基（培养基 5）、Ames 检测底层培养基（培养基 93）、Ames 检测顶层培养基（培养基 94）、氨苄青霉素平板（培养基 95）、氨苄青霉素-四环素平板（培养基 95）、组氨酸-生物素平板（培养基 96）、10%S-9 混合液、结晶紫溶液、二甲基亚砜等。

3.3 仪器及其他用品 低温高速离心机、液氮罐、超净工作台、恒温培养箱、振荡水浴摇床、恒温水浴锅、高压蒸汽灭菌锅、匀浆器、移液器、接种环、无菌滤纸等。

4 实验方法与步骤

4.1 试验菌株的特性鉴定 将试验菌株接种于 5mL 营养肉汤培养基中，37℃振荡（100 次/min）培养 10h 或静置培养 16h，备用。

（1）组氨酸缺陷型实验（his⁻ 鉴定）：加热熔化底层培养基两瓶（his⁻、his⁺ 各 1 瓶），不加组氨酸者仅加分子 D-生物素 0.6mL（0.5mg/100mL）；加组氨酸者须另外添加 L-组氨酸 1mL（0.404 3g/100mL），各倒两个平板。将菌株编号，并分别划线接种在有组氨酸和无组氨酸培养基平板内，37℃ 培养 48h，观察细菌的生长情况。

（2）结晶紫敏感试验（rfa 鉴定）：加热熔化营养肉汤培养基。取 0.1mL 菌液移入平皿，稀释倾注平板法接种，将一片无菌滤纸放入已凝固的培养基平皿中央，用移液器在滤纸片上滴加 0.1%结晶紫溶液 10μL，每菌做一个平板，37℃培养 24h，观察结果。阳性者在纸片周围出现一个透明的抑制带，说明存在 rfa（深粗型）突变。

（3）抗生素耐药性试验（R 因子鉴定）：用移液器吸 0.8%氨苄青霉素 10μL，在凝固的营养肉汤培养基表面依中线涂成一条带，待氨苄青霉素溶液干后，用接种环与氨苄青霉素带相交叉划线接种要鉴定的菌株，37℃培养 24h，观察结果。

（4）四环素抗性的鉴定：用移液器各吸取 5～10μL 0.8%四环素溶液和 0.8%氨苄青霉素溶液，在营养肉汤琼脂培养基平皿表面依中线涂成一条带，待四环素和氨苄青霉素液干后，用接种环与四环素和氨苄青霉素带相交叉划线接种 TA102 和一种有 R 因子的菌株（作为四环素抗性的对照），37℃培养 24h。

（5）修复缺陷型试验（uvrB 鉴定）：在营养肉汤琼脂培养基平皿表面用接种环划线接种需要的菌株；接种后的平皿一半用黑纸覆盖，在距 15W 紫外线灭菌灯 33cm 处照射 8s，37℃培养 24h。

（6）自发回变率的测定：准备底层培养基平皿 8 个；顶层培养基中分别加入待鉴定的测试菌株菌液 0.1mL，两个重复，摇匀并迅速将此试管的内容物倾入已固化的底层培养基平皿中，转动平皿，使顶层培养基均匀分布，37℃培养 48h 计菌落数。

4.2 回复突变试验（Ames 试验） 可分为平板掺入法、预培养平板掺入法及点试法等，本试验选择的是平板掺入法。

（1）增菌培养：接种菌株于 5mL 营养肉汤培养基试管中，37℃振荡（100 次/min）培养，不少于（1×10⁹）～（2×10⁹）CFU/mL 活菌数。

（2）处理：在 45℃保温的顶层培养基中依次加入测试菌株新鲜增菌液 0.1mL，混匀，加受试物 0.05～0.2mL（需活化时加 10%S-9 混合液 0.5mL），再混匀，迅速倾入底层培养基上，转动平皿使顶层培养基均匀分布在底层上，平放固化，只加标准诱变剂的阳性对照以及空白对照要并行处理。

（3）培养：37℃培养48h观察结果。以直接计数培养基上长出回变菌落数的多少而定，如在背景生长良好条件下，受试回复突变菌落数增加1倍以上（即回复突变菌落数等于或大于2乘以空白对照数），并有剂量反应关系或至少某一测试点有可重复的并有统计学意义的阳性反应，即可认为该受试物为诱变阳性。

一般而言，本试验的阳性结果至少应做三次测试，阴性结果至少进行两次测试，才能对受试物作出判定。受试物的诱变性要用平板掺入试验来确证。

5　实验结果

观察记录各阶段实验现象，分析说明实验结果。

6　思考题

（1）细菌检测致癌物质的依据是什么？
（2）该试验有何优缺点？
（3）为什么要做试验菌株的特性鉴定？

实验 56　冷却肉中假单胞菌的检测、计数

1　目的要求

（1）学习冷却肉中假单胞菌的分离、计数方法。
（2）了解假单胞菌初步鉴定的原理和方法。

2　基本原理

冷却肉是指对严格执行兽医卫生检验制度屠宰后的胴体迅速进行冷却处理，使胴体温度在24h内降至0～4℃，并在后续加工、流通和销售过程中始终保持在0～4℃的生鲜肉。冷却肉在我国的消费量很高，在低温条件下大多数微生物的生长被抑制，但假单胞菌具有低温适应性，能够形成生物被膜，这有利于其粘附、适应环境并成为冷却肉的优势腐败菌，利用氨基酸作为生长基质，生成带有异味的含硫化合物、酯和酸等。假单胞菌的生长繁殖是影响冷却猪肉货架期的重要因素之一。

假单胞菌属是直的或微弯的革兰氏阴性杆菌，对有些抗生素天然耐药，不发酵葡萄糖或仅以氧化形式利用葡萄糖，不产芽孢，能运动，最适生长温度为30℃，氧化酶反应呈阳性（少数为阴性）。实验采用CFC选择培养基平板分离肉中假单胞菌属，培养基中硫酸钾、氯化镁可增强色素产生，十六烷三甲基溴化铵、夫西地酸钠、头孢菌素抑制除假单胞菌属外的其他杂菌生长。采用氧化酶试验对分离得到的菌株进行确证。

3　实验材料

3.1　样品　托盘包装冷却肉。
3.2　培养基及试剂　假单胞菌选择培养基（CFC选择培养基，培养基97）、氧化酶试剂。
3.3　仪器及其他用品　高压蒸汽灭菌锅、超净工作台、干热灭菌箱、恒温培养箱、恒温水浴锅、天平、均质器、pH计、微量移液枪、灭菌枪头和培养皿若干、锥形瓶、试管、涂布棒、铂铱合金或塑料接种环、滤纸等。

4 检测程序（图 56-1）

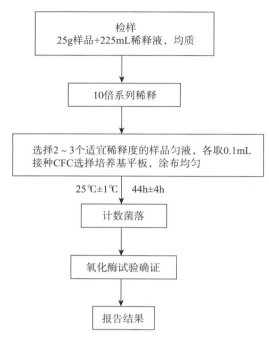

图 56-1 冷却肉中假单胞菌属计数方法检验程序

5 实验方法与步骤

5.1 冷却肉样品匀液的制备 在无菌条件下称取表面样品肉 25g，置于盛有 225mL 灭菌生理盐水的无菌均质杯中，于 8 000～10 000r/min 均质 1～2min，制成 10^{-1} 的样品匀液。再按 10 倍梯度稀释到所需的稀释度。

5.2 接种、培养 根据对样品污染程度的估计，选择 2～3 个合适的稀释度，每个稀释度接种 2 个 CFC 选择培养基平板。用移液管或移液器吸取 0.1mL 初始样于 CFC 选择培养基平板上，涂布均匀至平板表面完全干燥。对随后的连续稀释度的样品匀液重复上述操作。将涂好的平板倒置于培养箱中 25℃±1℃培养 44h±4h。

5.3 菌落计数 培养后，取菌落数在 15～150CFU 的平板进行菌落计数。

5.4 确证试验 任意挑选 5 个菌落进行确证。用铂铱合金或塑料接种环挑取菌落涂于用氧化酶试剂湿润的滤纸条上，观察滤纸条颜色变化。如果滤纸在 10s 内变为紫红色、紫色或深蓝色，则为氧化酶试验阳性；如果 30s 后仍无颜色变化，为氧化酶试验阴性。氧化酶试验阳性菌落为假单胞菌属菌落。

5.5 结果计算

（1）只有一个稀释度在适宜计数范围内时，经确证为假单胞菌属的菌落数比例乘以 5.3 中计数的平均菌落数，再乘以稀释倍数，除以接种量计算假单胞菌属菌落数。

（2）若有两个连续稀释度在适宜计数范围内时，按照式（56-1）计算。

$$N = \frac{\sum C}{v(n_1 + 0.1n_2)d} \tag{56-1}$$

式中 N——样品中假单胞菌属菌落数；

$\sum C$——连续两个稀释度平板上经确认为假单胞菌属的菌落数之和；

v——每平皿的接种量（mL）；

n_1——适宜范围假单胞菌属菌落数的第一个稀释度（低）平板个数；

n_2——适宜范围假单胞菌属菌落数的第二个稀释度（高）平板个数；

d——稀释因子（适宜范围假单胞菌属菌落数的第一稀释度）。

（3）若所有稀释度的经确认为假单胞菌属的菌落数均小于15，则应按最低稀释度的平均假单胞菌属菌落数乘以稀释倍数计算。

（4）若所有稀释度的平板均无假单胞菌属菌落生长，则以小于1乘以最低稀释倍数计算。

5.6 菌落数报告 菌落数<100时，采用两位有效数字报告；≥100时，第三位数字采用"四舍五入"原则修约后，取前两位数字，后面用0代替位数来表示结果；也可用10的指数形式来表示。以CFU/g为单位报告结果。

6 实验结果

记录适宜范围各稀释度的假单胞菌属菌落数及确证试验的颜色变化，计算并报告冷却肉中存在假单胞菌的情况及其数量。

7 注意事项

（1）取样时应严格按照无菌操作进行，还应该注意均匀取肉表面样品，而不宜过深。

（2）进行确证试验时，挑取菌落不能用镍铬合金接种环，否则易产生假阳性。

8 思考题

为什么假单胞菌能够成为有氧条件下导致冷却肉腐败的主要微生物？

实验 57　真空包装肉及肉制品中热杀索丝菌的检测

1 目的要求

（1）了解热杀索丝菌对肉及肉制品的危害。

（2）熟悉肉及肉制品中热杀索丝菌的检测方法。

2 基本原理

索丝菌（*Brochothrix*）为 G^+ 杆菌，最适生长温度为 20～25℃，兼性厌氧，包括热杀索丝菌（*B. thermosphacta*）和野油菜索丝菌（*B. compestris*）两个种。野油菜索丝菌来源于土壤和草，而热杀索丝菌来源于肉与肉制品，特别是真空包装的冷鲜肉中常见的腐败菌。因此，用索丝菌的选择性培养基就能把热杀索丝菌从肉及肉制品中分离出来。

STAA（streptomycin thalliumacetate actidion agar）培养基是分离热杀索丝菌常用的良好的选择性培养基，该培养基的选择性基于热杀索丝菌对高浓度的硫酸链霉素有抗性。22℃培养5d后，STAA培养基上生长的大部分菌落为热杀索丝菌，只有极少数为假单胞菌。通过革兰氏染色就很容易将二者区分开来。

3 实验材料

3.1 样品 真空包装的冷却鲜肉。

3.2 培养基 0.1%无菌蛋白胨水、STAA培养基（培养基98）。

3.3 仪器及其他用品 高压蒸汽灭菌锅、超净工作台、显微镜、恒温培养箱、灭菌均质器、无菌培养皿、1mL无菌吸管、无菌试管、灭菌剪刀等。

4　实验方法与步骤

4.1　取样　无菌条件下取真空包装的冷鲜肉表层 25g，用无菌剪刀剪碎，放入 225mL 的 0.1％无菌蛋白胨水中，8 000～10 000r/min 均质 1min，制成 10^{-1} 的均匀样品稀释液。

4.2　稀释　吸取 1mL 的 10^{-1} 均匀样品稀释液于 9mL 0.1％无菌蛋白胨水中，混匀，即成 10^{-2} 的样品稀释液。根据需要依次做 10 倍的稀释。一般未腐败的冷鲜肉中热杀索丝菌不会超过 10^3CFU/g。

4.3　培养　吸取适宜稀释度的样品稀释液 1mL（一般做 2～3 个稀释度）于无菌培养皿内，倒入熔化并冷却至 45～50℃ 的 STAA 培养基（约 15mL），摇匀，待培养基凝固后倒置于培养箱中 22℃ 培养 5d。热杀索丝菌的菌落通常在 48h 可观察到。取菌样进行革兰氏染色确定。

5　实验结果

观察记录分离微生物在 STAA 培养基上生长的菌落特性和革兰氏染色结果。

6　注意事项

在 STAA 培养基上除热杀索丝菌主要生长外，有时也会有少量假单胞菌的生长，而热杀索丝菌进行革兰氏染色时，偶尔也会出现阴性，故应加以区别。

7　思考题

（1）试分析说明 STAA 培养基选择分离热杀索丝菌的原理。
（2）分析热杀索丝菌在低温肉制品中的危害。

实验 58　罐头食品中平酸菌的检验

1　实验目的

掌握罐头中平酸菌检验的原理和方法。

2　实验原理

引起罐头食品酸败变质而又不胀听（即产酸不产气）的微生物被称为平酸菌。平酸菌为需氧芽孢杆菌科中的一群高温型细菌，具有嗜热、耐热的特点，其适宜生长温度为 45～60℃，最适生长温度为 50～55℃，在 37℃ 生长缓慢，多数菌种在 pH6.8～7.2 生长良好，少数菌种能在 pH5.0 生长，广泛分布于土壤、灰尘和各种变质食品中。平酸菌主要有两种：嗜热脂肪芽孢杆菌和凝结芽孢杆菌。

嗜热脂肪芽孢杆菌（*Bacillus stearothermophilus*）是革兰氏阳性菌，能运动，周生鞭毛。芽孢呈椭圆形，通常使孢囊膨大，专性嗜热菌，能在 65～75℃ 生长，兼性厌氧。能够利用葡萄糖产酸，水解淀粉。当 pH 接近 5 时就停止生长。因此，这种菌只能在 pH5 以上的罐头食品中生长。凝结芽孢杆菌（*Bacillus coagulans*）是革兰氏阳性菌，能运动，周生鞭毛。芽孢呈椭圆形或柱状，端生，偶尔中生，有些菌株孢囊膨大不明显，有些菌株的孢囊大。兼性嗜热，最高生长温度 55～60℃，最低生长温度 15～25℃。接触酶阳性，发酵葡萄糖产酸。能适应较高的酸度，能在 pH 4.5 以下的酸性罐头食品中生长。

实验依据平酸菌形态及生理生化特征进行检验设计。经高温培养后，凝结芽孢杆菌在葡萄糖肉汤琼脂培养基表面生长的菌落呈圆形、不透明、淡黄色，生长在培养基深层的菌落带有绒毛状边缘，呈浅黄色至橙色。由于酸的形成，菌落周围出现一个黄色晕圈。而嗜热脂肪芽孢杆菌在葡萄糖肉汤琼脂培养基上生长，但只形成针头大小的菌落，通常显示褐色。

3　实验材料

3.1　样品　玉米罐头、肉类罐头、罐装炼乳。

3.2　培养基及试剂　葡萄糖肉汤培养基（培养基99）、酸性胰胨琼脂（培养基100）、7％NaCl肉汤（培养基29）、芽孢培养基（培养基101）、VP培养基（培养基64）、西蒙氏柠檬酸盐琼脂（柠檬酸盐，培养基11）、童汉氏蛋白胨水（培养基102）、硝酸盐肉汤（培养基62）、营养琼脂培养基（培养基5）、革兰氏染色液。

3.3　仪器及其他用品　恒温培养箱、无菌试管、微量移液器及吸头、培养皿、接种针等。

4　实验方法与步骤

4.1　样品制备　罐头样品预先经55℃保温一周，然后按正常方法进行开罐，吸取内容物液体1mL，如为固体内容物则取1g，以无菌操作接种于葡萄糖肉汤培养基中，每罐接种2支。

4.2　增菌培养　接种样品的葡萄糖肉汤培养基试管，于55℃培养48h，如发现指示剂由紫变黄即判断为阳性，同时进行涂片镜检为芽孢杆菌（有时不易检到芽孢），如阳性需继续培养48h。

4.3　纯分离培养　将阳性培养基试管划线接种于葡萄糖肉汤琼脂平板55℃培养48h，检查有无可疑菌落。平酸菌菌落呈乳黄色，周围有黄色环，中心色深不透明。如有可疑菌落则接种于普通琼脂斜面和芽孢培养基斜面，55℃培养24h，涂片镜检观察有无芽孢，以及芽孢的形状及位置，并同时以普通琼脂斜面培养物进行生化试验。

4.4　鉴定　革兰氏染色镜检：革兰氏阳性杆菌，有芽孢。

生化反应：比较培养过的样品与未培养过正常对照样品的pH，以显示出平酸腐败的存在。取上述斜面培养物按表58-1中项目进行鉴别。45～55℃培养3d后无反应报告为阴性。

表58-1　平酸菌生化反应鉴别表

菌别	60℃培养	硝酸盐	葡萄糖	靛基质	VP反应	7％NaCl肉汤	柠檬酸盐	酸性胰胨
嗜热脂肪芽孢杆菌	生长	d+	+	－	－	－	－	不生长
凝结芽孢杆菌	不定	d－	－	－	+	－	b	生长

注：＋表示产酸或阳性；－表示阴性；d＋表示50％～85％呈阳性；d－表示15％～49％呈阳性；b表示25％～49％呈阳性。

5　实验结果

观察记录实验现象，说明罐头中是否存在平酸菌。依据实验结果对照4.4判断为何种微生物。

6　注意事项

采样后，注意样品保存温度不宜超过40℃，避免高温下存放过长时间。

7　思考题

结合库存样品存放条件、位置等，分析造成平酸腐败的原因。

实验59　生乳存放过程中微生物菌相变化测定

1　目的要求

（1）通过研究牛乳自然发酵过程，了解微生物菌相变化的规律。

（2）掌握某一生境中不同微生物的分离与计数方法。

2 基本原理

刚采集的牛乳含有少量不同的细菌，而牛乳的成分对细菌来说是一种很好的营养基质。因此，在温度适宜的条件下，细菌即开始很快地繁殖，逐渐改变乳液 pH 和感官性状，使乳变质。其变化过程可分为以下几个阶段：①抑制期：新鲜乳液中含有来自动物体的抗体物质等抗菌因素，能够抑制乳中的微生物生长。在含菌少的鲜乳中，这种物质作用的时间可持续 36h 左右（在 13～14℃ 的温度下）；若污染严重的乳液，只可持续 18h 左右，这段时间内菌数不会增加。②乳酸链球菌期：乳中抗菌物质减少或消失后，存在于乳中的微生物开始繁殖，首先是乳酸链球菌逐渐占绝对优势。这些菌分解乳糖和其他糖类产生乳酸，使乳液酸度不断升高，乳液出现凝块。由于酸度升高抑制了腐败细菌的活动。当酸度升高到一定限度时（pH4.5 左右），乳酸链球菌本身也会受到抑制，不再继续繁殖，相反还会逐渐减少。③乳酸杆菌期：在乳酸链球菌生长过程中，pH 下降至 6 左右，乳酸杆菌的活力逐渐增强，当 pH 下降至 4.6 时，乳酸链球菌受到抑制，但由于乳酸杆菌对酸有较强的抵抗力，尚能继续繁殖并产酸，这个时期乳中有大量凝块，并析出大量乳清。④真菌期：当酸度继续上升，pH 达 3.0～3.5 时绝大多数细菌被抑制，甚至死亡，仅酵母菌和霉菌尚能适应高酸性的环境，并能利用乳酸及其他一些有机酸。由于酸被利用，乳液酸度会逐渐降低，使乳液的 pH 逐渐回升，接近中性。⑤胨化细菌期：经过以上几个阶段的变化，乳中乳糖含量已被大量消耗，蛋白质和脂肪含量相对增高，因此，能分解蛋白质和脂肪的细菌开始活跃，乳凝块逐渐被消化，乳的 pH 不断上升，向碱性转化，并有腐败菌生长繁殖，如芽孢杆菌属、假单胞杆菌属、变形杆菌属等都能生长，于是牛乳出现腐败的臭味。通过鲜牛乳自然腐败过程中菌群演替这样一个典型例子，可以观察到原始细菌的活动为以后的细菌创造了有利的条件。

本实验是将牛乳样品置于 30℃ 条件下，每 2d 取样一次，分别测其 pH，并进行涂片后革兰氏染色，油镜下观察其主要细胞形态、排列、革兰氏染色结果以及单个视野中的平均细菌数。由于每次涂片均取一个接种环，涂抹玻片面积约 2.5cm²，因此，所测菌数的结果将是半定量的。

3 实验材料

3.1 样品 鲜牛乳。

3.2 试剂 革兰氏染色液、二甲苯。

3.3 仪器及其他用品 恒温培养箱、超净工作台、小锥形瓶、中性到酸性的 pH 试纸、灭菌滴管或接种环、载玻片、显微镜等。

4 实验方法与步骤

4.1 混匀样品、测 pH 旋转装牛乳的锥形瓶，使样品充分混匀。用灭菌滴管或接种环以无菌操作取一滴牛乳或牛乳发酵液，放在 pH 试纸上，比色、记录。

4.2 制作涂片 用无菌操作取满一接种环牛乳，在玻片上均匀涂抹 2.5cm² 面积（可先在纸上画 2.5cm² 方格，然后将玻片放在纸上），玻片标明日期。

4.3 贮存涂片 玻片放空气中干燥。贮存在一有盖的盒内，待整个实验的所有涂片制成后一起进行 4.6 以后的步骤或每片先进行 4.6 步骤，再贮存，待所有玻片制成后再进行 4.7 以后的步骤。

4.4 保温培养 牛乳样品放 30℃ 温箱内培养。整个实验（约需 10d）均须在此温度下培养。

4.5 循环实验（测 pH 与涂片） 每 2d 重复取样测 pH 和制作涂片。每次制作涂片用一接种环，取同样的量，直至牛乳完成变酸过程和开始腐败为止。

4.6 处理涂片 所有涂片都用二甲苯处理约 1min，以除去牛乳的脂肪，干燥后火焰固定。

4.7 革兰氏染色 将制好的涂片按照实验 3 中革兰氏染色方法进行染色。

4.8 观察计数 将染色后的涂片于油镜下观察，统计几个视野的主要类型的细菌数，计算每一视野的平均数，描写细菌的类型，注明形态（杆状或球状）、大小（长或短，细长或宽大）以及排列（单个或成链状）等。

5　实验结果

（1）记录每次测得的 pH 和描写涂片中所观察到的细菌，并根据描写的细菌情况对照所介绍的各个时期的细菌特点，鉴别细菌类型。最后计算每一类型细菌在油镜下平均每视野的近似数，填入下表。

天数	pH	描写微生物类型	每视野的近似数

（2）用上表数据画曲线。

pH 曲线：在取样日期的垂直线与右面纵轴 pH 的水平线的交叉处画点，然后用连续线连接各点。

各细菌的曲线：在取样日期的垂直线与左面各类型细菌每视野平均数的水平线的交叉处画点，然后按各菌的曲线标记连接各点画曲线。

6　思考题

用你自己的实验结果说明细菌在牛乳菌相变化过程中如何改变其环境？又如何依次影响有关细菌？

实验 60　食品加工过程中微生物的快速检测（基于 ATP 法检测）

1　目的要求

（1）了解食品加工过程中微生物的 ATP 法快速检测的原理。
（2）掌握食品加工过程中微生物的 ATP 法快速检测的方法。

2　基本原理

ATP（adenosine triphosphate）是高能磷酸化合物的典型代表，普遍存在于所有活的生物体中，用于贮存和传递化学能，被称作"能量货币"。当生物体死亡后，在细胞内酶的作用下，ATP 很快被分解。因此，通过测定样品中的 ATP 浓度，即可推算出样品中活菌数。ATP 生物发光法是近年来发展较快的微生物定量检测分析技术之一，具有快速、简便、灵敏度高以及可实时检测等优等特点，其在食品、化工、环境等众多领域应用广泛，因此，学习 ATP 法快速检测微生物具有重要意义。

ATP 生物发光法的发展历史及应用

荧光素酶-ATP 检测法反应机理为：在荧光素酶 E（luciferase）和 Mg^{2+} 的作用下，荧光素（D-luciferin）与 ATP 通过腺苷酰化反应被活化，活化后的荧光素与荧光素酶相结合，形成了荧光素-AMP 复合体，并释放出焦磷酸（PPi）。该复合体被分子氧氧化，形成激发态复合物和 AMP，释放 CO_2，当激发态复合物从激发态回到基态时发射光，并最终形成氧化荧光素（oxyluciferin）和 AMP。反应过程如下：

$$ATP + D\text{-luciferin} + O_2 \xrightarrow[\text{luciferase}]{Mg^{2+}} AMP + oxyluciferin + PP_i + CO_2 + light$$

荧光素酶为非典型的 Michaelis Menten 氏酶，对其作用底物 ATP 的酶促动力学曲线呈 S 形。在适当低的 ATP 浓度范围内，其反应的速度与 ATP 浓度成一级反应的关系，即检测的荧光强度与 ATP 浓度成一定比例关系。对于一定生理时期内的活体微生物，均有较恒定水平 ATP 含量，使得 ATP 浓度与活体微生物含量之间有较好的线性关系。微生物死亡后，其体内的 ATP 会很快被胞内酶降解，但胞内酶对活体微生物的 ATP 无影响。ATP 这些特点，使 ATP 生物发光法在活体微生物检测中成为可能。

ATP 生物发光法的检测步骤主要包括取样、样品 ATP 的提取、添加荧光素-荧光素酶、测定生物发光量、计算 ATP 浓度和活菌数。通常，样品测定前需经预处理，将样品与以表面活性剂为基质的专用 ATP 提取剂混合溶解细胞膜和细胞壁，释放出 ATP。提取出的 ATP 再与荧光素-荧光素酶生物发光剂作用，采用发光检测仪测定 ATP 与发光剂反应的生物发光量，根据预先制定的 ATP 标准曲线，计算活菌的总 ATP 及细菌总数。

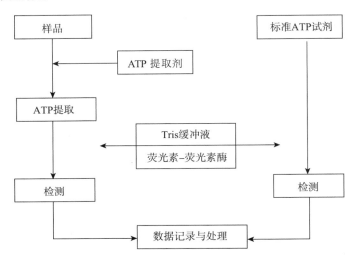

图 60-1　ATP 法快速检测微生物步骤

3　实验材料

3.1　样品　各类预包装食品。

3.2　试剂　MgSO₄、二硫苏糖醇（DTT）、乙二胺四乙酸二钠（EDTA·2Na）、三羟甲基氨基甲烷（Tris）、十六烷基三甲基溴化铵（CTAB）、萤火虫荧光素酶、D-荧光素、牛血清白蛋白（bovine serum albumin，BSA）、ATP 标准品、灭菌水或生理盐水。

Tris 缓冲液的配制：25.0mmol/L 三羟甲基氨基甲烷、0.25mmol/L MgSO₄、0.5mmol/L 乙二胺四乙酸二钠、0.5mmol/L 二硫苏糖醇、0.5mg/L 牛血清白蛋白，调 pH 至 7.4。

D-荧光素溶液的配制：取 1mg D-荧光素，用 pH 7.4 的 Tris 缓冲液配制成 100mg/L，再稀释成 70mg/L 的荧光素溶液。

萤火虫荧光素酶溶液的配制：取 1mg 萤火虫荧光素酶粉，用 pH 7.4 的 Tris 缓冲液配制成 100mg/L，稀释成 50mg/L。

ATP 提取液：5mmol/L 十六烷基三甲基溴化铵溶液。

3.3　仪器及其他用品　超净工作台、ATP 荧光仪、均质器及均质袋、分析天平、微量移液器（1～20μL）、无菌测试杯、无菌滤纸等。

4　实验方法

4.1　样品预处理

液体样品：一般无须预处理，对于黏度较大或者颜色较深的样品可用无菌水或者灭菌生理盐水适当稀释。

固体样品：用无菌水或者灭菌生理盐水 5 倍或 10 倍稀释（m/V），用无菌均质器均质 5min，混合制成 1∶5 或 1∶10 的稀释混悬液，将混悬液用无菌滤纸过滤掉悬浮颗粒物。

4.2　ATP 生物发光法标准曲线的制备

（1）ATP 标准溶液的配制：使用 Tris 缓冲液（pH 7.4）配制 1mol/L 的 ATP 标准液，梯度稀释至浓度为 1×10^{-10}、1×10^{-11}、1×10^{-12}、1×10^{-13}、1×10^{-14} 和 1×10^{-15} mol/mL。

（2）测定前准备：用无菌加样器吸取 5μL 萤火虫荧光素酶混合溶液加到无菌测试杯中。

（3）加入标准液测试：在测试杯中再加入 50μL 配制好的（1×10^{-15}）～（1×10^{-10}）mol/mL ATP 标准溶液，轻轻摇动混匀后立即放入 ATP 快速检测仪中进行测试，记录相对发光值（RLU）。

（4）绘制标准曲线：以 ATP 标准溶液浓度的对数值作为横坐标，以相对发光值的对数值作为纵坐标作图，制作 ATP 标准曲线。

4.3　ATP 生物发光法测定活菌数

（1）测定前准备：测定前向无菌测试杯中加入 5μL 萤火虫荧光素酶混合溶液。

（2）样品 ATP 的提取：取待测样 0.1mL，加入 0.1mL ATP 提取剂（CTAB）溶解细菌细胞，在常温下作用 3min。

（3）测定生物发光量：取 50μL 提取液加到事先装有荧光虫荧光素酶混合溶液的无菌测试杯中，反应 15s 立即用 ATP 快速检测仪测定发光值，结果用 RLU 表示。每个样品测定 3 次，取其平均值。

（4）计算：通过 ATP 快速检测仪测定样品发光值，将其代入 ATP 标准曲线公式中即可得到样品组对应的 ATP 浓度，计算样品组活菌量［在（1×10^{-15}）～（1×10^{-10}）mol/mL 浓度范围内，ATP 浓度与菌体量有较好的线性关系，线性标定的范围为 $10^3\sim10^8$ CFU/mL］。

5　实验结果

（1）绘制 ATP 生物发光法标准曲线，给出标准曲线公式。

（2）记录 ATP 快速检测仪测定的样品发光值，并将计算结果填入下表。

样品	样品液生物发光值/RLU	对应 ATP 浓度/（mol/mL）	样品组活菌数/（CFU/mL）
样品 1			
样品 1			
样品 1			

6　注意事项

（1）ATP 生物发光法最低检出限为 10^3 CFU/mL，即相当于 ATP 浓度的 1×10^{-15} mol/mL。如果细菌中所含 ATP 量太少，则需要培养 5～10h 进行富集或将样品进行过滤浓缩才能检测。

（2）ATP 生物发光法中荧光素酶适宜的反应温度 25～30℃。

7　思考题

（1）ATP 生物发光法快速检测食品中微生物可能的影响因素有哪些？

（2）ATP 生物发光法检测过程中 ATP 提取剂的作用是什么？还有哪些提取方法？

第三部分
食品微生物学应用实验技术

实验 61　食品中乳酸菌的检验

1　目的要求

（1）学习食品中乳酸菌分离纯化及菌落计数方法。

（2）掌握乳酸菌鉴定的方法。

2　基本原理

乳酸菌是一类可发酵碳水化合物（主要指葡萄糖）产生大量乳酸的革兰氏阳性细菌的通称。与食品工业密切相关的乳酸菌主要为乳杆菌属（*Lactobacillus*）、双歧杆菌属（*Bifidobacterium*）和链球菌属（*Streptococcus*）等。由于乳酸菌对营养有复杂的要求，生长需要糖类、氨基酸、肽类、脂肪酸、酯类、核酸衍生物、维生素和矿物质等，故一般的肉汤培养基难以满足要求，需采用特定的良好培养基来培养。本实验采用 MRS 或 MC 培养基，通过稀释平板菌落计数法对食品中的各种乳酸菌进行计数，并通过 MRS 或 MC 平板上得到的单菌落来进行乳酸菌的分离纯化，然后经形态学、生理生化试验等进行菌株的鉴定以确定其属种。MC 培养基中的 $CaCO_3$ 和中性红有利于乳酸菌的辨别。此外，双歧杆菌属检测采用改良的 MRS 培养基，其中添加了莫匹罗星锂盐和半胱氨酸盐酸盐，莫匹罗星锂盐可抑制除双歧杆菌外的多数乳酸菌生长，半胱氨酸盐酸盐反应生成的半胱氨酸可降低培养基氧化还原电位，更有利于双歧杆菌的选择性培养。双歧杆菌属的培养应在厌氧条件下进行。

3　实验材料

3.1　样品　市售普通酸乳、益生菌酸乳等

3.2　培养基及试剂　MRS 培养基（培养基 19）、莫匹罗星锂盐和半胱氨酸盐酸盐改良的 MRS 培养基（培养基 103）、MC 培养基（培养基 104）、0.5％蔗糖发酵管（培养基 105）、0.5％纤维二糖发酵管（培养基 105）、0.5％麦芽糖发酵管（培养基 105）、0.5％甘露醇发酵管（培养基 105）、0.5％水杨苷发酵管（培养基 105）、0.5％山梨醇发酵管（培养基 105）、0.5％乳糖发酵管（培养基 105）、七叶苷发酵管（培养基 106）、革兰氏染色液、生理盐水。

3.3　仪器及其他用品　超净工作台、高压蒸汽灭菌锅、恒温培养箱、冰箱、均质器及无菌均质袋（或均质杯，或灭菌乳钵）、显微镜、漩涡混匀器、厌氧培养装置、天平（感量为 0.01g）、无菌试管（18mm×180mm、15mm×100mm）、微量移液器及吸头、250mL 和 500mL 无菌锥形瓶、无菌培养皿（直径 90mm）等。

4　检验程序（图 61-1）

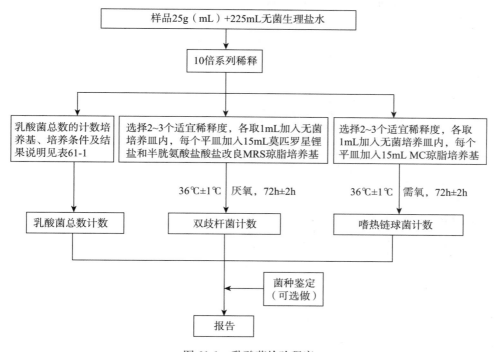

图 61-1　乳酸菌检验程序

5　实验方法与步骤

5.1　样品的制备及稀释　具体步骤参照实验 36 食品中菌落总数的测定中的 5.1。

5.2　培养　根据待检样品活菌数的估计，选择 2～3 个连续的适宜稀释度，每个稀释度吸取 1mL 稀释液于灭菌平皿内，每个稀释度做两个平皿。根据样品中所含乳酸菌的种类选择培养基及培养条件，见表 61-1。稀释液移入平皿后，将冷却至 48℃ 的培养基倾注入平皿约 15mL，转动平皿使混合均匀，按照对应的培养条件进行培养，培养后计平板上的所有菌落数。其中嗜热链球菌在 MC 琼脂平板上的菌落特征为：中等偏小、边缘整齐光滑的红色菌落，直径 2mm±1mm，菌落背面为粉红色。

表 61-1　乳酸菌计数培养基、培养条件的选择及结果说明

培养基与培养条件	样品中所包含乳酸菌菌属	备注
	仅包括双歧杆菌属	按实验 57 执行
	仅包括乳杆菌属	按照（1）培养基和培养条件操作计数
	仅包括嗜热链球菌属	按照（2）培养基和培养条件操作计数
（1）MRS 培养基，36℃±1℃ 厌氧培养 72h±2h； （2）MC 培养基，36℃±1℃ 需氧培养 72h±2h； （3）莫匹罗星锂盐和半胱氨酸盐酸盐改良的 MRS 培养基，36℃±1℃ 厌氧培养 72h±2h	同时包括双歧杆菌属和乳杆菌属	按照（1）培养基和培养条件操作，进行总乳酸菌计数； 按照（3）培养基和培养条件操作，进行双歧杆菌属单独计数
	同时包括双歧杆菌属和嗜热链球菌属	分别按照（2）、（3）两种培养基和培养条件操作，二者结果之和即为乳酸菌总数；单独计数双歧杆菌属用（3）的培养基和培养条件

（续）

培养基与培养条件	样品中所包含乳酸菌菌属	备注
（1）MRS 培养基，36℃±1℃厌氧培养72h±2h； （2）MC 培养基，36℃±1℃需氧培养72h±2h；	同时包括乳杆菌属和嗜热链球菌属	嗜热链球菌计数采用（2）培养基和培养条件；乳杆菌属计数采用（1）培养基和培养条件；二者计数结果之和即为乳酸菌总数
（3）莫匹罗星锂盐和半胱氨酸盐酸盐改良的 MRS 培养基，36℃±1℃厌氧培养72h±2h	同时包括双歧杆菌属、乳杆菌属和嗜热链球菌属	分别按照（1）、（2）两种培养基和培养条件操作，二者结果之和即为乳酸菌总数；单独计数双歧杆菌属用（3）的培养基和培养条件

5.3　菌落计数　参照实验 36 食品中菌落总数的测定实验中菌落总数的计数及报告，报告单位以 CFU/g（mL）表示。

5.4　乳酸菌的鉴定（选做）

（1）纯培养：挑取 3 个或以上单个菌落，嗜热链球菌接种于 MC 琼脂平板，乳杆菌属接种于 MRS 琼脂平板，置 36℃±1℃厌氧培养 48h。

（2）鉴定：

①双歧杆菌的鉴定按实验 62 操作。

②涂片镜检：乳杆菌属菌体形态多样，呈长杆状、弯曲杆状或短杆状，无芽孢，革兰氏染色阳性。嗜热链球菌菌体呈球形或球杆状，直径为 0.5～2.0μm，成对或成链排列，无芽孢，革兰氏染色阳性。

③生化试验检测：乳酸菌菌种主要生化反应见表 61-2 和表 61-3。

表 61-2　常见乳杆菌属菌种的碳水化合物反应

菌种	七叶苷	纤维二糖	麦芽糖	甘露醇	水杨苷	山梨醇	蔗糖	棉子糖
干酪乳杆菌干酪亚种 （*L. casei* subsp. casei）	+	+	+	+	+	+	+	−
德氏乳杆菌保加利亚亚种 （*L. delbrueckii* subsp. bulgaricus）	−	−	−	−	−	−	−	−
嗜酸乳杆菌 （*L. acidophilus*）	+	+	+	−	+	−	+	d
罗伊氏乳杆菌 （*L. reuteri*）	ND	−	+	−	−	−	+	+
鼠李糖乳杆菌 （*L. rhamnosus*）	+	+	+	+	+	+	+	−
植物乳杆菌 （*L. plantarum*）	+	+	+	+	+	+	+	+

注：＋表示 90％以上菌株呈阳性；－表示 90％以上菌株呈阴性；d 表示 11％～89％菌株呈阳性；ND 表示未测定。

表 61-3 嗜热链球菌的主要生化反应

菌种	菊糖	乳糖	甘露醇	水杨苷	山梨醇	马尿酸	七叶苷
嗜热链球菌	−	+	−	−	−	−	−

注：＋表示 90％以上菌株呈阳性；−表示 90％以上菌株呈阴性。

6 实验结果

根据检验结果进行乳酸菌菌属及种的判定。

7 注意事项

（1）样品的全部制备及稀释过程均应遵循无菌操作程序，厌氧培养时应在厌氧培养系统放入厌氧指示剂，以确保厌氧环境良好。

（2）从样品稀释到平板倾注要求在 15min 内完成。

8 思考题

（1）分析乳酸菌检测的关键是什么？试述各选择培养基的原理。

（2）嗜热链球菌计数时，MC 琼脂平板上有非典型菌落生长时，如何计数？

实验 62 发酵乳制品中双歧杆菌的检验

1 目的要求

（1）了解双歧杆菌的生物学特性，掌握双歧杆菌的厌氧培养方法。

（2）掌握食品中双歧杆菌检验的原理与方法。

2 基本原理

双歧杆菌是一群能分解葡萄糖产生乙酸和乳酸，厌氧，不耐酸，无芽孢，不运动的 G^+ 杆菌。细胞呈现多形态，有短杆较规则形、纤细杆状、球形、长杆弯曲形、分枝或分叉形、棍棒状或匙形。单个或链状、V 形、栅栏状排列或聚集成星状。双歧杆菌的菌落光滑、凸圆、边缘完整、乳脂至白色、闪光并具有柔软的质地。双歧杆菌的最适生长温度 37～41℃，最低生长温度 25～28℃，最高 43～45℃。初始最适 pH 6.5～7.0，在 pH4.5～5.0 或 pH 8.0～8.5 不生长。目前，双歧杆菌鉴定的方法有多种。采用革兰氏染色后显微镜观察个体形态，并结合过氧化氢酶和主要生化试验进行鉴定，双歧杆菌过氧化氢酶试验阴性。该种鉴定双歧杆菌方法更适合纯菌菌种的鉴定。

近年来兴起的 RAPD 等分子生物学技术可对双歧杆菌进行基因指纹图谱的构建及不同双歧杆菌菌种间存在的同源性和多态性分析，因此，RAPD 技术也可用于双歧杆菌菌种鉴定及分型。

3 实验材料

3.1 样品 含有双歧杆菌的酸乳或乳粉、双歧杆菌活菌制剂。

3.2 培养基及试剂 双歧杆菌培养基（培养基9）、MRS 培养基（培养基19）、甲醇、三氯甲醇、硫酸、冰乙酸、乳酸。

3.3 仪器及其他用品 恒温培养箱、厌氧培养系统、高压蒸汽灭菌锅、冰箱、天平（感量为 0.01g）、无菌试管（18mm×180mm、15mm×100mm）、微量移液器（200～1 000μL）及吸头、无菌培养皿（直径 90mm）等。

4　检验程序（图 62-1）

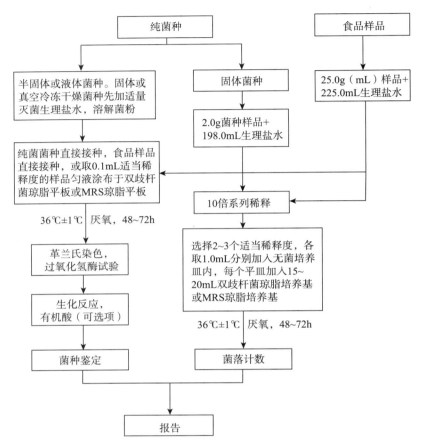

图 62-1　双歧杆菌检验程序

5　实验方法与步骤

5.1　样品的制备及稀释　具体步骤参照实验 36 食品中菌落总数的测定的 5.1。

5.2　制平板培养　根据对待检样品双歧杆菌含量的估计，选择三个连续的适宜稀释度，每个稀释度吸取 1.0mL 稀释液于无菌平皿内，每个稀释度做两个平板。同时，分别吸取 1.0mL 空白稀释液加入两个无菌平皿作空白对照。及时将 15～20mL 冷却至 46℃的双歧杆菌琼脂培养基或 MRS 琼脂培养基倾注平皿，并转动平皿使其混合均匀，从样品稀释到平板倾注要求在 15min 内完成。待琼脂凝固后，将平板翻转，36℃±1℃厌氧培养 48h±2h，可延长至 72h±2h。

5.3　菌落计数　参照实验 36 食品中菌落总数的测定中菌落总数的计数及报告，报告单位以 CFU/g（mL）表示。

5.4　双歧杆菌的鉴定

（1）纯培养：挑取 3 个或以上的单个菌落接种于双歧杆菌琼脂平板或 MRS 琼脂平板。36℃±1℃厌氧培养 48h±2h，可延长至 72h±2h。

（2）涂片镜检：挑取双歧杆菌琼脂平板或 MRS 琼脂平板上生长的双歧杆菌单个菌落进行染色。双歧杆菌革兰氏染色呈阳性，呈短杆状、纤细杆状或球形，可形成各种分支或分叉等多形态，不抗酸，无芽孢，无动力。

（3）生化鉴定：挑取双歧杆菌琼脂平板或 MRS 琼脂平板上生长的双歧杆菌单个菌落，进行生化反应检测。过氧化氢酶试验为阴性。双歧杆菌的主要生化反应见表 62-1。

表 62-1　双歧杆菌菌种主要生化反应

编号	项目	两歧双歧杆菌 (B. bifidum)	婴儿双歧杆菌 (B. infantis)	长双歧杆菌 (B. longum)	青春双歧杆菌 (B. adolescentis)	动物双歧杆菌 (B. animalis)	短双歧杆菌 (B. breve)
1	L-阿拉伯糖	−	−	+	+	+	−
2	D-核糖	−	+	+	+	+	+
3	D-木糖	−	+	+	d	+	+
4	L-木糖						
5	阿东醇	−	−	−	−	−	−
6	D-半乳糖	d	+	+	+	d	+
7	D-葡萄糖	+	+	+	+	+	+
8	D-果糖	d	+	+	d	d	+
9	D-甘露糖	−	+	+	−	−	−
10	L-山梨糖						
11	L-鼠李糖	−	−	−	−	−	−
12	卫矛醇	−	−	−	−	−	−
13	肌醇	−	−	−	−	−	+
14	甘露醇	−	−	−	−a	−	−a
15	山梨醇	−	−	−	−a	−	−a
16	α-甲基-D-葡萄糖苷	−	−	+	−	−	−
17	N-乙酰-葡萄糖胺	−	−	−	−	−	+
18	苦杏仁苷	−	−	−	+	+	−
19	七叶苷	−	−	+	+	−	−
20	水杨苷	−	+	−	+	+	−
21	D-纤维二糖	−	+	−	d	−	−
22	D-麦芽糖	−	+	+	+	+	+
23	D-乳糖	+	+	+	+	+	+
24	D-蜜二糖	−	+	+	+	+	+
25	D-蔗糖	−	+	+	+	+	+
26	D-海藻糖	−	−	−	−	−	−
27	菊糖	−	−a	−	−a	−	−a
28	D-松三糖	−	−	+	+	−	−
29	D-棉子糖	−	+	+	+	+	+
30	淀粉	−	−	−	+	−	−
31	肝糖						
32	龙胆二糖	−	+	−	+	+	+
33	葡萄糖酸钠	−	−	−	+	−	−

注：＋表示 90％以上菌株呈阳性；−表示 90％以上菌株呈阴性；d 表示 11％～89％以上菌株呈阳性；a 表示某些菌株呈阳性。

6　实验结果

根据镜检及生化反应结果报告双歧杆菌属的种名。

7 注意事项

（1）样品的全部制备及稀释过程均应遵循无菌操作程序。

（2）实验时，建议使用相同的生化反应体系重复 2～3 次生化试验，以得到稳定的反应结果。

8 思考题

查阅资料说明食品中双歧杆菌检测还有哪些方法？实验中可采取哪些措施和方法使双歧杆菌的生长环境保持厌氧？

实验 63　酸乳中乳酸菌活力的测定

1 目的要求

（1）掌握乳酸菌活力测定的一般方法。

（2）了解乳酸菌在乳发酵过程中所起的作用。

2 基本原理

乳酸菌的细胞形态为杆状或球状，一般没有运动性，革兰氏染色阳性，微需氧、厌氧或兼性厌氧，具有独特的营养需求和代谢方式，都能发酵糖类产酸，一般在固体培养基上与氧接触也能生长。酸乳风味的形成与乳酸菌发酵过程代谢的多种物质有关，而这些物质的产生与发酵速度等活力指标有密切关系。

乳酸菌的活力是指该菌种的产酸能力，可利用乳酸菌的繁殖、产酸的速度和量及还原刃天青能力等指标来评定。乳酸菌繁殖情况可观察或测定细胞生长情况、细胞干重和光密度（OD 值）等。由于乳液不透明，不能直接测 OD 值，可用 NaOH 和 EDTA 处理使其澄清后再测。目前较简便的活力测定包括凝乳时间、产酸、还原刃天青和活菌数量等指标的检测。

活力大小是评价发酵剂质量好坏的主要指标，但并不是活力值越高发酵剂质量越好。因为产酸强的发酵剂在培养过程中会引起过度产酸，导致在标准条件下培养的发酵剂活力较高。研究表明，活力在 0.65～1.15 都可以进行正常生产，而最佳活力在 0.80～0.95。依据活力不同来定接种量的大小（表 63-1）。

表 63-1　发酵剂活力与接种量的关系

活力	接种量	生产管理
<0.40	—	更换发酵剂
0.40～0.60	—	发酵超过 5h，易污染
>0.60	5.5%	可投入生产，接种量大
0.65～0.75	4.0%～5.5%	可使用，接种量较大
0.80～0.95	2.5%～3.5%	最佳活力

由于市售酸乳或乳酸菌饮料中大多含有两种或两种以上乳酸菌菌种，因此，测定乳酸菌活力之前，需先得到纯培养物，再制备单一菌种扩大培养物测定其活力。

3 实验材料

3.1　样品及菌种　市售酸乳或乳酸菌饮料、保加利亚乳杆菌和嗜热链球菌。

3.2　培养基及试剂　MRS 固体和液体培养基（培养基 19）、脱脂乳培养基（培养基 20）、革兰氏染色液、0.1mol/L 氢氧化钠标准溶液、酚酞指示液、$CaCO_3$、溴甲酚绿、刃天青、无菌生理盐水。

3.3　仪器及其他用品　超净工作台、恒温培养箱、鼓风干燥箱、高压蒸汽灭菌器、冰箱、光学显微镜、漩涡混匀器、碱式滴定仪、天平、培养皿、吸量管、试管、移液管、锥形瓶、烧杯、量筒、酒精灯、接种针、载玻片、记号笔等。

4　实验方法与步骤

4.1　菌种的分离

（1）编号：取 5 支装有 9mL 无菌生理盐水的试管，编号。

（2）样品稀释：在无菌超净工作台内，将酸乳样品搅拌均匀，用无菌移液管吸取样品 25mL，移入含有 225mL 无菌生理盐水的锥形瓶中，在漩涡混匀器上充分振摇均匀，获得 10^{-1} 的样品稀释液，然后根据对样品含菌量的估计，将样品稀释至适当稀释度。

（3）倒平板：选用 2～3 个适宜浓度的稀释液，分别吸取 1mL 注入培养皿内，然后倒入事先熔化并冷却至 45℃ 左右的 MRS 固体培养基（可在培养基中添加 $CaCO_3$ 和溴甲酚绿），迅速转动培养皿使之混合均匀，待冷却凝固后倒置于 40℃ 培养 48h。

（4）纯化培养：采用无菌操作从培养好的固体培养皿中分别挑取 5 个单菌落接种于液体 MRS 培养基中，置 40℃ 培养箱中培养 24h。

（5）镜检：挑取上述试管培养物 1 环，进行涂片、革兰氏染色。通过镜检，确定所分离的乳酸菌是乳杆菌还是链球菌。保加利亚乳杆菌呈杆状，单杆、双杆或长丝状；嗜热链球菌呈球状，成对、短链或长链状。

4.2　菌种扩大培养　按 1% 的接种量，将 MRS 液体纯培养物接种于 100mL 已灭菌的脱脂乳中，另分别接种具有较高活力的保加利亚乳杆菌和嗜热链球菌作为对照。保加利亚乳杆菌培养温度为 41℃，嗜热链球菌为 43℃。一般培养过夜至乳凝固后进行菌种活力测定。

4.3　测定菌种的活力

（1）凝乳时间：在进行 4.2 操作时，注意观察并记录用脱脂乳扩大培养菌种的凝乳时间。凝乳时间越短活力越好；凝乳时间没有延长说明活力没有减退。

（2）酸度测定方法：在灭菌冷却的脱脂乳中加入 3% 的乳酸菌发酵剂，置于 37.8℃ 的温箱中培养 3.5h，测定其酸度。酸度达 0.8%（乳酸百分含量）则认为活力较好。

（3）刃天青还原实验：在 9mL 脱脂乳中加入 1mL 乳酸菌发酵剂和 0.005% 刃天青溶液 1mL，混匀，在 36.7℃ 的恒温培养 35min 以上，如完全褪色则表示活力良好。

（4）活菌计数：采用倾注平板法，测定活菌数量，判断乳酸菌的繁殖能力。

5　实验结果

列表记录脱脂乳凝乳时间、滴定酸度、还原实验褪色情况、活菌数等。

测定项目	待测菌种活力							
	保加利亚乳杆菌				嗜热链球菌			
	1	2	3	对照菌	1	2	3	对照菌
凝乳时间/h								
滴定酸度/°T								
刃天青还原实验								
活菌数量/（CFU/mL）								

6　思考题

为什么平板分离乳酸菌之后，对菌落先进行纯化培养再进行革兰氏染色镜检？

实验 64　泡菜中乳酸杆菌的分离与初步鉴定

1　目的要求

（1）学习从发酵食品中分离纯化乳酸杆菌的方法。

（2）掌握乳酸杆菌的初步鉴定方法。

2　基本原理

泡菜发酵过程中有多种微生物参与，乳酸菌是主要产酸菌。发酵早期肠膜明串珠菌先启动发酵，产生有机酸，降低盐水 pH，抑制不耐酸微生物的生长，同时代谢产生的 CO_2 维持了体系的厌氧环境，抑制好氧菌生长。由于肠膜明串珠菌不耐酸而逐渐消失，继而由短乳杆菌、植物乳杆菌等发酵产乳酸，最后由植物乳杆菌完成发酵过程。除这几种菌之外，参与发酵的还有戊糖片球菌、啤酒片球菌等多种乳酸菌。

植物乳杆菌为革兰氏阳性、兼性厌氧菌，短杆状，单生、成对或短链排列，不产芽孢。在 15℃ 时生长，45℃ 时一般不生长，最适生长温度 34℃ 左右，耐酸，最适 pH 6.5。采用 MRS 培养基培养的菌落呈淡黄色或者灰白色、色泽不透明、圆形、细密光滑，菌落较小，直径 1～3mm，能发酵葡萄糖或乳糖产生乳酸将培养基中的碳酸钙溶解而产生透明圈。在液体 MRS 培养基中菌落大多生长在底部，也有沿壁生长的。

通过菌落形态观察、革兰氏染色镜检、纸层析法定性检测乳酸等试验，对分离菌进行初步鉴定。

3　实验材料

3.1　样品　泡菜汁 1 管。

3.2　培养基及试剂　MRS 液体培养基及酸化 MRS 固体培养基（培养基 19）、9mL 的无菌生理盐水、灭菌 $CaCO_3$（用纸包着）、革兰氏染色液、正丁醇、甲酸、0.04% 溴酚蓝乙醇溶液（0.1% NaOH 调节 pH 至 6.7）、2% 乳酸标准溶液、去离子水等。

3.3　仪器及其他用品　超净工作台、恒温培养箱、高压蒸汽灭菌器、光学显微镜、1mL 无菌吸量管、无菌培养皿、试管、载玻片、新华 1 号层析滤纸、毛细管、层析缸、接种环等。

4　实验方法与步骤

4.1　样品稀释　无菌吸取 1mL 泡菜汁分别置于 9mL 的无菌生理盐水中，混匀，即成 10^{-1} 的样品稀释液，再根据需要依次按 10 倍进行系列稀释，制成不同稀释度的泡菜汁稀释液。

4.2　平板分离培养　取 2～3 个适宜稀释度的稀释液各 1mL 分别注入无菌培养皿中，每个稀释度做两个重复。无菌操作下按大约 3%（m/V）的量将灭菌的 $CaCO_3$ 加入熔化了的酸化 MRS 培养基中，迅速冷却至 46℃ 左右（稍烫手，但能长时间握住）。注意边冷却边摇晃使 $CaCO_3$ 混匀，但不得产生气泡，立刻倒入培养皿中，摇匀。待培养基凝固后，倒置于 30℃ 恒温培养 24～48h。

4.3　观察菌落特征　观察记录菌落形态、色泽及其周围是否产生 $CaCO_3$ 的溶解圈。

4.4　纯化培养　挑取可疑单菌落 5～6 个分别接种于 MRS 液体培养基，30℃ 恒温培养 24h。

4.5　镜检形态　取 4.4 液体培养物 1 环涂片做革兰氏染色，显微镜下观察并记录其形态特征。

4.6　乳酸定性测定　将 4.4 培养上清液采用纸层析法检测乳酸的产生情况。展开剂为正丁醇：甲酸：水＝80：15：2，显色剂为 0.04% 溴酚蓝乙醇溶液。层析时将乳酸标准溶液、发酵液以毛细管点样，上行层析，显色比较各斑点的 R_f 值。

5　实验结果

描述泡菜汁中的植物乳杆菌在酸化 MRS 固体培养基上的菌落特征，记录发酵上清液经纸层析测定产生乳酸的情况，并绘制所分离的乳酸杆菌的个体形态图。

6　注意事项

（1）由于乳酸杆菌耐酸性较强，所以应采用酸化 MRS 固体培养基，这样有利于分离到目的菌。

（2）出现 $CaCO_3$溶解圈仅能说明该菌产酸，不能证明就是乳酸菌，要确定还必须做有机酸的测定。最简便和最常用的方法是纸层析法。

7　思考题

（1）培养基中加入 $CaCO_3$的目的是什么？

（2）实验中为保证分离到植物乳杆菌，主要采取哪些措施？

实验 65　发酵香肠中葡萄球菌的分离及其产香能力评价

1　目的要求

（1）学习发酵香肠中葡萄球菌的分离方法。

（2）掌握产香葡萄球菌初步鉴定的原理和方法。

2　基本原理

葡萄球菌被认为是发酵香肠生产中的主要“风味菌”之一，对发酵香肠优良色泽和风味的形成具有非常重要的作用。葡萄球菌属中的许多种被作为发酵剂用于发酵香肠的生产。

葡萄球菌为革兰氏阳性菌，无芽孢，最适生长温度为 30～37℃，能耐高盐，可在高盐甘露醇盐琼脂培养基（MSA 培养基）上生长，接触酶阳性、过氧化氢酶阴性，对红霉素和溶菌酶不敏感，对溶葡萄球菌素和呋喃唑酮敏感，因此，可利用这些特性对发酵香肠中的葡萄球菌进行分离。

在风味和风味前体物质形成的过程中，蛋白质和脂肪的降解非常重要，这是由于肉中内源酶和微生物酶的作用。可分解蛋白质、脂肪是葡萄球菌是否产香的基本要求，因此，可以通过蛋白酶和脂肪酶活性检测试验初步评价葡萄球菌的产香能力。此外，有研究表明支链氨基酸和含硫氨基酸是产生风味物质的前体物质，其降解的产物是发酵肉制品典型风味的主要组成之一。微生物代谢亮氨酸生成 3-甲基丁醛，与含硫化合物反应，可产生类似培根的风味。3-甲基丁醛阈值很低，对发酵肉制品的典型风味有重要影响，可作为产香性状量化的指标。

3　实验材料

3.1　样品　发酵香肠 1 根。

3.2　培养基及试剂　营养琼脂培养基（培养基 5）、脱脂奶粉、无菌生理盐水、革兰氏染色液、3%～5% H_2O_2、三丁酸甘油酯、红霉素、呋喃唑酮、溶葡萄球菌素、溶菌酶、95%乙醇、甘油、亮氨酸、5′-磷酸吡哆醛、10mmol/L α-酮戊二酸、三氯乙酸、3-甲基丁醛。

培养基 A：蛋白胨 10.0g、酵母提取物 1.0g、葡萄糖 10.0g、NaCl 5.0g、琼脂 15.0g。将以上成分加入 1 000mL 蒸馏水中，加热使完全溶解，调 pH 至 7.0～7.2，分装于锥形瓶中，121℃灭菌 15min。

甘露醇盐琼脂（MSA）培养基：牛肉浸膏 1g、际胨 NO.3（difco）10g、D-甘露醇 10g、NaCl 75g、琼脂约 13g、酚红 0.025g、水 1 000mL。按量将各成分（酚红除外）混合，加热使完全溶解，调

pH 至 7.4±0.2。加 1% 的酚红溶液 2.5mL，混匀，121℃灭菌 15min。

肉浸液肉汤培养基：牛肉粉 3g，NaCl 5g，蛋白胨 12g，K_2HPO_4 2g。以上成分溶解调 pH 至 7.5，121℃灭菌 15min。

酪蛋白培养基：蛋白胨 5g、牛肉膏 10g、葡萄糖 10g、干酪素 10g、琼脂 15g、蒸馏水 1L。以上成分调 pH 至 7.0，灭菌 15min。

3.3　仪器及其他用品　无菌超净工作台、恒温培养箱、1mL 无菌吸管、灭菌均质器或无菌研钵、无菌培养皿、蒸馏萃取装置（SDE）、GC-MS-QP 2010 气质联用仪等。

4　实验方法与步骤

4.1　发酵香肠中葡萄球菌的分离

（1）采用倾注平板法和平板划线法对发酵香肠中的葡萄球菌进行初步分离。在无菌条件下取 25g 样品剪碎于 225mL 无菌生理盐水中，剧烈振荡混匀，静置后吸取以上样品稀释液 1mL 加入 9mL 的无菌生理盐水中，混匀即成 10^{-2} 的样品稀释液。依次根据需要制成不同的稀释度。

取适宜稀释度之稀释液 1mL 于无菌培养皿中，倒入熔化并冷却至 45～50℃的 MSA 培养基约 15mL，摇匀。待培养基凝固后，倒置于 37℃培养 48h。在培养物上，根据菌落的颜色、大小、光泽、透明度等，挑取单菌落，进行划线分离纯化。

（2）从培养皿上挑取单个菌落进行革兰氏染色和接触酶试验，对 G^+、接触酶阳性、无芽孢球菌进行下一步的初步鉴定。

（3）红霉素敏感性试验：取 90mL 营养琼脂培养基于有螺纹盖的瓶中，121℃灭菌 15min。取 4mg 红霉素溶于 0.5mL 95% 的乙醇中，用蒸馏水定容至 100mL，过滤除菌。将 90mL 营养琼脂培养基熔化，冷却至 46～48℃，加入 10mL 10%（m/V）灭菌甘油溶液和 1.0mL 以上准备好的红霉素溶液，倒平板（约 15mL），冷却后划线，每个平皿可接种 6 个分离物，37℃培养 2d 后观察结果。无抑菌圈的菌株为葡萄球菌。

（4）呋喃唑酮敏感性试验：在培养基 A 中加入呋喃唑酮至 $100\mu g/mL$，倒平板，冷却后划线，每个平皿可接种 6 个分离物，37℃培养 24h 后观察结果。有抑菌圈的菌株为葡萄球菌。

（5）溶葡萄球菌素敏感性试验：在培养基 A 中加入溶葡萄球菌素至 $200\mu g/mL$。倒平板，冷却后划线，每个平皿可接种 6 个分离物，37℃培养 1～2d 后观察结果。有抑菌圈的菌株为葡萄球菌。

（6）溶菌酶敏感性试验：在培养基 A 中加入溶菌酶至 $25\mu g/mL$，倒平板，冷却后划线，每个平皿可接种 6 个分离物，37℃培养 1～2d 后观察结果。无抑菌圈的菌株为葡萄球菌。

4.2　葡萄球菌的产香能力评价

（1）蛋白酶活性检测：准备两种蛋白酶检测平板，即酪蛋白培养基和含脱脂奶粉 MSA 培养基（以 MSA 为基础培养基，添加 15% 的脱脂奶粉，115℃灭菌 20min），将 4.1 中所筛菌株的新鲜营养琼脂斜面培养物以点种法分别接在两种蛋白酶检测平板上，37℃培养。在含脱脂奶粉 MSA 培养基上观察菌落周围是否有透明圈，在酪蛋白培养基上菌落周围滴加 10% 的三氯乙酸，观察菌落周围透明圈的大小和清晰度。

（2）脂肪酶活性检测：制备含三丁酸甘油酯 MSA 培养基需将 MSA 培养基在 121℃灭菌，冷却至 80℃时，加 1% 在 121℃灭菌 15min 的三丁酸甘油酯。将 4.1 中所筛菌株的新鲜营养琼脂斜面培养物以点种法接在含三丁酸甘油酯 MSA 琼脂平板上，37℃培养 5d，观察菌落周围是否有透明圈出现。

（3）菌株产 3-甲基丁醛能力的测定：

①3-甲基丁醛的生成。将 4.1 中所筛菌株在 10mL 肉浸液肉汤培养基中 37℃活化 2 次，然后按 5% 的接种量接种到有 100mL 肉浸液肉汤培养基的锥形瓶中，37℃培养 24h，再转入 200mL 含有 2mmol/L 亮氨酸、2mmol/L 5′-磷酸吡哆醛、10mmol/L α-酮戊二酸，pH 为 6.5 的已灭菌的肉浸液肉汤培养基

中，37℃培养 5d。

②3-甲基丁醛的提取。将装有样品液 250mL 的烧瓶接于 SDE 装置一端，接通冷凝水并调节电热套加热。当样品开始沸腾时，把加有 50mL 无水乙醚的溶剂瓶接到 SDE 装置的另一端浸于 45℃水浴中。从沸腾开始计时，蒸馏 3h。萃取结束后，切断电热套及水浴电源。待溶剂冷却后，倒入盛有无水 NaSO₄ 的干燥烧杯，放入 4℃冰箱中过夜除水，再用漏斗过滤至干燥烧瓶中，用旋转蒸发仪浓缩至 1mL 左右，供 GC-MS 分析用。

③3-甲基丁醛的鉴定和定量。气相色谱条件：色谱柱为 DB-5ms 毛细管柱（30m×0.25mm，0.25μm）；载气为 He；载气流量 1.0mL/min；恒压 47.6KPa；进样口温度 250℃；不分流；程序升温：35℃保持 3min，3℃/min 升温至 100℃保持 3min，再以 5℃升温至 200℃，最后以 10℃升温至 240℃保持 6min。质谱条件：离子源为离子阱，离子源温度 200℃；接口温度 250℃；溶剂切割时间 2.5min；扫描范围 33～450u。根据 3-甲基丁醛的标品保留时间来定性，根据峰面积来定量。

5　实验结果

（1）根据表 65-1 进行葡萄球菌分离实验结果的判定。

表 65-1　葡萄球菌分离实验结果的判定

菌株	敏感性			
	红霉素	呋喃唑酮	溶葡萄球菌素	溶菌酶
葡萄球菌	＋	＋	＋	－

（2）编号、记录分离出的葡萄球菌菌株代谢产 3-甲基丁醛的相对含量（％）。

6　注意事项

红霉素、呋喃唑酮、溶葡萄球菌素和溶菌酶最好采用过滤除菌后再加到相应培养基中，而不宜与培养基一起灭菌。

7　思考题

为什么只对 G⁺、接触酶阳性、无芽孢球菌进行下一步的初步鉴定？

实验 66　产纳豆激酶芽孢杆菌的分离筛选

1　目的要求

学习并掌握从纳豆或豆豉中分离产纳豆激酶芽孢杆菌的原理及方法，为纳豆激酶活性加工产品的开发和应用奠定基础。

2　基本原理

纳豆激酶（natto kinase，NK）是由纳豆枯草芽孢杆菌（*Bacillus subtilis* natto）产生一种能溶解纤维蛋白的丝氨酸蛋白酶。纳豆激酶作为新一代溶栓药物具有很强的纤溶活性，不但能直接作用于纤溶蛋白，而且还能激活体内纤溶酶原，从而增加内源性纤溶酶的量与作用。由于 NK 具有安全性好、成本低、作用迅速、经口服后可迅速入血、纤溶活性强、可由细菌发酵生产、作用时间长等优点，纳豆激酶成为溶栓剂研究的热点。

根据纳豆激酶可分解酪蛋白且具有纤溶活性的特征，采用酪蛋白平板法初筛，纤维蛋白平板法复筛，分离产纳豆激酶芽孢杆菌。

3 实验材料

3.1 样品 纳豆或豆豉适量。

3.2 培养基及试剂 酪蛋白培养基、营养肉汤和营养琼脂培养基（培养基5）、凝血酶、牛血纤维蛋白原。

3.3 仪器及其他用品 恒温水浴锅、恒温培养箱、高速冷冻离心机、超净工作台、无菌平皿、游标卡尺、锥形瓶、打孔器、玻璃珠等。

4 实验方法与步骤

4.1 初筛 称取25g纳豆或豆豉，放入装有225mL无菌生理盐水和10余颗玻璃珠的锥形瓶中，每隔10min振荡1次，室温下浸提2h，用高速离心机在3 000r/min离心5min，制得稀释倍数10^{-1}菌悬液。85℃热处理30min，用无菌生理盐水稀释至10^{-6}后，用移液枪分别吸取100μL涂布于酪蛋白培养基平板上，于37℃恒温培养18～24h。挑选其中具有酪蛋白溶解圈的单菌落进行划线分离纯化，4℃保存于营养琼脂斜面培养基。

4.2 复筛

（1）制备发酵上清液：取初筛的菌株接种于20mL营养肉汤培养基中活化，于37℃、120r/min培养24h。调整菌液浓度至1×10^6 CFU/mL，取1mL菌液接种到100mL营养肉汤中，于37℃、120r/min培养24h。将得到的发酵液于4℃、8 000r/min离心10min，收集上清液。

（2）制备纤维蛋白平板：0.1g琼脂糖加到10mL pH 7.2 PBS（10mmol/L），微波炉加热溶解，50℃恒温水浴10min；0.01g纤维蛋白原加到10mL pH7.2 PBS（10mmol/L），玻璃棒搅匀，50℃恒温水浴10min；将10μL 0.1 IU/μL的凝血酶加到琼脂糖溶液中，混匀；再将纤维蛋白原溶液加入琼脂糖溶液中，迅速混匀并倒于9cm×9cm平皿中，室温放置90min，使其充分凝固，5mm打孔。

（3）上样：用移液枪吸取离心得到的上清液100μL，注入纤维蛋白平板上打好的孔中，置于37℃恒温培养箱中，18h后利用游标卡尺测量溶解圈直径，以溶解纤维蛋白直径较大的菌株作为目标菌株。

5 实验结果

编号、记录分离出的芽孢杆菌菌株在酪蛋白培养基上是否产生透明圈以及在纤维蛋白平板上的溶解圈直径大小。

6 注意事项

（1）溶解圈直径以毫米（mm）为单位进行记录。

（2）纤维蛋白平板制作过程中，混合和搅拌要均匀，尽量不要产生气泡。

7 思考题

纤维蛋白平板制作中为什么要加入凝乳酶?

实验67　细菌素产生菌的抑菌试验及效价测定

1 目的要求

（1）学习产细菌素等抑菌物质的菌株筛选方法。

（2）熟悉与掌握细菌素效价测定的方法。

2 基本原理

细菌素是细菌通过核糖体合成机制形成的一类对同种或同源细菌具有抗菌活性的多肽或蛋白质，产生菌对其具有免疫性。当然，研究已发现了抗菌谱较广的细菌素。

2.1 细菌素产生菌的筛选方法 细菌素产生菌的筛选方法有很多种，总体可以分为两大类：直接法和间接法。大多数方法是基于细菌素可以在固体或半固体培养基上的扩散，抑制了敏感指示菌的生长，进而在培养基上形成透明圈。事实上琼脂扩散的方法已被广泛用于抑菌物质的筛选，该方法的基本原理是活性物质以扩散点为中心向培养基周围均匀扩散，凡抑菌浓度所能达到之处指示菌不能生长因而形成透明的抑菌范围，称为"透明圈"，而透明圈的大小正好可以反映活性物质的抑菌能力。这种方法要求指示菌在好氧环境中能迅速而均一地生长，且抑菌物质必须是能溶于水的，否则因不能在平板琼脂中扩散而无法测定。如果严格各种操作条件，通过抑菌圈直径的大小也可以定量反映抗菌活性的大小。

根据受试细菌素产生菌和敏感指示菌加入的时间不同，细菌素产生菌的筛选方法又可以分为直接法和间接法。在直接法中，受试菌和指示菌同时生长，抑菌圈的形成依靠抑菌物质在指示菌生长之前扩散于培养基中，在受试菌的孔或菌落周围出现透明的指示菌抑菌圈的阳性结果即可以认为是细菌素产生的标志。间接法包括点种法和翻转法。点种法中，受试细菌素产生菌点种在固体培养基上过夜培养以形成单个菌落，然后在菌落上平铺一层敏感的指示菌后再培养至形成抑菌圈。翻转法中，先将受试菌接种于培养基表面，培养形成单个菌落后，将培养基琼脂翻转过来倒置于培养皿盖上，接种指示菌后培养观察。

然而，细菌素并不是唯一能导致产生透明抑菌圈的抑菌物质，干扰因素也有可能是有机酸（主要是乳酸）、过氧化氢等。有时候，噬菌体也是一个可能导致产生抑菌圈的因素。pH 中和、接触酶处理产生菌的培养上清液可以相应地排除由乳酸和过氧化氢引起的可能的抑菌作用。

2.2 细菌素活性效价值的检测 细菌素的效价值的确定分析常采用二倍稀释法，具体操作为：将细菌素样品用 PBS 缓冲液进行二倍梯度稀释（2^{-1}、2^{-2}、2^{-3}、2^{-4}、2^{-5}、2^{-6}……），取 $100\mu L$ 进行敏感指示菌的抑菌实验，观察抑菌圈的出现，每个实验重复 3 次。效价定义为有明显抑菌圈出现的最高稀释度的倒数，即细菌素活力单位（AU，activity unit），以 AU/mL 表示，则每毫升待测细菌素样品的效价值为 2、4、8、16、32、640……AU/mL。

二倍稀释法操作烦琐且耗时较长，为了满足多样品同时快速测定的要求，常参考国家标准中测定抗生素效价最常用的管碟法。其原理为利用抑菌物质在琼脂培养基内的扩散作用，将已知效价的标准样品和待测样品的溶液分别加入敏感指示菌平板上的牛津杯中，结果在细菌素抑菌浓度范围内，指示菌不生长，出现透明的抑菌圈。具体方法参考国家标准抗生素管碟法测效价的一剂量法，即以细菌素标准样品的不同浓度与中心浓度的抑菌圈直径的差值为横坐标，对应的效价对数为纵坐标来绘制标准曲线，然后将未知效价的待测样品稀释至此浓度范围内，同理以此法得出与中心浓度细菌素溶液的抑菌圈直径差值，最后根据标准曲线就可计算出待测细菌素样品的效价。

3 实验材料

3.1 菌种 受试菌：产细菌素植物乳杆菌（*Lactobacillus plantarum* LPL-1）；指示菌：敏感菌株枯草芽孢杆菌（*Bacillus subtilis* AS 1.140）。

3.2 培养基及试剂 MRS 液体培养基（培养基 19）、营养肉汤培养基和营养琼脂培养基（培养基 5）、0.02mol/L 的 PBS 缓冲液（Na_2HPO_4/NaH_2PO_4，pH7.0）、320AU/mL 细菌素标准溶液、无菌生理盐水。

3.3 仪器及其他用品 恒温培养箱、高速离心机、恒温水浴锅、冰箱、牛津杯、培养皿（直径 90mm，深 20mm，大小一致，皿底平坦）、试管、移液枪、游标卡尺、尖镊子等。

4　实验方法与步骤

4.1　细菌素产生菌发酵上清液的制备　将受试菌植物乳杆菌于MRS液体培养基34℃静置培养过40h，发酵液调pH至6.5后，10 000r/min离心5min，取上清液作为待测细菌素样品。

4.2　敏感指示菌液的制备　将敏感指示菌枯草芽孢杆菌采用营养肉汤培养基活化培养过夜，取100μL置入10mL生理盐水中，稀释到一定浓度（约10^8 CFU/mL）。

4.3　抑菌试验方法　先将6mL营养琼脂培养基平铺于平板中，置于水平台面上静置凝固，取稀释至约10^8 CFU/mL的指示菌液0.1mL与10mL熔化并温热的营养琼脂培养基混匀后倾倒于平板中静置凝固。用无菌镊子将牛津杯轻轻放置于平板上，将步骤4.1所得的离心上清液加入牛津杯后于4℃冰箱中扩散5h，然后37℃培养24h后观察抑菌圈的出现。并用游标卡尺测量抑菌圈直径，读数精确到0.01mm。

4.4　细菌素相对标准样品效价的测定　将待测细菌素样品用0.02mol/L的PBS缓冲液以2倍为梯度进行系列稀释，即取1mL的样品，加等量的PBS缓冲液，再取此2倍稀释后的样品1mL，再加1mL的PBS缓冲液，即为4倍稀释，同理直至64倍或128倍，分别取各稀释度的样品进行抑菌实验。

4.5　标准曲线的制作　试管溶液配制方法见表67-1。

表 67-1　溶液配制表

试管编号	320AU/mL 细菌素标准溶液/mL	PBS 缓冲液/mL	细菌素效价/（AU/mL）
1	0.1	0.9	32
2	0.2	0.8	64
3	0.3	0.7	96
4	0.4	0.6	128
5	0.5	0.5	160
6	0.6	0.4	192
7	0.7	0.3	224
8	0.8	0.2	256
9	0.9	0.1	288
10	1.0	0	320

以5号试管为中心浓度标准样品溶液，按上述抑菌试验方法制作平板，在每个平板上以相等间距放置6个牛津杯，在相隔的3个牛津杯中加入中心浓度标准样品溶液，另外3个牛津杯中加入其他浓度的溶液。每个样品两个重复平板，然后盖上平板盖，置于4℃冰箱中扩散5h，而后37℃培养24h后观察抑菌圈的出现，并用游标卡尺测量各抑菌圈直径。

绘制标准曲线：计算出各平板中心浓度样品抑菌圈直径的总平均值，以此总平均值来校正各组中心浓度抑菌圈平均值，从而求得各组的校正值。然后以各组中心浓度抑菌圈的校正值校正各剂量单位浓度的抑菌圈直径，即获得各组抑菌圈的校正值。然后以抑菌圈直径的差值为横坐标，以效价的对数值为纵坐标，绘图得效价的标准曲线。

4.6　待检样品细菌素效价的测定　方法同上述，同样的两个平板上3个牛津杯中加入中心浓度溶液，将待测效价的细菌素溶液注入另3个牛津杯中，并与制作标准曲线的平板同时进行。各自计算出平均值后计算其差值，用此差值在标准曲线上查出对应的细菌素效价，并乘以稀释倍数即得出待检样品中的细菌素效价。

5　实验结果

（1）观察实验抑菌情况，绘制标准曲线。
（2）把实验数据填入下表并计算细菌素效价。

	抑菌圈直径/mm	效价值/（AU/mL）
中心浓度标准溶液		
待测细菌素发酵液Ⅰ		
待测细菌素发酵液Ⅱ		

6　注意事项

（1）细菌素效价分析时必须保证平板中培养基各处厚度均匀一致，以减小实验误差，必要时需采用水平仪调整超净工作台水平度，并挑选厚度均一的平皿。

（2）加样后的平板必须轻拿轻放，勿使其中的牛津杯移动，否则会影响实验结果的准确性。

7　思考题

（1）做抑菌实验时，为何要采用新鲜培养的敏感指示菌细胞，若是老龄细胞结果会如何？

（2）为何在细菌素加入牛津杯中后要放于冰箱中扩散一定时间？

实验 68　产胞外多糖（EPS）乳酸菌菌株的分离、筛选

1　目的要求

（1）掌握产胞外多糖乳酸菌菌株的筛选方法。

（2）熟悉乳酸菌产胞外多糖的基本原理。

2　基本原理

微生物胞外多糖（exopolysaccharides，EPS）是一些特殊微生物在生长代谢过程中分泌到细胞壁外、易与菌体分离的荚膜多糖或黏液多糖，属于微生物的次级代谢产物。

微生物 EPS 是一种长链、高分子质量的聚合物，其独特的物理学和流变学特性以及使用安全性使它在食品和非食品工业备受青睐，尤其在医药领域所具有的巨大应用潜能正日益引起人们的广泛关注。

自然界中能产生多糖的微生物种类很多，涉及细菌、酵母菌和丝状真菌。长久以来，乳酸菌用于发酵乳的生产，通常认为乳酸菌 EPS 安全性更为可靠，而且乳酸菌作为生理功能调节剂，利用益生菌制成活菌制剂，省去常规发酵、提取等烦琐工艺。因此，开发乳酸菌 EPS 与其他微生物 EPS 相比，更具有理论意义与实际应用价值。

多糖难溶于乙醇，在乙醇溶液中易出现絮状沉淀，通常可利用多糖的这种性质来沉淀分离微生物 EPS。目前用于多糖检测的方法较多，主要有干燥称重法、硫酸-蒽酮法、DNS（3，5-二硝基水杨酸）法、苯酚-硫酸法、相对黏度法和 Imshenetskii 等报道的浊度法等。其中苯酚-硫酸法具有简单方便、显色稳定、灵敏度高、重现性好、不受蛋白质干扰等优点而深受欢迎。其原理是根据苯酚-硫酸试剂与游离的寡糖和多糖中的己糖、糖醛酸（或甲苯衍生物）发生的显色反应。己糖在 490nm 处（戊糖及糖醛酸在 480nm 处）有最大吸收，吸收值与糖含量呈线性关系。

3　实验材料

3.1　样品　从市场上购买的乳制品、肉制品。

3.2　培养基及试剂　MRS 液体培养基和固体培养基（1.5％琼脂）（培养基 19）、6％苯酚（临用前用 80％苯酚配制）、葡萄糖、浓硫酸、蒸馏水、95％乙醇、无菌生理盐水、去离子水。

3.3　仪器及其他用品　生物显微镜、恒温培养箱、超净工作台、高压蒸气灭菌器、高速离心机、分光

光度计、冰箱、振荡器、恒温水浴锅、酒精灯、无菌吸量管、试管、培养皿、容量瓶、剪刀、8 000～12 000D透析袋等。

4 实验方法与步骤

4.1 菌种的分离 各样品分别称量25g，剪碎后溶解于225mL无菌生理盐水中，振荡均匀，得到10^{-1}的菌悬液。取1mL此菌悬液，逐级稀释，直到10^{-8}，并将不同稀释度的菌液各1mL倒入培养皿，无菌操作倒入熔化并冷却至45℃左右含有$CaCO_3$的MRS固体培养基10～15mL，轻轻水平转动混匀，待凝固后37℃恒温培养。

4.2 初筛 24h培养后取出观察，观察产生乳酸溶解圈的菌落，那些表面黏稠或者周围有扩散现象的单菌落，菌落呈圆形，用接种环挑取时可见明显的黏性，疑为胞外多糖。革兰氏染色并进行显微观察，筛选出形态较好的菌株。

4.3 复筛 采用苯酚-硫酸法检测其24h的发酵液内所产EPS的量并进行比较。

（1）标准曲线的制作：准确称取标准葡萄糖20mg于500mL容量瓶中，加水至刻度。各种试剂按照表68-1所示的量加入试管中后，静置10min，摇匀，室温放置20min以后于490nm波长下检测光密度，以2.0mL水按同样显色操作为空白。以多糖微克数为横坐标，光密度值为纵坐标做标准曲线。

表68-1 苯酚-硫酸法标准曲线制作参考表

葡萄糖溶液（40mg/L）/mL	蒸馏水/mL	6%苯酚/mL	浓硫酸/mL	OD_{490nm}
2.0	0.0	1.0	5.0	
1.8	0.2	1.0	5.0	
1.6	0.4	1.0	5.0	
1.4	0.6	1.0	5.0	
1.2	0.8	1.0	5.0	
1.0	1.0	1.0	5.0	
0.8	1.2	1.0	5.0	
0.6	1.4	1.0	5.0	
0.4	1.6	1.0	5.0	
0.2	1.8	1.0	5.0	

（2）多糖的检测：将已经挑选出的菌株接种于MRS液体管内，37℃活化培养24h，将发酵液8 000r/min离心10min，取上清液加入3倍体积的95%冷乙醇，4℃静置过夜后，10 000r/min离心10min，收集沉淀，蒸馏水溶解，将溶解液装入透析袋中，用去离子水透析过夜。定容后用苯酚-硫酸法检测EPS含量，筛选出EPS产量相对较高的乳酸菌菌株。

5 实验结果

（1）初筛时，仔细观察溶钙圈和黏性菌落特征，并对挑取的菌落进行标号。

（2）计算、记录复筛时每株菌所产EPS的量。

菌株标号	菌落黏度*	OD_{490nm}	EPS的含量/（mg/L）

注：* 菌落黏度以黏、比较黏、非常黏记录。

6　注意事项

（1）实验前用重蒸酚配制 80％苯酚，4℃保存。6％苯酚临用前用 80％的苯酚配制。

（2）样品溶液多糖浓度过高，检测时其吸光值会超出标准曲线线性范围，导致准确性差，故一般以最终的多糖溶液接近无色为准。

（3）由于苯酚及浓硫酸的腐蚀性，实验过程应注意自身安全。

7　思考题

（1）MRS 液体培养基中的碳源是否会影响实验的最终结果，实验中的哪些步骤可以减少此影响？还有什么其他的办法可以消除培养基中碳源的残留？

（2）结合苯酚-硫酸法检测多糖的原理，思考检测 EPS 时采用 490nm 作为检测波长，是否合理？为什么？

实验 69　产凝乳酶乳酸菌菌株的筛选

1　目的要求

（1）了解产凝乳酶乳酸菌菌株筛选的原理。

（2）学习产凝乳酶乳酸菌菌株筛选的方法。

2　基本原理

凝乳酶是干酪和酶凝干酪素加工过程中的关键酶，其主要的生物学功能是切断κ-酪蛋白的特定肽键，导致牛乳凝结。凝乳酶凝乳的过程可分为两个阶段：第一阶段为酶解阶段，第二阶段为凝聚阶段。在酶解阶段，凝乳酶专一性裂解κ-酪蛋白的特定肽键，生成稳定的κ-副酪蛋白和酪蛋白糖巨肽（CGMP），κ-副酪蛋白仍然保留在微粒的表面，而酪蛋白糖巨肽则由于具有较高的亲水性而溶解在水相中。在凝聚阶段，κ-副酪蛋白在中性 pH 下带正电荷，导致酪蛋白微粒静电荷和空间排斥作用降低，在钙离子的作用下凝聚形成凝胶。

凝乳酶来源广泛且在食品、医药和饲料等方面均有应用，根据其来源可分为动物凝乳酶、植物凝乳酶和微生物凝乳酶。动物凝乳酶是目前干酪生产过程中使用最多的凝乳酶，但随着世界干酪产量逐年上升，其数量已无法满足干酪工业生产的需求；植物凝乳酶凝乳作用强，脂肪损失少，收率较高，但制成的干酪带有一定的苦味且受时间、地点等因素制约较大；微生物由于生长周期短，受气候、地域、时间限制小，用其生产凝乳酶成本较低、提取方便、经济效益高，可以节约动植物资源，所以产凝乳酶微生物得到了相关研究人员的普遍关注，成为研究热点之一。

部分乳酸菌具备凝乳酶活性，筛选具有凝乳酶活性的乳酸菌对于菌株在乳品工业中的应用有重要的意义。本实验根据凝乳酶具有沉淀酪蛋白作用的特性，制备酪蛋白平板，将待测菌株涂布于酪蛋白平板上培养一段时间，一些乳酸菌菌落周围有沉淀圈形成；继续培养后部分菌落沉淀圈变大，产生水解圈，再继续培养一段时间后，部分菌落水解圈逐渐增大，沉淀圈消失。白色沉淀圈大说明菌株产凝乳酶活力高，水解圈大说明菌株产凝乳酶的蛋白水解活力高。应选择产凝乳酶活力高而蛋白水解力低的菌株。如果初筛所得菌株在脱脂乳培养基中培养一定时间后均发生凝乳，且无酸味，凝乳后脱脂乳 pH 为 6.7 以上，说明初筛得到的菌株使牛乳凝结，非产酸凝乳。

3　实验材料

3.1　菌种　待测乳酸菌经纯化后，接种于脱脂乳培养基中，培养 12～16h，备用。

3.2　培养基及试剂　MRS 培养基（培养基 19）、脱脂乳培养基（培养基 20）、脱脂乳、$CaCl_2$ 等。

　　酪蛋白培养基：蛋白胨 2.5g、葡萄糖 10g、酵母膏 1g、干酪素 10g、琼脂 20g、脱脂牛乳 50g、蒸馏水 1.0L，pH 7.0。

　　麸皮汁培养基：将 10g 麸皮加入 100mL 自来水，煮沸 10min，过滤后用自来水补足 100mL。

3.3　仪器及其他用品　超净工作台、高压蒸汽灭菌锅、恒温培养箱、恒温水浴锅、水浴恒温摇床、电子天平、酸度计、电磁炉、烧杯、无菌试管、无菌培养皿、锥形瓶、接种环、涂布棒、酒精灯等。

4　实验方法与步骤

4.1　乳酸菌样品制备　将 5 种乳酸菌菌株接种于 MRS 斜面培养基，待充分生长后，用油纸包扎好棉塞部分，移至 4℃ 的冰箱中保藏，备用，进行下一步筛选。

4.2　产凝乳酶乳酸菌菌株初筛　将 5 株乳酸菌菌株以三点法接种于酪蛋白固体培养基中，实验重复 3 次，在 37℃ 恒温培养 48h，观察不同菌株产沉淀圈和水解圈的情况。选择沉淀圈大、水解圈小的乳酸菌进行下一步复筛。

4.3　复筛　将初筛所得菌种接种于脱脂乳培养基中，37℃ 培养。记录各菌株凝乳时间、凝乳状态及凝乳终止时培养基的 pH。

4.4　凝乳酶和蛋白水解活力测定　将非酸凝菌种分别接种于麸皮汁培养基、MRS 培养基和酪蛋白培养基中，37℃ 培养 24h 后分别测定凝乳酶和蛋白水解活力。

　　（1）凝乳酶活力的测定：采用 Arima 法。将发酵液于 4 000r/min、4℃ 下离心 10min，上清液为粗酶液。取 5mL 100g/L 的脱脂乳（用 0.01mol/L 的 $CaCl_2$ 溶液溶解脱脂乳），在 35℃ 下保温 5min，加入 0.5mL 粗酶液，迅速混合均匀，记录从加入酶液到乳凝固的时间（s）。把 40min 凝固 1mL 100g/L 脱脂乳的酶量定义为一个索氏单位（Soxhlet Unit，SU）。

$$酶活力(SU/mL) = \frac{2\,400}{t} \times \frac{5}{0.5} \times D$$

　　式中　t——凝乳时间（s）；

　　　　　D——稀释倍数；

　　　2 400——一个索氏单位中的反应时间为 40min，换算成秒；

　　　　　5——脱脂乳的量（mL）；

　　　　0.5——粗酶液的量（mL）。

　　（2）蛋白水解力测定：将发酵液于 4 000r/min、4℃ 下离心 10min，取上清液测定其蛋白分解活力。蛋白酶活力测定方法采用福林法。试管内加入粗酶液 1mL，置于 40℃ 水浴中预热 2min，再各加入经同样预热的酪蛋白 1mL，精确保温 10min。时间到后，立即再各加入 0.4mol/L 三氯乙酸 2mL，以终止反应。继续置于水浴中保温 20min，使残余蛋白质沉淀后过滤。然后另取试管，每管内加入滤液 1mL，再加 0.4mol/L 碳酸钠 5mL、已稀释的福林试剂 1mL 后摇匀，40℃ 保温发色 20min，测定光密度（OD_{660}）。空白试验测定方法同上，在加酪蛋白之前先加 0.4mol/L 三氯乙酸 2mL，使酶失活，再加入酪蛋白。实验重复 3 次。

$$蛋白酶活力(U/mL) = OD_{660} \times K \times \frac{4}{T}$$

　　式中　K——每度 OD_{660} 所相当的酪氨酸量；

　　　　　4——4mL 反应液取出 1mL 测定（即 4 倍）；

　　　　　T——反应时间（10min）。

5　实验结果

　　利用游标卡尺等记录酪蛋白平板水解圈和沉淀圈大小，记录复筛菌株凝乳时间、凝乳状态及凝乳终止时培养基的 pH，获得具有凝乳酶活性的乳酸菌菌株，并记录菌株凝乳酶和蛋白水解活力。

6　注意事项

（1）乳酸菌接种过程中注意无菌操作，避免污染，所用的试管、培养皿等应提前灭菌。
（2）平板涂布时注意菌液浓度，必要时用生理盐水稀释后再涂布。

7　思考题

（1）乳酸菌接种于酪蛋白平板上后为什么会产生水解圈？
（2）初筛过程中为什么选择沉淀圈大、水解圈小的菌株？

实验 70　耐胃肠道环境乳酸菌菌株的分离与筛选

1　目的要求

（1）了解耐酸、耐胆盐乳酸菌的分离筛选方法和基本原理。
（2）学习以乳制品和肉制品为初始原料，分离出耐酸、耐胆盐乳酸菌菌株。

2　基本原理

益生菌的定义：活的微生物，当给予足够的量时，对宿主的健康有益。乳酸菌和双歧杆菌是益生菌的重要组成部分。大量研究表明，部分乳酸菌具有特殊的生理活性和保健功能，目前已广泛应用于发酵酸乳、乳酸菌饮料、干酪、发酵豆乳、腌渍物、发酵肉制品及微生态制剂等许多方面。菌株对消化道逆环境的耐受能力已成为评价益生菌发挥益生作用的前提之一。因此，选择既有良好的生理功能又可耐受机体消化道逆环境的乳酸菌菌株作为发酵食品或微生态制剂的菌种具有重要的意义。

乳酸菌要进入肠道中发挥作用，需经过胃的酸性环境，其在胃酸中存活情况直接关系到生理功能的发挥。活菌能否顺利通过胃道，耐受 HCl 的能力强弱将是一个关键的因素。而胃液 pH 因饮食结构不同而波动很大，通常 pH 为 3.0 左右，空腹或食用酸性食品时 pH 可达 2.0，食用碱性食物 pH 可达 4.0～5.0，食物通过时间为 1～2h。因此，国内外学者一般把 pH 3.0 和 120min 作为体外初步筛选的 pH 和作用时间。

除了胃酸对菌体存活有影响外，肠道里的胆汁酸盐对其也有毒性作用。由于胆盐的存在改变了菌体外膜的通透性，所以对乳酸菌产生抑制、杀灭作用，进而影响乳酸菌的存活。已知人体小肠中胆盐含量为 0.3～3g/kg。尽管人体肠道胆盐浓度是不断变化的，但一般认为平均胆盐浓度为 0.3%，因此，0.3% 的胆盐浓度可作为初步筛选的标准浓度。根据目前的研究文献，牛胆盐被普遍用于培养基作为选择性分离、培养人类肠内致病菌或体外耐胆盐试验，所以牛胆盐的效力应与人胆盐相当接近，可以用于模拟人胆盐。

3　实验材料

3.1　样品　从市场上购买的乳制品、肉制品。
3.2　培养基及试剂　MRS 液体和固体培养基（培养基 19）、分离培养基（在固体 MRS 里加 0.5% $CaCO_3$）、胃蛋白酶、胰蛋白酶、牛磺胆酸钠和 $CaCO_3$ 等。
3.3　仪器及其他用品　722 分光光度计、pHS-25 酸度计、超净工作台、高压蒸汽灭菌锅、电热恒温培养箱、无菌培养皿、无菌吸量管、试管等。

4　实验方法与步骤

4.1　菌种的分离　各样品分别称量 25g，粉碎后加入 225mL 无菌生理盐水中，振荡均匀，得到 10^{-1} 的菌悬液。然后逐级稀释直到 10^{-8}，并将不同稀释度的菌液各 1mL 倒入培养皿，倒入熔化并冷却至 45℃ 左右的分离培养基约 15mL 摇匀凝固后于 37℃ 恒温培养 24h，挑取具有乳酸溶解圈的菌落到液体培养基中培养，以作为下一步试验用菌株。

4.2　初步筛选　调节 MRS 培养基的 pH 为 3.0，灭菌后接入 2％ 已活化两代的液体培养物，37℃ 培养 24h，测定其在 24h 过程中吸光度的变化 $\triangle OD_{600}$。

在 MRS 培养基中添加 0.3％ 的牛胆盐，灭菌后接入 2％ 已活化两代的液体培养物，37℃ 培养 24h，测定其在 24h 过程中吸光度的变化 $\triangle OD_{600}$。

选取 $\triangle OD_{600}$ 相对大的 10 个左右的菌株做下一步试验。

4.3　耐酸性试验　以 pH7.0 的 PBS 缓冲液为基础，用 37％ 的盐酸将 pH 调至 3.0，121℃ 灭菌 15min 后接入 10％ 已活化两代的液体培养物，37℃ 分别培养 0、30、60、90、120min，取样测定活菌数。

4.4　胆盐耐受性试验　将活化两代后的液体培养物按 2％ 接种量接入含不同胆盐浓度的液体 MRS 培养基中（培养基中分别含 0.1％、0.2％、0.3％、0.5％、2％ 胆盐），同时以不含胆盐的 MRS 培养基作为对照。37℃ 恒温培养 24h 后取样测定活菌数，结合上一个试验的结果筛选出既耐酸又耐胆盐的优良菌株。

4.5　活菌计数的方法　采用常规平板计数法，具体操作参见实验 36。

5　实验结果

把实验数据填入下面两表并作图。

菌株	耐酸			耐胆盐		
	$OD_前$	$OD_后$	$\triangle OD_{600}$	$OD_前$	$OD_后$	$\triangle OD_{600}$

菌株	不同时间的菌数（耐酸）/（CFU/mL）					不同浓度的菌数（耐胆盐）/（CFU/mL）					
	0min	30min	60min	90min	120min	0％	0.1％	0.2％	0.3％	0.5％	2％

6　注意事项

（1）实验过程中要注意无菌操作。

（2）酸度计必须用已知 pH 的缓冲液进行定位校准。

（3）分光光度计使用前要预热、调零和调波长。

7　思考题

（1）分离培养基为什么加 $CaCO_3$，对其浓度有要求吗？为什么？

（2）初步筛选的 pH 和胆盐的浓度一般为多少？为什么？

实验 71　产胆盐水解酶乳酸菌的分离与筛选

1　目的要求

（1）学习乳酸菌产胆盐水解酶活力的定性检测原理与方法。

（2）掌握乳酸菌产胆盐水解酶活力的定量检测方法与操作步骤。

2　基本原理

胆盐水解酶（bile salt hydrolase，BSH）是乳酸菌分泌的代谢产物，它能催化胃肠道中的结合胆盐分解，产生溶解度较低的游离胆酸和氨基酸（如牛磺酸和甘氨酸），游离胆酸能与胆固醇结合形成沉淀并通过粪便排出体外，从而在一定程度上降低血清中总胆固醇的含量。

本实验将利用结合胆盐分解后可在 $CaCl_2$ 作用下形成沉淀的现象对菌株是否产生胆盐水解酶进行定性判断，通过游离胆酸盐生成量及牛磺胆酸钠消失量的测定对菌株产胆盐水解酶能力进行定量分析，并结合以上定性和定量分析，筛选具有产胆盐水解酶活力的乳酸菌。

3　实验材料

3.1　样品　乳酸菌菌株 10 株左右。

3.2　培养基及试剂　MRS 培养基（培养基 19）、巯基乙酸钠、$CaCl_2$、牛磺胆酸钠、游离胆酸（纯度 98％以上）、乙酸乙酯、甲醇、乙酸、糠醛、H_2SO_4、冰乙酸，以上有机溶剂均为色谱纯。

3.3　仪器及其他用品　厌氧罐、打孔器、pH 计、紫外分光光度计、恒温培养箱、高效液相色谱等。

4　实验方法与步骤

4.1　Ca^{2+} 沉淀法检测胆盐水解酶活力　在新鲜配制的 MRS 液体培养基中添加 0.3％脱氧牛磺胆酸钠、0.2％巯基乙酸钠、0.37g/L $CaCl_2$ 和 1.6％琼脂，121℃加热 15min 灭菌并倾倒入无菌平皿中，待 MRS 凝固后胆盐平板制作完成。在胆盐平板上打孔，孔径为 6.0mm。用移液枪在每个孔中滴加 10μL 菌液，平板正放入厌氧罐中，37℃培养 72h。如果在孔洞周围有白色沉淀物生成为阳性，没有为阴性。

4.2　胆盐水解酶活力的定量检测

（1）游离胆酸盐生成量的测定：制备 MRS-THIO 培养基需在 MRS 培养基中添加 0.2％的巯基乙酸钠。将 MRS 液体培养基中活化后的菌株按 2％（V/V）接种于添加有质量分数 0.2％牛磺胆酸钠的 MRS-THIO 培养基中，37℃培养 24h，测定上清液中游离胆酸含量。具体如下：

用浓度为 1mol/L 的 NaOH 将 5mL 菌株培养液调 pH 至 7.0 后，于 4℃转速为 12 000r/min 离心 10min，上清液转入一洁净试管中，弃去细胞沉淀。用浓度为 10mol/L 的 HCl 调上清液 pH 至 1.0 后，充分振荡，取 pH 为 1.0 的液体 2mL，加入 3mL 乙酸乙酯。振荡 2min，静置分层，取 2mL 上层乙酸乙酯于一洁净试管中，60℃氮气流吹干。剩余残留物立即加入 1mL 浓度为 0.01mol/L 的 NaOH 溶解剩余物，再加入 1mL 质量分数为 1％的糠醛和 1mL 浓度为 9mol/L 的 H_2SO_4 混匀，在 65℃水浴加热 15min，冷却至室温加入 2.0mL 冰乙酸振荡混匀，于 660nm 测定吸光值，根据标准曲线计算游离胆酸含量。

（2）HPLC 法测定牛磺胆酸钠的消失量：将充分恢复活力的供试菌株，按 2％接种量接种于 200mL MRS-THIO 培养基中，37℃培养 24h 后，测 BSH 活力。

HPLC 色谱条件：Agilent 1 100 HPLC 系统（Agilent，USA）包括高压二元泵、荧光检测器、在线脱气机、自动进样器；Agilent 色谱工作站（Agilent，USA），Sep-PakC18（100mm×8mm），荧光检测波长 205nm，进样量为 20μL。峰面积计算用 ChemResearch Software，牛磺胆酸的流速 1.0mL/min。

流动相：700mL 甲醇和 300mL 浓度为 0.02mol/L 乙酸混合用 5mol/L 的 NaOH 调其 pH 至 5.6，通过 0.45μm 聚丙烯过滤器过滤。

配制浓度为 2.00mmol/L 的牛磺胆酸钠标准溶液母液，并稀释至 0.10、0.20、0.30、0.40、0.50mmol/L，利用 HPLC 法测定牛磺胆酸钠浓度。HPLC 条件与样品相同，以浓度为横坐标，峰面积为纵坐标，绘制标准曲线。

5　实验结果

编号、记录各测试乳酸菌在胆盐板上是否出现白色沉淀、游离胆酸生成量和牛磺胆酸钠消失量。

6　思考题

胆盐水解酶活力检测中出现的白色沉淀物是什么物质？

实验 72　粘附性双歧杆菌菌株的筛选

1　目的要求

（1）学习粘附性双歧杆菌菌株的筛选方法。
（2）掌握双歧杆菌表面疏水性的测定方法。

2　实验原理

双歧杆菌作为存在于人及动物消化道内正常菌群中的一类重要微生物，具有调节肠道微生物群、抵抗病原微生物及改善机体免疫力等多种功效，与健康息息相关。作为一种优良的微生态菌种，国内外相关学者对其开展研究比较早，其制剂也是研究最热门的益生菌制剂之一。

粘附是细菌与宿主细胞相互作用的第一步，双歧杆菌在肠道中的粘附及定植，对维持肠道菌群的结构及功能起主导作用，而外源的双歧杆菌能否在肠道粘附和定植是评定益生菌制剂效果的主要指标之一。

根据国内外相关研究报道，双歧杆菌细胞的表面疏水性在细菌对肠道上皮细胞的初始粘附中起着重要的作用。疏水作用被认为是影响细菌-宿主间反应的因素之一，与多种粘附现象如组织表面的粘附、塑料表面的粘附、细菌间的集聚等均有关。许多研究者已证明，疏水性高的菌株对肠上皮细胞也具有较高的粘附能力，肯定了检测菌株的疏水性可作为筛选高粘附力菌株的一项初筛指标。目前用于测定疏水性的方法有微生物粘着碳烃化合物法（MATH）、接触角测定法（CAM）、盐凝集法（SAT）和疏水作用层析测定法（HIC）等。这些方法各有特色，但以 MATH 法较为简便易行和稳定可靠，可以有效地把疏水性较高的菌株筛选出来，此项工作对于在不同的菌株间筛选具有高粘附力的优良双歧杆菌菌株有着重要的指导意义。

肠上皮样细胞系 Caco-2 细胞是从人结肠腺癌中建立的，是目前研究细菌或病毒与肠道黏膜粘附应用最广泛的细胞模型。该细胞模型能够在体外进行形态功能分化，表现出成熟肠上皮细胞的特性。体内粘附试验的开展较为困难，现广泛采用体外细胞粘附模型来近似模拟宿主体内益生菌的粘附定植情况。本试验采用目前国内外学者普遍使用的体外培养 Caco-2 细胞的方法来评价双歧杆菌的粘附能力，试验结果对临床治疗及益生菌的选择也具有一定的实用价值。

3　实验材料

3.1　材料与菌种　人肠道上皮细胞 Caco-2 细胞株；受试菌分离自不同生境的双歧杆菌菌株；标准菌为动物双歧杆菌 BB12。

3.2　培养基及试剂　改良 MRS 培养基（补充有 0.05％的 L-半胱氨酸盐酸盐）、MEM 细胞培养液（含

20％胎牛血清）、50mmol/L K_2HPO_4（pH6.5）缓冲液、二甲苯（分析纯）、革兰氏染色液。

3.3 仪器及其他用品 超净工作台、紫外可见分光光度计、倒置显微镜、二氧化碳细胞培养箱、亨盖特厌氧装置、漩涡振荡器、高速冷冻离心机、移液枪等。

4 实验方法与步骤

4.1 菌株活化 分别取受试菌与标准菌的活菌冻干粉少量于改良 MRS 液体培养基中活化，在37℃下厌氧培养24h，传代2～3次后，经镜检发现菌体生长形态良好后进行实验。

4.2 菌液浓度调整 将细菌培养物以12 000r/min 离心5min 收集菌体，用缓冲液洗涤菌体两次，每次5mL，6 000r/min 离心2min。以缓冲液为空白对照，用缓冲液调整受试菌株菌体浓度，使其在600nm 波长下吸光度 A_{600} 为1.000。

4.3 疏水性测定（采用碳烃化合物粘着法） 取 2mL 调整浓度后的菌液加入 $400\mu L$ 二甲苯，对照组不加二甲苯，振荡30s，停顿10s 后再振荡30s，静置5min 分层。从上至下分别为油层、泡沫层、水层，不同菌株的油水分层大体相似，油水界面分层均不清晰。取水相，以缓冲液为空白对照，在600nm 下测量吸光度，并记录，每株细菌平行做3管重复。

细菌细胞表面疏水率的计算：

$$疏水率 = \frac{A_0 - A}{A_0} \times 100\%$$

其中 A_0 和 A 分别是与二甲苯混匀前、后菌液在600nm 下测量得到的吸光度。

4.4 粘附力的测定（采用体外细胞培养法）

（1）细菌培养：将受试菌和标准双歧杆菌接种于改良 MRS 培养基中厌氧培养24h，调节细菌浓度为 $10^8CFU/mL$。

（2）细胞培养：将人肠道上皮细胞 Caco-2 细胞株使用 MEM 细胞培养液（含20％胎牛血清），37℃下在 5％ CO_2-95％空气的二氧化碳细胞培养箱中恒温孵育，待细胞生长良好（70％融合）时用消化液消化传代。细胞贴壁生长，通常是1～2d 更换营养液，4d 传代1次。

（3）粘附试验：将培养好的人肠道上皮细胞 Caco-2 株进行消化，制成细胞悬液（$10^5CFU/mL$），接种于含20％胎牛血清、不含双抗的 MEM 培养液后，放入含洁净细胞飞片的24孔板（Costa 公司）中，每孔内加入 1mL 细胞悬液，于 5％ CO_2 37℃细胞培养箱中孵育至单细胞贴壁。无菌 PBS 液洗涤3次，每孔加入 1mL 菌液（含菌体 $10^8CFU/mL$）与 1mL MEM 细胞培养液的混合液，于37℃的 5％ CO_2-95％空气中孵育2h。无菌 PBS 洗涤细胞飞片以除去未结合的细菌。然后火焰固定，革兰氏染色，显微镜下随机挑选20个视野，计数50个细胞上粘附的细菌数，每个处理平行3孔，再计算平均每个细胞所粘附的细菌数。

4.5 数据的统计学处理 数据以 mean±SD 来表示参考值范围，以 q 检验方法进行不同菌株与标准菌株间的比较，所有的统计分析采用 SAS 8.0 完成。

5 实验结果

（1）观察疏水性测定试验中二甲苯处理后静置分层现象，将不同来源双歧杆菌菌株表面疏水性的测定结果填入下表。

菌株	来源	表面疏水性

（2）将不同来源双歧杆菌菌株的粘附力的测定结果填入下表。

菌株	来源	粘附菌数/细胞（mean±SD）

6　注意事项

（1）疏水性测定时要尽量保持受试菌处在相同的状态，以减少其误差。

（2）细胞培养时要注意防止污染，保持无菌操作。

（3）受验细菌和肠细胞粘附时，要保持在相同的温度、pH 和时间下进行。

7　思考题

（1）为何菌体表面的疏水性可以作为粘附性菌株初筛的指标？

（2）目前用于测定疏水性的方法有哪些？本实验采用的是哪一种？

（3）双歧杆菌与肠细胞粘附时，应注意哪些具体的操作环节？

实验 73　啤酒酵母的固定化及啤酒发酵实验

1　目的要求

（1）掌握固定化细胞技术的方法与原理。

（2）了解固定化酵母细胞发酵啤酒的过程。

2　基本原理

　　细胞的固定化技术是利用物理或化学的手段将游离的生物细胞定位于限定的空间区域，使其保持活性并可反复使用的一项技术。与游离细胞相比，固定化细胞具有细胞密度大、生长停滞时间短、反应速度快、抗污染能力强、可以进行连续发酵和反复使用等优点。在啤酒酿造中使用酵母固定化技术不仅能在保证啤酒质量的同时减少发酵时间，而且由于生物反应罐中的高细胞密度导致了快速发酵和较高生产力从而降低成本。

　　目前制备固定化细胞的方法有吸附法、包埋法、共价结合法、交联法、多孔物质包络法、超滤法、多种固定化方法的联用等几类方法，其中包埋法应用较为普遍。

　　包埋法是将细胞用物理方法包裹于凝胶的网格结构中或半透性聚合薄膜内，从而使细胞固定化。根据载体和方法的不同，分为凝胶包埋法和微胶囊法。本实验采用最常用的海藻酸钠包埋法固定啤酒酵母。海藻酸钠为水溶性海藻酸盐，可与细胞混合形成均匀悬浮液，遇到钙离子可迅速发生离子交换，生成凝胶。凝胶机械强度较好，内部呈多孔结构，微生物分布均匀。包埋过程中，细胞包埋量、海藻酸钠浓度、凝胶粒直径大小等对固定化细胞活力的影响较大。凝胶包埋还可采用其他天然的凝胶物质（琼脂、壳聚糖、明胶、胶原、蛋清、槐豆胶）、合成聚合物（如醋酸纤维）以及利用辐射作用能聚合的物质等。

固定化细胞

　　啤酒发酵是利用酵母菌将麦芽汁中可发酵糖转变成酒精，并通过后发酵形成一些风味物质，排除掉啤酒中的异味，并促进啤酒的成熟。主发酵过程中，由于培养基中糖的消耗及 CO_2 与酒精的产生，相对密度不断下降，发酵过程可用糖度计来监测。本实验测定主发酵后的酒精度，以观察固定化酵母的活力。

3　实验材料

3.1　菌种　啤酒酵母。

3.2　培养基及试剂　麦芽汁斜面培养基（培养基2）、种子培养基（10°P麦芽汁加入0.3％酵母膏，调节 pH 至5.0）、10°P麦芽汁、无菌生理盐水、海藻酸钠溶液、2％ $CaCl_2$（灭菌后冷却备用）、无水乙醇、乙醚、无菌水、生理盐水。

3.3　仪器及其他用品　超净工作台、恒温培养箱、分析天平、500mL 全玻璃蒸馏器、恒温水浴锅（控温精度±0.1℃）、电热干燥箱、离心机、冰箱、漩涡振荡器、1L 玻璃发酵罐、游标卡尺、25mL 附温度计密度瓶、500mL 量筒、250mL 和 1 000mL 锥形瓶、100mL 容量瓶、玻璃珠、橡皮塞、中速滤纸、直径 2mm 滴管、冰袋等。

4　实验方法和步骤

4.1　酵母菌液的制备　将培养 24h 的新鲜斜面菌种接种于盛有 100mL 种子培养基的锥形瓶中，在 28℃静止培养 48h 或 28℃下在转速 100r/min 的摇床振荡培养 24h。

4.2　酵母细胞的浓缩　酵母菌液经 4 000r/min 离心 10min 收集菌体，用无菌水振荡洗涤重复离心 3 次，再用无菌生理盐水将酵母制成菌悬液，调整酵母细胞浓度为 $1×10^9$ 个/mL，备用。

4.3　酵母细胞的固定化

（1）海藻酸钠溶胶液制备：海藻酸钠用无菌水吸涨调匀，加温至 80℃保持 30min，以杀死杂菌，然后冷却到室温，加入浓缩酵母菌悬液，使之成为含海藻酸钠 2％、酵母细胞 10^8 个/mL 的溶胶液。

（2）凝胶珠制备：用无菌滴管以缓慢而稳定的速度滴入 2％ $CaCl_2$ 溶液中，边滴入菌液边摇动锥形瓶，即可制得直径约为 3mm 的凝胶珠，然后在 $CaCl_2$ 溶液中固化 2h，生理盐水漂洗 3 次，取出经过钙化的凝胶珠 5～10 粒，测定其直径并计算平均值，其余转入 4℃冰箱中备用。

4.4　固定化酵母细胞发酵啤酒　取灭菌后冷却到 10℃左右的麦汁 600mL 装入灭菌发酵罐中，加入 5％（*m/V*）固定化酵母凝胶珠，10℃静止发酵 7d 制得嫩啤酒。观察主发酵期间发酵液的变化，采用密度瓶法测定嫩啤酒的酒精度。将发酵后的固定化酵母细胞用生理盐水清洗，即可再接入新的发酵培养基，进行第二次发酵。

密度瓶法测定
啤酒的酒精度

5　实验结果

（1）测定发酵前后固定化细胞凝胶珠直径，填入下表进行比较。

取样时间	直径/mm										
	1	2	3	4	5	6	7	8	9	10	平均
发酵前											
发酵后											

（2）观察记录固定化细胞啤酒发酵的酵母繁殖期、起泡期、高泡期、落泡期、泡盖形成期的现象，对嫩啤酒进行感官评定，记录其酒精含量，并与啤酒国家标准对照。

6　注意事项

（1）海藻酸钠吸水后易结成快，要让其吸涨均匀，固定化过程尽可能无菌操作。

（2）啤酒酒精度测定前，用振摇、超声波或搅拌等方式除去酒样种的 CO_2 气体。

（3）蒸馏时火力不要太旺，最好可调节火力。

7 思考题

（1）固定化操作中哪些因素会影响到固定化细胞活力？

（2）啤酒发酵为什么要在低温下进行？与一般啤酒发酵相比，固定化细胞发酵有何特点？

实验 74　糖化曲的制备及其酶活力的测定

1 目的要求

（1）了解黑曲霉糖化麸曲的制作方法。

（2）掌握糖化酶活力的测定原理和方法。

2 基本原理

糖化曲是发酵工业中普遍使用的淀粉糖化剂，包括固体曲和液体曲两种。以麸皮为主要原料制成的固体曲称为麸曲。我国目前主要利用黑曲霉 AS 3.4309 或其变异菌株生产麸曲。

黑曲霉是好气性微生物，适于低温生长，最适培养温度 32℃。该菌糖化力强、酶系纯，主要产葡萄糖淀粉酶（淀粉葡萄糖苷酶）。制曲时，前期菌丝生长缓慢，当出现分生孢子时，菌丝迅速蔓延。在制备固体曲时，注意控制温度和湿度，并适当通风，避免曲心发黑、结块等。麸曲生产方法有多种，传统的有曲盘制曲、帘子制曲，现在企业采用的是机械通风制曲。

葡萄糖淀粉酶不仅能从淀粉非还原末端切开 α-1，4 糖苷键，还能将 α-1，6 和 α-1，3 糖苷键缓慢切开产生葡萄糖。1g 酶粉在 40℃、pH4.6 条件下，1h 水解可溶性淀粉产生 1mg 葡萄糖，即为一个酶活力单位，以 U/g 表示。糖化酶活力可采用碘量法测定。基本原理为：葡萄糖具有还原性，其醛基易被弱氧化剂次碘酸钠氧化，过量的次碘酸钠酸化后析出碘，再用硫代硫酸钠标准溶液滴定，计算出未参与反应的次碘酸钠，从而推导出糖化酶催化产生的葡萄糖含量。

3 实验材料

3.1 菌种 黑曲霉 AS 3.4309 斜面试管菌。

3.2 培养基（料）**及试剂** 察氏培养基（培养基6）、麸皮、稻壳、20g/L 可溶性淀粉溶液、0.05mol/L 乙酸-乙酸钠缓冲液（pH4.6）、0.05mol/L 硫代硫酸钠标准滴定溶液、0.1mol/L 碘标准溶液、0.1mol/L 的 NaOH 溶液、200g/L NaOH 溶液、2mol/L 硫酸溶液、无菌水。

3.3 仪器及其他用品 超净工作台、恒温水浴箱、恒温培养箱、高压蒸气灭菌器、分析天平、鼓风干燥箱、酸度计、磁力搅拌器、酒精灯、瓷盘、锥形瓶、50mL 烧杯、移液枪、滴定管、吸量管、50mL 比色管、容量瓶、碘量瓶、玻璃棒、接种环、灭菌纱布等。

4 实验方法与步骤

4.1 糖化曲制备（以浅盘麸曲为例）

（1）菌种的活化：无菌操作取原试管菌 1 环接入察氏培养基斜面，或用无菌水稀释法接种，31℃保温培养 4～7d，取出，备用。

（2）锥形瓶种曲培养：称取一定量的麸皮，加入 70%～80% 水，搅拌均匀，润料 1h 后装瓶，料厚 1.0～1.5cm，包扎，在 9.8×10^4 Pa 压力下灭菌 40min。灭菌后趁热把曲料摇松，冷却后接种，31～32℃培养，待瓶内麸皮已结成饼时进行扣瓶，继续培养 3～4d，待孢子由黄色变成黄褐色即成熟。要求成熟种曲孢子穗健壮、丰满、颜色一致。

（3）糖化曲制备：

①配料：称取一定量的麸皮，加入 5％稻壳，加入原料量 70％水，搅拌均匀。

②蒸料：将混合料常压蒸煮 40～60min。时间过短，料蒸不透对曲质量有影响；时间过长，麸皮易发黏。

③接种：将蒸料冷却，打散结块，当料冷至 40℃时，接入 0.25％～0.35％（按干料计）锥形瓶种曲，搅拌均匀，将其平摊在灭过菌的瓷盘中，料厚为 1～2cm。

④前期管理：将接种好的料放入培养箱中培养，为防止水分蒸发过快，可在料面上覆盖灭菌纱布。这段时间为孢子膨胀发芽期，料醅不发热，控制温度 30℃左右。培养 8～10h，孢子发芽，曲料上呈现白色菌丝，此时控制品温 32～35℃。若温度过高，则水分蒸发过快，影响菌丝生长。

⑤中期管理：这时菌丝生长旺盛，呼吸作用较强，放热量大，品温迅速上升。开始划动曲料，使其呈疏松状，应控制品温不超过 35～37℃。

⑥后期管理：这阶段菌丝生长缓慢，故放出热量少，品温开始下降，应降低湿度，提高培养温度，将品温提高到 37～38℃，以利于水分排除。这是制曲很重要的排潮阶段，对酶的形成和成品曲的保存都很重要。出曲水分应控制在 25％以下。总培养时间 24h 左右。

⑦糖化曲感官鉴定：要求菌丝粗壮浓密，无干皮或"夹心"，没有怪味或酸味，曲呈米黄色，孢子尚未形成，有曲清香味，曲块结实。

4.2　糖化酶活力测定

（1）酶液抽提：用 50mL 小烧杯准确称取适量酶样，精确至 1mg，用少量乙酸-乙酸钠缓冲溶液溶解，并用玻璃棒仔细捣研，将上层清液小心倾入适当的容量瓶中，在沉渣中再加入少量乙酸-乙酸钠缓冲溶液，如此反复捣研 3～4 次，取上清液，最后全部移入容量瓶中，用乙酸-乙酸钠缓冲溶液定容，磁力搅拌 30min 以充分混匀，取上清液测定。

（2）酶活力测定：取 A、B 两支 50mL 比色管，分别加入可溶性淀粉溶液 25mL 和乙酸-乙酸钠缓冲溶液 5mL，摇匀。于 40℃±0.1℃的恒温水浴中预热 5～10min。在 B 管中加入待测酶液 2.0mL，立即计时，摇匀。在此温度下准确反应 30min 后，立即向 A、B 两管中各加 NaOH 溶液（200g/L）0.2mL，摇匀，同时将两管取出，迅速用水冷却，并于 B 管中补加待测酶液 2.0mL（作为空白对照）。

吸取上述 A、B 两管中的反应液各 5.0mL，分别于两个碘量瓶中，准确加入碘标准溶液 10.0mL，再加 NaOH 溶液（0.1mol/L）15mL，边加边摇匀，并于暗处放置 15min，取出。用水淋洗瓶盖，加入硫酸溶液 2mL，用硫代硫酸钠标准滴定溶液滴定蓝紫色溶液，直至刚好无色为其终点，分别记录空白和样品消耗硫代硫酸钠标准滴定溶液的体积（V_A、V_B）。

（3）计算：

$$X = \frac{(V_A - V_B) \times c \times 90.05 \times 32.2 \times n \times 2}{5} \times \frac{1}{2}$$

式中　X——样品的酶活力单位（U/g）；

　　　V_A——滴定空白时消耗硫代硫酸钠标准滴定溶液的体积（mL）；

　　　V_B——滴定样品时消耗硫代硫酸钠标准滴定溶液的体积（mL）；

　　　c——硫代硫酸钠标准滴定溶液的准确浓度（mol/L）；

　90.05——与 1.00mL 硫代硫酸钠标准溶液相当的葡萄糖的摩尔质量（g/mol）；

　32.2——反应液的总体积（mL）；

　　　5——吸取反应液的体积（mL）；

　1/2——折算成 1mL 酶液的量；

　　　n——稀释倍数；

　　　2——反应 30min，换算成 1h 的酶活力系数。

5　实验结果

（1）记录制曲过程中观察到的现象，比较锥形瓶种曲与麸曲制作终点的差异。

（2）详细记录重复 3 次的酶活力测定数据，计算麸曲的酶活力。

6　注意事项

（1）制备待测酶液时，样品液浓度应控制在滴定空白和样品时消耗 0.05mol/L，硫代硫酸钠标准滴定溶液（0.05mol/L）的差值在 4.5～5.5mL（酶活力为 120～150U/mL）。

（2）注意观察滴定终点颜色的变化，减少视觉误差对实验结果的影响。

7　思考题

（1）结合黑曲霉生长和糖化酶产生条件，说明固体曲制作工艺参数设定和终点判断的依据。

（2）为了准确地测定糖化酶活力，在操作中应注意哪些问题？

（3）糖化酶活力的高低与哪些因素有关？

实验 75　酱油种曲孢子数及发芽率的测定

1　目的要求

（1）熟练应用血细胞计数板测定酱油种曲中的孢子数。

（2）掌握孢子发芽率的测定方法。

2　基本原理

种曲是保证成曲质量的关键，是酿制优质酱油的基础。合格的种曲要求无杂菌污染，孢子数必须达到 6×10^9 个/g（干基计）以上，孢子旺盛、活力强，发芽率达 85% 以上，所以孢子数及其发芽率的测定是种曲质量控制的重要手段。

测定孢子数方法有多种，本实验采用血细胞计数板在显微镜下直接计数。孢子发芽率的测定方法常有液体培养法和玻片培养法，部颁行业标准采用的是玻片培养法。本实验应用液体培养法制片在显微镜下直接观察测定孢子发芽率。孢子发芽率除受孢子本身活力影响外，其他条件如培养基种类、培养温度、通气状况等也会影响其测定结果。所以测定孢子发芽率时，要求选用固定的培养基和培养条件，才能准确反映其真实活力。

玻片培养法

3　实验材料

3.1　样品　酱油种曲。

3.2　培养基及试剂　察氏液体培养基（培养基 6）、95% 酒精、稀硫酸（1∶10）、无菌水。

3.3　仪器及其他用品　显微镜、恒温摇床、漩涡混匀器、电子天平、血细胞计数板、250mL 锥形瓶、500mL 容量瓶、10mL 吸量管、无菌滴管、盖玻片、载玻片、接种环、酒精灯、无菌纱布、玻璃珠、吸水纸等。

4　实验方法与步骤

4.1　测定孢子数

（1）样品稀释：精确称取种曲 1g（称准至 0.002g），倒入盛有玻璃珠的 250mL 锥形瓶内，加入

95％乙醇 5mL、无菌水 20mL、稀硫酸（1∶10）10mL，在漩涡混匀器上充分振荡，使种曲孢子分散，然后用 3 层纱布过滤，用无菌水反复冲洗，使滤渣不含孢子，最后稀释至 500mL。

（2）制计数板：取洁净干燥的血细胞计数板盖上盖玻片，用无菌滴管取孢子稀释液 1 小滴，滴于盖玻片的边缘处（不宜过多），让滴液自行渗入计数室中，注意不可有气泡产生。若有多余液滴，可用吸水纸吸干，静止 5min，待孢子沉降。

（3）观察计数：用低倍镜头或高倍镜头观察，由于稀释液中的孢子在血细胞计数板上处于不同的空间位置，要在不同的焦距下才能看到，因而计数时必须逐格调动微调螺旋，才能不使之遗漏，如孢子位于格的线上，数上线不数下线，数右线不数左线。使用 16×25 的计数板时，只计板上四个角上的 4 个中格（即 100 个小格）。如果使用 25×16 的计数板，除计四个角的 4 个大格外，还需要计中央一大格的数目（即 80 个小格）。每个样品重复观察计数 2 次，然后取其平均值。

（4）计算：

①16×25 的计数板：

$$孢子数（个/g）= \frac{n}{100} \times 400 \times 10\ 000 \times \frac{V}{m} = 4 \times 10^4 \times \frac{nV}{m}$$

式中　　n——100 小格内孢子总数（个）；

　　　　V——孢子稀释液体积（mL）；

　　　　m——样品质量（g）。

②25×16 的计数板：

$$孢子数（个/g）= \frac{n}{80} \times 400 \times 10\ 000 \times \frac{V}{m} = 5 \times 10^4 \times \frac{nV}{m}$$

式中　　n——80 小格内孢子总数（个）；

　　　　V——孢子稀释液体积（mL）；

　　　　m——样品质量（g）。

4.2　测定孢子发芽率

（1）接种：用接种环挑取种曲少许接入含察氏液体培养基的锥形瓶中，置于摇床 30℃下振荡恒温培养 3～5h。

（2）制片：用无菌滴管取上述培养液 1 滴于载玻片上，盖上盖玻片，注意不可产生气泡。

（3）镜检：将标本片直接放在高倍镜下观察发芽情况，标本片至少同时做 2 个，连续观察 2 次以上，取平均值，每次观察不少于 100 个孢子发芽情况。

（4）计算：

$$发芽率 = \frac{A}{A+B} \times 100\%$$

式中　　A——发芽孢子数（个）；

　　　　B——未发芽孢子数（个）。

5　实验结果

（1）将样品稀释液中孢子计数结果，记入下表。

统计次数	各中格孢子数	小格平均孢子数	稀释倍数	孢子数/（个/g）	平均值
第一次					
第二次					

（2）正确区分孢子的发芽和不发芽状态，将计数结果记入下表。

统计次数	孢子发芽数（A）	发芽和未发芽孢子数（A＋B）	发芽率/%	平均值
第一次				
第二次				

6　注意事项

（1）称样时要尽量防止孢子飞扬。

（2）测定时，如果发现孢子集结成团，说明样品稀释未能符合操作要求，因此必须重新称量、振摇、稀释。在计数前，需要调节好稀释度，使计数板中每小格有 5～10 个孢子为宜。

（3）正确区分孢子的发芽和不发芽状态。

（4）测定孢子发芽率时，在培养前要检查调整孢子接入量，以每个视野含孢子数 10～20 个为宜。

7　思考题

（1）用血细胞计数板测定孢子数有什么优缺点？

（2）影响孢子发芽率的因素有哪些？哪些实验步骤容易造成结果误差？

实验 76　酒药中根霉的分离与甜酒酿的制作

1　目的要求

（1）了解根霉的形态特征，掌握根霉的分离纯化及鉴定方法。

（2）了解甜酒酿的酿制方法和原理。

2　基本原理

酒药，又称小曲、药曲、酒饼等，通常含有根霉、毛霉及酵母菌等，以根霉为主，还有一些特有的酶类，在米酒酿造中根霉菌通常起双边发酵的作用，因此根霉种类及发酵特性对于产品的特性品质具有非常重要的意义。

根霉在人工培养基或自然物料上生长时，菌丝体向空间延伸，遇到光滑平面后营养菌丝体形成匍匐枝，节间产生假根，假根处匍匐枝上着生成群的孢子囊梗，柄顶端膨大形成孢子囊，囊内产生孢囊孢子。进行根霉菌分离时常利用此生长和形态特性判断是否根霉菌，再挑取单个孢囊孢子进行纯化。

酒酿制作所用原料多为糯米，其主要成分淀粉经过蒸煮糊化后，利用小曲中根霉菌较强的液化和糖化能力将其中的淀粉降解为不可酵糖和可酵糖。可酵糖经根霉菌本身的酒化酶及酵母菌发酵产生酒精，不可酵糖则残留在发酵醪中形成米酒或酒酿特有的体和甜香味。根霉的糖化酶活性较高，分解淀粉比较完全，由于其糖化酶多为胞内酶，故表现的糖化力不如曲霉高，糖化作用稍慢。

不同品牌酒药中的根霉菌菌种不同，发酵时间和其他环境条件要求也不同，通过对发酵过程中还原糖、酒精度等参数的测定，结合发酵物的感官评定，判断是否终止发酵。

3　实验材料

3.1　种曲　甜酒药。

3.2　培养基（料）及试剂　糯米饭、马铃薯葡萄糖琼脂（PDA）培养基（培养基 3）、炒熟面粉、0.05mol/L 乙酸-乙酸钠缓冲液（pH4.6）、0.05mol/L 硫代硫酸钠标准滴定溶液、0.1mol/L 碘标准溶液、0.1mol/L 的 NaOH 溶液、200g/L NaOH 溶液、2mol/L 硫酸溶液、无菌水等。

3.3　仪器及其他用品　高压蒸气灭菌器、恒温培养箱、生物显微镜、培养皿、研钵、250mL 锥形瓶、玻璃珠、涂布棒、接种环、不锈钢盆和锅、发酵坛、50mL 烧杯、移液枪、滴定管、吸量管、50mL 比色管、容量瓶、碘量瓶、玻璃棒、滤布、无菌纱布等。

4 实验方法与步骤

4.1 酒药中根霉的分离

（1）配制培养基：配制 PDA 培养基，经灭菌后倒平板，冷却、备用。

（2）根霉的分离：先将酒药曲在研钵中磨细，再将研细的酒药种曲在含玻璃珠的锥形瓶中打散成孢子悬浮液，然后以 10 倍系列稀释法稀释，取适当稀释度的孢子悬液涂布平板或划线，在 28℃左右培养 2d，选择分离效果好的根霉单菌落移接到新鲜斜面上，观察其生长情况及形态特征。

（3）镜检初步鉴定：可由载片培养法初步观察根霉的假根、孢子囊、匍匐菌丝、孢囊孢子等形态特征。市售甜酒药中常见的根霉为米根霉（*Rhizopus oryzae*），有时也见华根霉（*R. chinensis*），若分离到的单菌落大多为非根霉类的丝状真菌，则该酒药肯定欠佳，应弃之不用。

（4）糖化试验：分离后的各根霉斜面菌种可进行糖化试验，以确定其糖化的速度和糖化率的高低。

①蒸煮米饭：取 250mL 锥形瓶内装干糯米 10g，经淘洗干净并让其吸足水分后在加压蒸汽灭菌锅内蒸煮灭菌成米饭，灭菌后趁热拍松。

②接种根霉：分别将各单菌落斜面根霉菌种接入相应的锥形瓶米饭中。每支斜面各接 3 只重复锥形瓶，并将接种后的培养物拍匀。

③糖化培养：将各锥形瓶培养物用由 8 层无菌纱布制成的"通气塞"包扎，置于 28℃恒温培养箱中培养，至 24h 后，将各锥形瓶再次拍匀，继续培养直至糖化彻底为止。

④肉眼观察：在培养过程中，可观察根霉的生长特征初步判断其糖化速度（即视其米饭黏度下降、出液时间和米粒糊化情况等），并适当记录。

⑤测定糖化率：将培养至 48～72h 的培养物，统一用碘量法测定，依此判断各根霉斜面菌种的糖化率，从而推断各菌株的特点和优劣。

4.2 甜酒酿的酿制

（1）选择原料：酿制甜酒酿的原料常用糯米，选择时要用品质好、米质新鲜的糯米。

（2）淘洗和浸泡：将米淘洗干净后浸泡过夜，使米粒充分吸水，以利蒸煮时米粒分散和熟透均匀。

（3）蒸煮米饭：将浸泡吸足水分的糯米捞起，放在蒸锅内搁架的纱布上隔水蒸煮，至米饭完全熟透时为止。

（4）米饭降温：将蒸熟的米饭从锅内取出，在室温下摊开冷却至 30℃左右接种。

（5）接入种曲：按干糯米重量换算接种量，一般用量为 0.1%～0.5%，具体参考所购酒药说明。为使接种时种曲与米饭拌匀，可先将酒药块在研钵中捣碎，或再拌入一定数量的炒熟面粉后再与大量米饭混匀。

（6）装坛发酵：接种拌匀后的米饭可装坛发酵，注意在坛子的中轴留一个散热孔道，所用的容器都应预先洗净，并用开水浇淋浸泡过，以杀死大部分杂菌。

（7）保温发酵：温度可控制在 30℃左右，发酵初期可见米饭表面产生大量纵横交错的菌丝体，同时糯米饭的黏度逐渐下降，糖化液渐渐溢出和增多。若发酵中米饭出现干燥，可在培养 18～24h 补加一些凉开水。

（8）后熟发酵：酿制 48h 后的甜酒酿已初步成熟，但往往略带酸味。如在 8～10℃条件下将它放置 2～3d 或更长一段时间进行后发酵，则可去除酸味。

（9）质量评估：酿成的甜酒应是酒香浓郁、醪液充沛、清澈半透明和甜醇爽口的。

5 实验结果

（1）描述根霉菌的形态特征，绘制形态特征图，注明各部位名称。根据观察结果，查阅检索表将分离菌株鉴定到种。

（2）记录酒酿发酵过程中酒醅的变化，评定所制得酒酿的品质。

6 注意事项

（1）淘洗的糯米要待充分吸水后隔水蒸煮熟透，使饭粒饱满分散，这样有利于接种后的霉菌孢子能在疏松通气的条件下良好地生长繁殖，使淀粉充分糖化。

（2）米饭一定要凉透至35℃以下才能拌酒曲，否则会影响正常发酵。

7 思考题

（1）制作甜酒酿的关键步骤是什么？为什么？

（2）刚酿制成的甜酒酿往往带有酸味，经低温存放（或称后熟）后则酸味消失，并获得甘甜醇香的口味，其原因是什么？

实验 77 毛霉的分离和豆腐乳的制作

1 目的要求

（1）掌握毛霉的分离和纯化方法。

（2）了解豆腐乳发酵的工艺过程，观察豆腐乳发酵过程中的变化。

2 基本原理

豆腐乳是以豆腐为原料，利用毛霉等微生物发酵而制成。腐乳制作中通常使用毛霉如雅致放射毛霉、高大毛霉等，也有使用根霉和细菌的，如克东腐乳使用藤黄微球菌。毛霉在豆腐坯上生长，洁白的菌丝可以包裹豆腐坯使其不易破碎，同时分泌出一定数量的蛋白酶、脂肪酶、淀粉酶等水解酶系，对豆腐坯中的大分子成分进行初步的降解。发酵后的豆腐毛坯经过加盐腌制后，有大量嗜盐菌、嗜温菌生长，由于这些微生物和毛霉所分泌的各种酶类的共同作用，大豆蛋白逐步水解，生成各种多肽类化合物，并可进一步生成部分游离氨基酸；大豆脂肪经降解后生成小分子脂肪酸，并与添加料中的醇合成各种芳香酯；大分子糖类在淀粉酶的催化下生成低聚糖和单糖，形成细腻、鲜香的豆腐乳特色。

3 实验材料

3.1 菌种 AS 3.2778 或其他毛霉斜面菌种。

3.2 培养基（料）及试剂 马铃薯葡萄糖琼脂（PDA）培养基（培养基3）、无菌水、豆腐坯、红曲米、面曲、甜酒酿、白酒、黄酒、食盐、乳酸石炭酸棉蓝染液。

3.3 仪器及其他用品 生物显微镜、恒温培养箱、高压蒸汽灭菌器、培养皿、500mL 锥形瓶、接种针、解剖针、小笼格、喷枪、小刀、镊子、纱布、带盖广口瓶等。

4 实验方法与步骤

4.1 毛霉的分离

（1）平板制备：配制马铃薯葡萄糖琼脂培养基（PDA），经灭菌后倒平板。

（2）毛霉的分离：用镊子从长满毛霉菌丝的豆腐坯上取小块于5mL 无菌水中，振摇，制成孢子悬液，用接种环取该孢子悬液在 PDA 平板表面作划线分离，于20℃培养1～2d，以获取单菌落。

（3）初步鉴定：

①菌落观察：呈白色棉絮状，菌丝发达。

②显微镜检：于载玻片上加 1 滴乳酸石炭酸棉蓝染液，用解剖针从菌落边缘挑取少量菌丝于载玻片上，轻轻将菌丝体分开，加盖玻片，于显微镜下观察孢子囊、梗的着生情况。若无假根和匍匐菌丝或菌丝不发达，孢囊梗直接由菌丝长出，单生或分枝，则可初步确定为毛霉。

4.2 豆腐乳的制备

（1）菌种活化与扩培：将毛霉斜面菌种转接入一新鲜斜面培养基，于 25～28℃ 培养 2～3d 以活化菌种，另取锥形瓶，装入 3～8 条切成约 0.5cm 厚的豆腐条，经高压蒸汽灭菌后，冷却、接种上述活化斜面菌种，于同样温度下培养至菌丝和孢子生长旺盛，冰箱冷藏备用。

（2）孢子悬液制备：使用时加入 200mL 无菌水洗涤孢子，以两层无菌纱布过滤，重复操作一次，合并滤液，以血细胞计数板进行孢子计数，通常种子液的孢子数应为 10^5～10^6 个/mL。将制好的孢子悬液装入喷枪贮液瓶中供接种使用。

（3）接种孢子：用刀将豆腐坯划成 4.1cm×4.1cm×1.6cm 的块，笼格以蒸汽消毒后冷却，用孢子悬液喷洒笼格内壁，然后把划块的豆腐坯均匀竖放在笼格内，块与块之间间隔 2cm。再用喷枪向豆腐块上喷洒孢子悬液，使每块豆腐周身沾上孢子悬液。

（4）培养与晾花：将放有接种豆腐坯的笼格放入培养箱或恒温培养室内，于 25℃ 左右下培养 36～48h。注意在培养 20h 后每隔 6h 上下层调换一次，以更换新鲜空气，调整温度、湿度，并观察毛霉生长情况。当菌丝顶端长出孢子囊，腐乳坯上毛霉呈棉花絮状，菌丝下垂，白色菌丝已包围住豆腐坯时将笼格取出，使热量和水分散失，坯迅速冷却。其目的是使菌丝老熟，分泌酶系，并使霉味散发，此操作在工艺上称为晾花。

（5）搓毛腌坯：将晾花后的毛坯坯块上互相依连的菌丝分开，用手指轻轻在每块表面搓涂一遍，使豆腐坯上形成一层皮衣，装入圆形玻璃瓶或缸中，边搓涂边沿壁呈同心圆方式一层一层向内侧放（注意刀口靠边），摆满一层稍用手压平，撒一层食盐，每 100 块豆腐坯用盐约 400g，使平均含盐量约为 16%，如此一层层铺满。下层食盐用量少，向上食盐逐层增多，腌制中盐分渗入毛坯，水分析出，为使上下层含盐均匀，腌坯 3～4d 时需加盐水淹没坯面。腌坯周期冬季 13d，夏季 8d。

（6）配料与装瓶发酵：

①红方：按每 100 块坯用红曲米 32g、面曲 28g、甜酒酿 1kg 的比例配制染坯红曲卤和装瓶红曲卤。先用 200g 甜酒酿浸泡红曲米和面曲 2d，研磨后再加 200g 甜酒酿调匀即为染坯红曲卤。将腌坯沥干，待坯块稍有收缩后，放在染坯红曲卤内，六面染红，装入经预先消毒的玻璃瓶中。再将剩余的红曲卤用剩余的 600g 甜酒酿兑稀，灌入瓶内，淹没腐乳，并加适量食盐和 50°白酒，加盖密封，在常温下贮藏 6 个月成熟。

腐乳的感官要求

②白方：将腌坯沥干，待坯块稍有收缩后装瓶，按甜酒酿 0.5kg、黄酒 1kg、白酒 0.75kg、盐 0.25kg 的配方配制汤料，并注入瓶中，淹没腐乳，加盖密封，在常温下贮藏 2～4 个月成熟。

（7）质量鉴定：将成熟的腐乳开瓶，进行感官质量鉴定、评价。

5 实验结果

（1）记录孢子悬液中孢子浓度、喷洒量及发酵过程中主要现象，并分析发酵过程中环境条件对腐乳质量的影响。

（2）对照腐乳部颁行业标准制定感官质量评定细则，对产品进行评价，分析出现瑕疵原因。

6 思考题

（1）腐乳是否是"群微共酵"的产物？不同微生物发酵对腐乳质量有何影响？

（2）试分析腐乳生产中为什么要进行腌制处理？食盐含量对腐乳质量有何影响？

实验 78 高产红曲色素红曲霉菌株的诱变选育

1 目的要求

（1）学习红曲色素色价的测定方法。
（2）掌握高产红曲色素红曲霉菌株的诱变选育技术。

2 基本原理

红曲色素（monascus pigments，MPs）是红曲霉在发酵过程中产生的一类主要次级代谢产物。MPs 具有热稳定性好，蛋白着色力强，对 pH 稳定，安全无毒等特点，在食品工业中被广泛用作天然食品着色剂。

诱变育种是生产实践中应用较多的一种可用于改进菌种遗传特性、加快生长速率、缩短发酵周期、提高目的产物产量的菌种选育技术。诱变育种包括物理诱变、化学诱变及复合诱变三大类，其中物理诱变主要包括紫外线照射、微波照射、电离辐射、激光照射等；化学诱变包括氯化锂、烷化剂、亚硝基化合物、移码突变剂、碱基类似物等。紫外诱变操作简便，氯化锂成本低廉且诱变后的菌株遗传性状稳定、安全性好，因此可利用紫外和氯化锂复合诱变选育适合工业化生产的高产红曲色素红曲霉菌株。

3 实验材料

3.1 样品 产红曲色素红曲霉菌株。

3.2 培养基及试剂 马铃薯葡萄糖琼脂（PDA）培养基（培养基 3）、籼米、无水乙醇、氯化锂。

3.3 仪器与其他用品 超净工作台、恒温培养箱、全温振荡培养箱、紫外可见分光光度计、离心机、无菌锥形瓶、培养皿、试管、玻璃珠等。

4 实验方法与步骤

4.1 孢子悬液及种子液制备
（1）孢子悬液制备：将出发红曲霉菌株接种于装有 PDA 固体斜面培养基的试管中，在 28℃条件下静置培养 7d。取 15mL 无菌水洗脱上述试管中的红曲菌孢子，倒入装有玻璃珠的无菌锥形瓶内，充分振荡后经 3 层无菌擦镜纸过滤，制成均一孢子悬液。根据需要将孢子悬液稀释至 $10^5 \sim 10^6$ CFU/mL。

（2）种子液培养：将孢子悬浮液以 2% 接种量接种于 PDA 液体培养基中，120r/min 摇床 28℃培养 48h。

4.2 固态发酵
（1）固态培养基制备：将籼米清洗后于水中浸泡 1h，沥干水分，蒸煮至颗粒分散、微黏状态；分别取 30g 蒸煮后的籼米分装于 250mL 锥形瓶中，121℃、0.1MPa 灭菌 20min。

（2）接种、培养：将种子液按照 10%（体积质量比）接种量接种于装有 30g 籼米培养基的 250mL 锥形瓶中，并用无菌玻璃棒打散，于 28℃培养 14d。

4.3 红曲霉菌株产红曲色素能力的测定 采用紫外分光光度法测定红曲发酵产物样品中红曲色素的色价，以色价反映红曲霉菌株产红曲色素能力。

（1）样品提取液制备：取 50mL 离心管，加入 0.3g 红曲发酵产物和 10mL 体积分数 75% 乙醇，充分振荡后超声提取 1h，静置 15min，分离上层清液，并于 8 000r/min 离心 10min，作为样品提取液，冷藏备用。

（2）测定：准确量取 3mL 提取液，用体积分数 75% 的乙醇稀释适当倍数，以体积分数 75% 乙醇在波长 505nm 处的吸光度值（OD 值）为 0 作为对照组，调整紫外分光光度计，测定红曲发酵产物中色素的吸光度。红曲色素的色价计算公式如下：

$$色价(U/g) = \frac{OD\ 值 \times 稀释倍数 \times 10}{0.3}$$

4.4　紫外诱变

（1）取 5mL 孢子悬液于无菌培养皿中，置于 25W 紫外灯下 20cm 处，照射 3min。

（2）按 10 倍梯度稀释法将经 UV 处理过的孢子悬液依次稀释至 $10^{-3} \sim 10^{-7}$ 浓度，立即浸入冰水中暗室保存 15min 备用。

（3）取稀释至 $10^{-3} \sim 10^{-7}$ 冰浴后的诱变悬液 0.5mL 于平板中，倒入冷却至 45℃ 左右的 PDA 培养基，摇匀冷却，凝固后制成计数平板，倒置于 28℃ 条件下培养 3d，每一浓度取 3 个平行。记录平板菌落数，计算诱变致死率。

$$致死率(\%) = \frac{对照平板上长出的菌落数 - 诱变平板上长出的菌落数}{对照平板上菌落数} \times 100\%$$

4.5　紫外-氯化锂复合诱变

将上述紫外诱变后的孢子悬浮液分别吸取 0.1mL 涂布于氯化锂浓度分别为 0.2‰、0.4‰、0.6‰、0.8‰、1.0‰ 的 PDA 平板上，每个梯度 3 个平行，并以不含氯化锂的 PDA 平板作为对照组。将以上 PDA 平板于 28℃ 恒温倒置培养 3d。观察并记录菌落数，计算不同诱变剂量的致死率。

4.6　突变菌株筛选方法

（1）初筛方法：以原始菌株菌落形态作为对照，选取最佳诱变剂量下的诱变菌落中，菌落直径、菌落颜色、菌丝疏密程度等与原始菌落有区别者，进行平板划线分离，获得初筛突变单菌落。

（2）复筛方法：初筛得到的单菌落接种于斜面 PDA 培养基中，28℃ 培养 7d 后转入种子液培养基中培养 48h 后，进行固态发酵培养 14d，检测发酵产物中红曲色素含量，筛选出高产红曲色素突变菌株。

4.7　诱变红曲霉菌株的遗传稳定性试验

将紫外-氯化锂复合诱变处理后，筛选得到的高产红曲霉突变菌株转接至斜面 PDA 培养基中，28℃ 恒温培养 7d 后作为第 1 代，第 1 代斜面菌落转接至新的斜面 PDA 培养基中，28℃ 恒温培养 7d 后为第 2 代，以此类推到第 5 代。每一代的红曲菌株都需进行固态发酵，发酵 14d 后检测红曲色素含量，筛选出遗传稳定性最高的菌株。

5　实验结果

编号、记录各诱变菌株的红曲色素含量，并与出发菌株进行比较，确定高产红曲色素目标诱变菌株。

6　注意事项

紫外线、诱变剂会对人体产生一定健康损害，实验中应严格按照要求操作并做好充分防护。

7　思考题

实验中进行诱变菌株的遗传稳定性试验的主要目的是什么？

附　　录

附录Ⅰ　微生物常用玻璃器皿清洁法

仪器在使用中会沾上油腻、胶液、汗渍等污垢，在贮藏保管不慎时会产生锈蚀、霉斑，这些污垢对仪器的寿命、性能会产生极其不良的影响。清洗的目的就在于除去仪器上的污垢。通常仪器的清洗有两类方法，一是机械清洗方法，即用铲、刮、刷等方法清洗；二是化学清洗方法，即用各种化学去污溶剂清洗。具体的清洗方法要依污垢附着表面的状况以及污垢的性质决定。下面介绍几种常见仪器和不同材料部件的清洗方法。

1. 玻璃器皿的清洗

附着玻璃器皿上的污垢大致有两类，一类是用水即可清洗干净的，另一类则是必须使用清洗剂或特殊洗涤剂才能清洗干净的。在实验中，无论附在玻璃器皿上的污垢属哪一类，用过的器皿都应立即清洗。

盛过糖、盐、淀粉、泥沙、酒精等物质的玻璃器皿，用水冲洗即可达到清洗目的。若附着的污物已干硬，可将器皿在水中浸泡一段时间，再用毛刷边冲边刷，直至洗净。

玻璃器皿沾有油污或盛过动植物油，可用洗衣粉、去污粉、洗洁精等与配制成的洗涤剂进行清洗。清洗时要用毛刷刷洗，用此洗涤剂也可清洗附有机油的玻璃器皿。玻璃器皿用洗涤剂清洗后，还应用清水冲净。

对附有焦油、沥青或其他高分子有机物的玻璃器皿，应采用有机溶剂，如汽油、苯等进行清洗。若还难以洗净，可将玻璃器皿放入碱性洗涤剂中浸泡一段时间，再用浓度为 5% 以上的碳酸钠、碳酸氢钠、氢氧化钠或磷酸钠等溶液清洗，甚至可以加热清洗。

在化学反应中，往往玻璃器皿壁上附有金属、氧化物、酸、碱等污物。清洗时，应根据污垢的特点，用强酸、强碱清洗或动用中和化学反应的方法除垢，然后再用水冲洗干净。使用酸碱清洗时，应特别注意安全，操作者应戴橡胶手套及防护镜；操作时要使用镊子、夹子等工具，不能用手取放器皿。

此外，洗净的玻璃器皿，最后应用毛巾将其上沾附的水擦干。

2. 光学玻璃的清洗

光学玻璃用于仪器的镜头、镜片、棱镜、玻片等，在制造和使用中容易沾上油污、水湿性污物、指纹等，影响成像及透光率。清洗光学玻璃，应根据污垢的特点、不同结构选用不同的清洗剂、清洗工具及清洗方法。

清洗镀有增透膜的镜头，如照相机、幻灯机、显微镜的镜头，可用 20% 左右的酒精和 80% 左右的乙醚配制清洗剂进行清洗。清洗时应用软毛刷或棉球蘸有少量清洗剂，从镜头中心向外做圆运动。切忌把这类镜头浸泡在清洗剂中清洗；清洗镜头不得用力拭擦，否则会划伤增透膜，损坏镜头。清洗棱镜、平面镜的方法，可依照清洗镜头的方法进行。

光学玻璃表面发霉，是一种常见现象。当光学玻璃生霉后，光线在其表面发生散射，使成像模糊不清，严重者将使仪器报废。光学玻璃生霉的原因多是因其表面附有微生物孢子，在温度、湿度适宜，又有所需"营养物"时，便会快速生长，形成霉斑。对光学玻璃做好防霉防污尤为重要，一旦产生霉斑应立即清洗。

消除霉斑，清洗霉菌可用 0.1%～0.5% 的乙基含氢二氯硅烷与无水乙醇配制的清洗剂清洗，湿潮天气还需掺入少量的乙醚，或用环氧丙烷、稀氨水等清洗。

使用上述清洗剂也能清洗光学玻璃上的油脂性雾、水湿性雾和油水混合性雾，其清洗方法与清洗镜头的方法相仿。

3. 洗涤液的种类和配制方法

（1）铬酸洗液（重铬酸钾-硫酸洗液，简称洗液或清洁液）：广泛用于玻璃器皿的洗涤，常用的配制方法有 4 种。

①取 100mL 工业浓硫酸置于烧杯内，小心加热，然后慢慢地加入重铬酸钾粉末，边加边搅拌，待全部溶解后冷却，贮于带玻璃塞的细口瓶内。

②称取 5g 重铬酸钾粉末置于 250mL 烧杯中，加水 5mL，尽量使其溶解。慢慢加入 100mL 浓硫酸，边加边搅拌，冷却后贮存备用。

③称取 80g 重铬酸钾，溶于 1 000mL 自来水中，慢慢加入工业浓硫酸 1 000mL，边加边搅拌。

④称取 200g 重铬酸钾，溶于 500mL 自来水中，慢慢加入工业浓硫酸 500mL，边加边搅拌。

（2）浓盐酸（工业用）：可洗去水垢或某些无机盐沉淀。

（3）5％草酸溶液：可洗去高锰酸钾的痕迹。

（4）5％～10％磷酸三钠（$Na_3PO_4 \cdot 12H_2O$）溶液：可洗涤油污物。

（5）30％硝酸溶液：洗涤 CO_2 测定仪器及微量滴管。

（6）5％～10％乙二胺四乙酸二钠（EDTA）溶液：加热煮沸可洗去玻璃器皿内壁的白色沉淀物。

（7）尿素洗涤液：为蛋白质的良好溶剂，适用于洗涤盛蛋白质制剂及血样的容器。

（8）酒精与浓硝酸混合液：最适合于洗净滴定管，在滴定管中加入 3mL 酒精，然后沿管壁慢慢加入 4mL 浓硝酸（相对密度 1.4），盖住滴定管管口。利用所产生的氧化氮洗净滴定管。

（9）有机溶液：例如，丙酮、乙醇、乙醚等可用于洗脱油脂、脂溶性染料等污痕，二甲苯可洗去油漆污垢。

（10）氢氧化钾-乙醇溶液和含有高锰酸钾的氢氧化钠溶液：是两种强碱性的洗涤液，对玻璃器皿的侵蚀性很强，清除容器内壁污垢，洗涤时间不宜过长。使用时应小心谨慎。

上述洗涤液可多次使用，但使用前必须将待洗涤的玻璃器皿用水冲洗多次，除去肥皂液、去污粉或各种废液。若仪器上有凡士林或羊毛脂时，应先用软纸擦去，然后再用乙醇或乙醚擦净。否则会使洗涤液迅速失效。例如，肥皂水、有机溶剂（乙醇、甲醛等）及少量油污物均会使重铬酸钾-硫酸液变绿，降低洗涤能力。

附录Ⅱ 常用检索表

附表 1 大肠菌群最可能数（MPN）检索表

阳性管数			MPN	95％可信限	
0.1	0.01	0.001		下限	上限
0	0	0	<3.0	—	9.5
0	0	1	3.0	0.15	9.6
0	1	0	3.0	0.15	11
0	1	1	6.1	1.2	18
0	2	0	6.2	1.2	18
0	3	0	9.4	3.6	38
1	0	0	3.6	0.17	18
1	0	1	7.2	1.3	18

（续）

阳性管数			MPN	95％可信限	
0.1	0.01	0.001		下限	上限
1	0	2	11	3.6	18
1	1	0	7.4	1.3	20
1	1	1	11	3.6	38
1	2	0	11	3.6	42
1	2	1	15	4.5	42
1	3	0	16	4.5	42
2	0	0	9.2	1.4	38
2	0	1	14	3.6	42
2	0	2	20	4.5	42
2	1	0	15	3.7	42
2	1	1	20	4.5	42
2	1	2	27	8.7	94
2	2	0	21	4.5	42
2	2	1	28	8.7	94
2	2	2	35	8.7	94
2	3	0	29	8.7	94
2	3	1	36	8.7	94
3	0	0	23	4.6	94
3	0	1	38	8.7	110
3	0	2	64	17	180
3	1	0	43	9	180
3	1	1	75	17	200
3	1	2	120	37	420
3	1	3	160	40	420
3	2	0	93	18	420
3	2	1	150	37	420
3	2	2	210	40	430
3	2	3	290	90	1 000
3	3	0	240	42	1 000
3	3	1	460	90	2 000
3	3	2	1 100	180	4 100
3	3	3	>1 100	420	—

　　注：①本表采用3个稀释度［0.1mL（g），0.01mL（g），0.001mL（g）］，每个稀释度3管。②表内所列检样量如改用1mL（g）、0.1mL（g）和0.01mL（g）时，表内数字应相应降低10倍，如改用0.01mL（g）、0.001mL（g）、0.000 1mL（g）时，则表内数字相应增加10倍，其余可类推。③结果以每克（或毫升）检样中大肠菌群最可能数（MPN）表示。④粪大肠菌群、金黄色葡萄球菌、蜡样芽孢杆菌最可能数（MPN）检索表与此一致。

附表 2　克罗诺杆菌属（阪崎肠杆菌）最可能数（MPN）检索表

阳性管数			MPN	95%可信限		阳性管数			MPN	95%可信限	
100	10	1		下限	上限	100	10	1		下限	上限
0	0	0	<0.3	—	0.95	2	2	0	2.1	0.45	4.2
0	0	1	0.3	0.015	0.96	2	2	1	2.8	0.87	9.4
0	1	0	0.3	0.015	1.1	2	2	2	3.5	0.87	9.4
0	1	1	0.61	0.12	1.8	2	3	0	2.9	0.87	9.4
0	2	0	0.62	0.12	1.8	2	3	1	3.6	0.87	9.4
0	3	0	0.94	0.36	3.8	3	0	0	2.3	0.46	9.4
1	0	0	0.36	0.017	1.8	3	0	1	3.8	0.87	11
1	0	1	0.72	0.13	1.8	3	0	2	6.4	1.7	18
1	0	2	1.1	0.36	3.8	3	1	0	4.3	0.9	18
1	1	0	0.74	0.13	2	3	1	1	7.5	1.7	20
1	1	1	1.1	0.36	3.8	3	1	2	12	3.7	42
1	2	0	1.1	0.36	4.2	3	1	3	16	4	42
1	2	1	1.5	0.45	4.2	3	2	0	9.3	1.8	42
1	3	0	1.6	0.45	4.2	3	2	1	15	3.7	42
2	0	0	0.92	0.14	3.8	3	2	2	21	4	43
2	0	1	1.4	0.36	4.2	3	2	3	29	9	100
2	0	2	2	0.45	4.2	3	3	0	24	4.2	100
2	1	0	1.5	0.37	4.2	3	3	1	46	9	200
2	1	1	2	0.45	4.2	3	3	2	110	18	410
2	1	2	2.7	0.87	9.4	3	3	3	>110	42	—

注：①本表采用 100g（mL）、10g（mL）和 1g（mL）三个接种量的三管法。如果接种量扩大 10 倍，即分别为 1 000g（mL）、100g（mL）和 10g（mL）时，表中的数字相应缩小 10 倍。如果接种量缩小 10 倍，即分别为 10g（mL）、1g（mL）和 0.1g（mL）时，表中的数字相应扩大 10 倍，其余类推。②结果以每 100g（或 100mL）检样中克罗诺杆菌属（阪崎肠杆菌）最可能数（MPN）表示。

附录Ⅲ　常用培养基配方

1. 高氏Ⅰ号（淀粉琼脂）培养基（培养放线菌用）

成分：可溶性淀粉 20g，KNO_3 1g，NaCl 0.5g，K_2HPO_4 0.5g，$MgSO_4 \cdot 7H_2O$ 0.5g，$FeSO_4 \cdot 7H_2O$ 0.01g，琼脂 20g，蒸馏水 1 000mL，pH7.2～7.4。

制法：先用少量冷水把可溶性淀粉调成糊状，倒入煮沸的水中加热，边搅拌边加入其他成分，熔化后补足水分至 1 000mL，121℃灭菌 20min。

2. 麦芽汁培养基

成分：优质大麦或小麦，蒸馏水。

制法：取优质大麦或小麦若干，浸泡 6～12h，置于深约 2cm 的木盘上摊平，上盖纱布，每日早、中、晚各淋水一次，麦根伸长至麦粒两倍时，停止发芽晾干或烘干。

称取 300g 麦芽磨碎，加 1 000mL 水，38℃保温 2h，再升温至 45℃，30min，再提高到 50℃，30min，再升至 60℃，糖化 1～1.5h。

取糖化液少许，加碘液 1～2 滴，如不为蓝色，说明糖化完毕，用文火煮 0.5h，4 层纱布过滤。如滤液不清，可用一个鸡蛋清加水约 20mL 调匀，打至起沫，倒入糖化液中搅拌煮沸再过滤，即可得澄清麦芽汁。用波美计检测糖化液浓度，加水稀释至 10 倍，调 pH5～6，用于酵母菌培养；稀释至 5～6 倍，调 pH 至 7.2，可用于培养细菌，121℃灭菌 20min。

3. 马铃薯琼脂培养基（PDA，培养真菌用）

成分：马铃薯（去皮）200g，葡萄糖（或蔗糖）20g，琼脂 15～20g，水 1 000mL，pH 自然。

制法：将马铃薯去皮、洗净、切成小块，称取 200g 加入 1 000mL 蒸馏水，煮沸 20min，用纱布过滤，滤液补足水至 1 000mL，再加入糖和琼脂，熔化后分装，121℃灭菌 20min。

如果用于分离和计数酵母菌和霉菌，则在倾注平板前，用少量乙醇溶解 0.1g 氯霉素，加入 1 000mL 培养基中。

4. 麦氏培养基（醋酸钠琼脂培养基）

成分：葡萄糖 1.0g，KCl 1.8g，酵母汁 2.5g，醋酸钠 8.2g，琼脂 15～20g，蒸馏水 1 000mL，pH 自然。

制法：加热溶解，分装后 113℃灭菌 30min。

5. 牛肉膏蛋白胨培养基（营养琼脂培养基，营养肉汤培养基，培养一般细菌用）

成分：蛋白胨 10.0g，牛肉膏 3.0g，NaCl 5.0g，蒸馏水 1 000mL，pH7.4。

液体培养基（又称营养肉汤）制法：将上述成分混合，溶解后校正 pH 至 7.4，121℃高压灭菌 15min。

固体培养基（又称营养琼脂培养基）制法：将除琼脂外的各成分溶解于蒸馏水中，校正 pH 至 7.2～7.4，加入琼脂 15～20g，加热熔化后分装于烧瓶内，121℃经 15min 高压灭菌备用。

半固体培养基制法：其他成分不变，琼脂加量为 3.5～4g。

6. 高盐察氏培养基（用于霉菌和酵母菌计数、分离）

成分及制法：$NaNO_3$ 2g，KH_2PO_4 1g，$MgSO_4 \cdot 7H_2O$ 0.5g，KCl 0.5g，$FeSO_4$ 0.01g，NaCl 60g，蔗糖 30g，琼脂 20g，蒸馏水 1 000mL，115℃灭菌 30min。

注：①察氏培养基即不加 NaCl，其他相同，液体培养基即不加琼脂。②分离粮食中的霉菌可用高盐察氏培养基。

7. PTYG 培养基

成分：胰脏 5g，大豆蛋白胨 5g，酵母粉 10g，葡萄糖 10g，吐温-80 0.1mL，琼脂 15～20g，L-半胱氨酸盐酸盐 0.05g，盐溶液 4mL。

盐溶液制备：无水氯化钙 0.2g，K_2HPO_4 1.0g，KH_2PO_4 1.0g，$MgSO_4 \cdot 7H_2O$ 0.48g，$NaCO_3$ 10g，NaCl 2g，蒸馏水 1 000mL，溶解后备用。

制法：将以上成分加入蒸馏水中，加热使完全溶解，调 pH 至 6.8～7.0，分装于锥形瓶中，115℃灭菌 30min。

8. 糖发酵管（用于糖醇类发酵试验）

成分：牛肉膏 5.0g，蛋白胨 10.0g，NaCl 3.0g，K_2HPO_4（含 12 个结晶水）2.0g，0.2%溴麝香草酚蓝溶液 12.0mL，蒸馏水 1 000.0mL。

制法：（1）葡萄糖发酵管按上述成分配好后，并校正 pH 至 7.4±0.1。按 0.5%加入葡萄糖，分装于有一个倒置小管的小试管内，121℃高压灭菌 15min。

（2）其他各种糖发酵管可按上述成分配好后，分装每瓶 100mL，121℃高压灭菌 15min。另将各种糖类分别配好 10%溶液，同时高压灭菌。将 5mL 糖溶液加入 100mL 培养基内，以无菌操作分装小试管。

注：蔗糖不纯，加热后会自行水解者，应采用过滤法除菌。

9. 双歧杆菌琼脂培养基

成分：蛋白胨 15.0g，酵母浸膏 2.0g，葡萄糖 20.0g，可溶性淀粉 0.5g，NaCl 5.0g，番茄浸出液 400mL，吐温-80 1mL，肝粉 0.3g，琼脂 20.0g，蒸馏水 1 000mL，pH 7.0。

制法：（1）半胱氨酸盐酸盐的配制：称取半胱氨酸 0.5g，加入 1.0mL 盐酸，使半胱氨酸全部溶解，配制成半胱氨酸盐溶液。

（2）番茄浸出液的制备：将新鲜的番茄洗净后切碎，加等量的蒸馏水，在 100℃ 水浴中加热，搅拌 90min，然后用纱布过滤，校正 pH 至 7.0，将浸出液分装后，121℃ 高压灭菌 15～20min。

（3）将配方中所有成分加入蒸馏水中，加热溶解，然后加入半胱氨酸盐溶液，校正 pH 至 6.8± 0.2。分装后 121℃ 高压灭菌 15～20min。

10. 葡萄糖蛋白胨水培养基（用于甲基红试验和 VP 试验）

成分：蛋白胨 7g，葡萄糖 5g，K_2HPO_4 5g，蒸馏水 1 000mL，pH7.0～7.2。

制法：熔化后校正 pH，过滤后分装试管，每管 10mL，112℃ 高压灭菌 30min。

11. 西蒙氏柠檬酸盐培养基（用于柠檬酸盐利用试验）

成分：NaCl 5g，$MgSO_4 \cdot 7H_2O$ 0.2g，$NH_4H_2PO_4$ 1g，K_2HPO_4 1g，柠檬酸钠 2g，琼脂 15～20g，蒸馏水 1 000mL，0.2％溴麝香草酚蓝溶液 40mL，pH6.8。

制法：先将盐类溶解于水内，校正 pH，再加琼脂加热熔化。然后加入指示剂，混合均匀后分装试管，121℃ 高压灭菌 15min 后放成斜面。培养基的 pH 不要偏高，制成后以浅绿色为宜。

12. 醋酸铅半固体培养基（用于硫化氢试验）

成分：pH7.4 的牛肉膏蛋白胨半固体琼脂 100mL，硫代硫酸钠 0.25g，10％醋酸铅水溶液 1mL。

制法：将牛肉膏蛋白胨半固体琼脂培养基 100mL 加热熔化，待冷却至 60℃ 时加入硫代硫酸钠 0.25g，调 pH7.2，分装于锥形瓶中，0.07MPa 灭菌 20min 后，待冷至 55～60℃，加入 1mL 无菌的 10％醋酸铅水溶液，混匀后，倒入灭菌试管中。

13. 硝酸盐培养基（用于硝酸盐还原试验）

（1）好氧菌硝酸盐培养基成分：蛋白胨 5.0g，KNO_3 0.2g，蒸馏水 1 000mL，pH7.4。

（2）厌氧菌硝酸盐培养基成分：蛋白胨 20g，葡萄糖 1g，KNO_3 1g，Na_2HPO_4 2g，蒸馏水 1 000mL，pH 7.4。

制法：将上述各成分溶解，校正 pH，分装试管 4～5 支，每管约 5mL，121℃ 灭菌 15～20min。

14. 尿素培养基（用于尿酶试验及肠道致病菌检验）

蛋白胨 1.0g，葡萄糖 1.0g，NaCl 5.0g，KH_2PO_4 2.0g，0.4％酚红 3.0mL，琼脂 20.0g，20％尿素溶液 100.0mL，pH7.1～7.4。

制法：将除尿素和琼脂以外的成分配好，并校正 pH，加入琼脂，加热熔化并分装于锥形瓶，121℃ 灭菌 15min，冷却至 50～55℃，加入过滤除菌的尿素溶液，分装于灭菌试管内，摆成琼脂斜面备用。

15. 苯丙氨酸脱氨酶试验培养基

成分：酵母浸膏 3g，D-苯丙氨酸（或 L-苯丙氨酸 1g）2g，Na_2HPO_4 1g，NaCl 5g，琼脂 12g，蒸馏水 1 000mL。

制法：加热溶解后分装试管，121℃ 高压灭菌 15min，使成斜面。

16. 赖氨酸脱羧酶试验培养基

成分：蛋白胨 5.0g，酵母浸膏 3.0g，葡萄糖 1.0g，L-赖氨酸盐酸盐 5.0g，溴甲酚紫 0.015g，蒸馏水 1 000mL。

制法：将各成分加热溶解，必要时调节 pH，使之在灭菌后 25℃ pH 为 6.8±0.2，每管分装 5 mL，121℃ 灭菌 15min。

注：① L-鸟氨酸脱羧酶培养基、L-精氨酸双水解酶培养基同 L-赖氨酸脱羧酶试验用培养基的配制方法及使用方法。② 加入 30g NaCl 成为 3％氯化钠赖氨酸脱羧酶试验培养基。③ 0.5g 的 L-赖氨酸或 L-鸟氨酸应先溶解于 0.5mL 的 15％ NaOH 溶液中。

17. 石蕊牛乳培养基（用于石蕊牛乳试验）

成分：脱脂牛乳 100mL，1％～2％石蕊乙醇溶液或 2.5％石蕊水溶液，pH 7.0。

制法：将脱脂牛乳 100mL 调 pH 7.0，用 1%～2%石蕊乙醇溶液或 2.5%石蕊水溶液调牛乳至淡紫色偏蓝为止，0.075MPa 高压灭菌 20 min。如用鲜牛乳，可反复加热三次，每次加热 20～30min，冷却后去除脂肪。最后一次冷却后，用吸管或虹吸法将底层乳吸出，弃去上层脂肪，即为脱脂牛乳。也可煮沸放置冰箱中过夜脱脂。

18. O/F 基础培养基

成分：蛋白胨（胰蛋白胨）2g，葡萄糖（或其他糖类）10g，NaCl 5g，K_2HPO_4 0.3g，0.2%溴麝香草酚蓝水溶液 12mL，琼脂 3～4g，蒸馏水 1 000mL，pH7.1～7.2。

制法：将蛋白胨和盐类加水溶解后，校正 pH 至 7.2，加入葡萄糖和琼脂，煮沸，熔化琼脂。然后加入指示剂，混匀后，分装试管。0.07MPa 高压灭菌 20 min，直立凝固备用。

19. MRS 培养基（用于培养、分离、计数乳酸杆菌）

成分：蛋白胨 10g，牛肉膏 10g，酵母粉 5g，K_2HPO_4 2g，柠檬酸二铵 2g，乙酸钠 5g，葡萄糖 20g，吐温-80 1mL，$MgSO_4 \cdot 7H_2O$ 0.58g，$MnSO_4 \cdot 4H_2O$ 0.25g，琼脂 15～20g，蒸馏水 1 000mL。

制法：将以上成分加入蒸馏水中，加热使完全溶解，调 pH 至 6.2～6.4，分装于锥形瓶中，121℃灭菌 20min。

注：将 MRS 培养基用醋酸调节 pH 至 5.4，制成酸化 MRS。

20. 脱脂乳培养基

成分：无抗生素的脱脂乳，蒸馏水。

制法：经 115℃灭菌 20min，也可采用无抗生素的脱脂牛乳粉，以蒸馏水 10 倍稀释，加热至完全溶解，115℃灭菌 20min。

21. LB 培养基

成分：胰蛋白胨（细菌培养用）10g，酵母提取物（细菌培养用）5g，NaCl 10g，琼脂 15～18g（液体培养基不加琼脂），加双蒸水至 1 000mL，pH7.0。

制法：将各成分溶于 1 000mL 双蒸水中，用 1mol/L NaOH（约 1mL）调节 pH 至 7.0，0.1MPa 灭菌 20min。必要时也可在培养基中加入 0.1%葡萄糖。半固体培养基加入 0.4%～0.5%琼脂。

22. TY 培养基

成分：胰蛋白胨 5g，酵母粉 3g，$CaCl_2 \cdot 6H_2O$ 1.3g，蒸馏水 1 000mL，pH7.0。

23. YPD 培养基

成分：葡萄糖 20.0g，酵母粉提取粉 10.0g，蛋白胨 20.0g，氯霉素 0.1g，蒸馏水 1 000mL，pH 自然。

制法：将各成分溶于 1 000mL 双蒸水中，115℃灭菌 20min；YPD 固体培养基在上述基础上加入琼脂 18.0g。

24. 平板计数培养基

成分：胰蛋白胨 5.0g，酵母浸膏 2.5g，葡萄糖 1.0g，琼脂 15.0g，蒸馏水 1 000mL，pH 7.0±0.2。

制法：将上述成分加于蒸馏水中，煮沸溶解，调节 pH。分装试管或锥形瓶，121℃高压灭菌 15min。

25. 月桂基硫酸盐胰蛋白胨（LST）肉汤

成分：胰蛋白胨或胰酪胨（trypticase）20.0g，NaCl 5.0g，乳糖 5.0g，K_2HPO_4 2.75g，KH_2PO_4 2.75g，月桂基硫酸钠 0.1g，蒸馏水 1 000mL。

制法：将各成分溶解于蒸馏水中，调节 pH 至 6.8±0.2，分装到有倒立发酵管的 20mm×150mm 试管中，每管 10mL。121℃高压灭菌 15min。

26. 煌绿乳糖胆盐（BGLB）肉汤

成分：蛋白胨 10.0g，乳糖 10.0g，牛胆粉溶液 200.0mL，0.1%煌绿水溶液 13.3mL，蒸馏水 800mL。

制法：将蛋白胨、乳糖溶解于500mL蒸馏水中，加入牛胆粉溶液200.0mL（将20.0g脱水牛胆粉溶于200mL的蒸馏水中，调剂pH至7.0～7.5），用蒸馏水稀释到975mL，调节pH至7.2±0.1，再加入0.1%煌绿水溶液13.3mL，用蒸馏水补足到1 000mL，用棉花过滤后，分装到有玻璃小导管的试管中，每管10mL。121℃高压灭菌15min。

27. 结晶紫中性红胆盐琼脂（VRBA）

成分：酵母膏3.0g，蛋白胨7.0g，NaCl 5.0g，胆盐或3号胆盐1.5g，乳糖10.0g，中性红0.03g，结晶紫0.002g，琼脂15～18g，蒸馏水1 000mL。

制法：将上述成分溶于蒸馏水中，静置几分钟，充分搅拌，调节pH至7.4±0.1。煮沸2min，将培养基熔化并恒温至各成分完全溶解。冷却至45～50℃倾注平板。使用前临时制备，不得超过3h。

28. EC 肉汤

成分：胰蛋白胨或胰酪胨20.0g，胆盐1.5g，乳糖5.0g，NaCl 5.0g，无水KH_2PO_4 1.5g，无水K_2HPO_4 4.0g，蒸馏水1 000mL，pH7.0。

制法：将各成分溶于蒸馏水中，调pH至6.9±0.1，依据实验需求分装锥形瓶或试管，每管8mL。121℃灭菌15min备用。

29. 7.5%氯化钠肉汤

成分：蛋白胨10.0g，牛肉膏5.0g，NaCl 75.0g，蒸馏水1 000mL。

制法：将上述成分加热溶解，校正pH至7.4±0.2。分装试管或锥形瓶，121℃高压灭菌15min。

30. 血琼脂平板

成分：豆粉琼脂（pH7.5±0.2）100mL，脱纤维羊血（或兔血）5～10mL。

制法：加热熔化琼脂，冷却至50℃，以无菌操作加入脱纤维羊血或兔血，摇匀，倾注平板，或分装灭菌试管，摆成斜面。

31. Baird-Parker 琼脂平板

成分：胰蛋白胨10.0g，牛肉膏5.0g，酵母膏1.0g，丙酮酸钠10.0g，甘氨酸12.0g，氯化锂（LiCl·$6H_2O$）5.0g，琼脂20.0g，蒸馏水950mL，pH7.5。

增菌剂的配法：30%卵黄盐水50mL与通过0.22μm孔径滤膜除菌过滤的1%亚碲酸钾溶液10mL混合，保存在冰箱内。

制法：将各成分加到蒸馏水中，加热煮沸至完全溶解。冷却至25℃，调节pH至7.0±0.2。每瓶分装95mL，121℃高压灭菌15min。临用时，加热熔化琼脂，冷却至50℃，每95mL加入预热至50℃的卵黄-亚碲酸钾增菌剂5mL，摇匀后倾注平板。培养基应是致密不透明的。使用前在冰箱储存不得超过48h。

32. 脑心浸出液（BHI）肉汤

成分：胰蛋白胨10.0g，NaCl 5.0g，十二水磷酸氢二钠2.5g，葡萄糖2.0g，牛心浸出液500 mL。

制法：加热溶解，调节pH至7.4±0.2，分装16 mm×160 mm试管，每管5 mL，置121℃灭菌15 min。

33. 兔血浆

取柠檬酸钠3.8g，加蒸馏水100mL，溶解后过滤装瓶，121℃高压灭菌15min。

兔血浆制备：取3.8%柠檬酸钠溶液1份，加兔血4份混合后3 000r/min离心30min，吸取上清液即为兔血浆。

34. 改良胰蛋白胨大豆肉汤（mTSB）

（1）基础培养基（胰蛋白胨大豆肉汤，TSB）：

成分：胰蛋白胨17.0g，NaCl 5.0g，大豆蛋白胨3.0g，K_2HPO_4（无水）2.5g，葡萄糖2.5g，蒸馏水1 000mL。

制法：将各成分溶于蒸馏水中，加热溶解，校正pH至7.3±0.2，121℃高压灭菌15min。

（2）抗生素溶液：

多黏菌素溶液：称取 10mg 多黏菌素 B 于 10mL 灭菌蒸馏水中，振摇混匀，充分溶解后过滤除菌。

萘啶酮酸钠溶液：称取 10mg 萘啶酮酸钠于 10mL 0.05mol/L 氢氧化钠溶液中，振摇混匀，充分溶解后过滤除菌。

（3）完全培养基：

成分：胰蛋白胨大豆肉汤（TSB）1 000.0mL，多黏菌素溶液 10.0mL，萘啶酮酸钠溶液 10.0mL。

制法：无菌条件下将各成分混合，充分混匀，备用。

35. 哥伦比亚 CNA 血琼脂

成分：胰酪蛋白胨 12.0g，动物组织蛋白消化液 5.0g，酵母提取物 3.0g，牛肉提取物 3.0g，玉米淀粉 1.0g，NaCl 5.0g，琼脂 13.5g，多黏菌素 0.01g，萘啶酸 0.01g，蒸馏水 1 000mL。

制法：将上述成分溶于蒸馏水中，加热溶解，校正 pH 至 7.3±0.2，121℃高压灭菌 12min，待冷却至 50℃左右时加 50mL 无菌脱纤维绵羊血，摇匀后倒平板。

无菌依次混合，分装于无菌试管内，每管 2mL，保存冰箱内备用。

36. 哥伦比亚血琼脂

（1）基础培养基：

成分：动物组织酶解物 23.0g，淀粉 1.0g，NaCl 5.0g，琼脂 8.0～18.0 g，水 1 000mL。

制法：将基础培养基成分溶解于水中，加热促其溶解，分装至合适的锥形瓶内，121℃高压灭菌 15 min。

（2）无菌脱纤维羊血：

无菌操作条件下，将绵羊血加入盛有灭菌玻璃珠的容器中，振摇约 10min，静置后除去附有血纤维的玻璃珠即可。

（3）完全培养基：

成分：基础培养基（1）1 000mL，无菌脱纤维羊血（2）50mL。

制法：当基础培养基的温度约为 45℃时，无菌加入绵羊血，混匀。将完全培养基的 pH 调至 7.2±0.2（25℃）。倾注约 15mL 于无菌平皿中，静置至培养基凝固。使用前需预先干燥平板。可将平皿盖打开，使培养基面朝下，置于干燥箱中约 30min，直到琼脂表面干燥。预先制备的平板未干燥时在室温放置不得超过 4h，或在 4℃左右冷藏不得超过 7d。

37. 草酸钾血浆

成分：草酸钾 0.01 g，人血 5.0 mL。

制法：草酸钾 0.01 g 放入灭菌小试管中，再加入 5 mL 人血，混匀，经离心沉淀，吸取上清液即为草酸钾血浆。

38. 缓冲蛋白胨水（BPW）培养基（沙门氏菌前增菌使用）

成分：蛋白胨 10.0g，NaCl 5.0g，$Na_2HPO_4 \cdot 12H_2O$ 9.0g，H_2PO_4 1.5g，蒸馏水 1 000mL，pH7.2。

制法：将各成分加入蒸馏水中，混匀，静置约 10min，煮沸溶解，调节 pH 至 7.2±0.2，121℃灭菌 15min。

39. 四硫磺酸钠煌绿（TTB）增菌液

（1）基础液：

成分：蛋白胨 10.0g，牛肉膏 5.0g，NaCl 3.0g，$CaCO_3$ 45.0g，蒸馏水 1 000mL。

制法：除 $CaCO_3$ 外，将各成分加入蒸馏水中，加热溶解，再加入 $CaCO_3$，调节 pH 至 7.0 ±0.2，121℃灭菌 20min 备用。

（2）硫代硫酸钠溶液：

成分：硫代硫酸钠（含 50 个结晶水）50.0g，蒸馏水 1 000mL。

制法：将硫代硫酸钠加入蒸馏水中溶解，121℃灭菌 20min 备用。

（3）碘溶液：

成分：碘片 20.0g，碘化钾 25.0g，蒸馏水 100mL。

制法：将碘化钾充分溶解于少量的蒸馏水中，再投入碘片，振摇玻璃瓶至碘片全部溶解为止，然后加蒸馏水至规定的总量，贮存于棕色瓶内，塞紧瓶盖备用。

（4）0.5％煌绿水溶液：

成分：煌绿 0.50g，蒸馏水 100mL。

制法：将煌绿溶解后，存放暗处，不少于 1d，使其自然灭菌。

40. 亚硒酸盐胱氨酸（SC）增菌液

成分：蛋白胨 5.0g，乳糖 4.0g，亚硒酸氢钠 4.0g，Na_2HPO_4 10.0g，L-胱氨酸 0.01g，蒸馏水 1 000mL。

制法：将除亚硒酸氢钠和胱氨酸以外的各种成分溶解于蒸馏水中，加热煮沸，冷却至 55℃ 以下，以无菌操作加入亚硒酸氢钠和 1g/L L-胱氨酸溶液 10mL（称取 0.1gL-胱氨酸，加 1mol/L 氢氧化钠溶液 15mL，使溶解，再加无菌蒸馏水至 100mL 即成，如为 DL-胱氨酸，用量应加倍），摇匀，调节 pH 至 7.0±0.2。

41. 亚硫酸铋（BS）琼脂培养基

成分：蛋白胨 10.0g，牛肉膏 5.0g，葡萄糖 5.0g，$FeSO_4$ 0.3g，Na_2HPO_4 4.0g，煌绿 0.025g，柠檬酸铋铵 2.0g，Na_2SO_3 6.0g，琼脂 20.0g，蒸馏水 1 000mL。

制法：将前 3 种成分溶解于 300mL 蒸馏水中（制作基础液），$FeSO_4$ 和 Na_2HPO_4 分别加入 20mL 和 30mL 蒸馏水中，再将柠檬酸铋铵和 Na_2SO_3 分别加入另 20mL 和 30mL 蒸馏水中。将琼脂于 600mL 蒸馏水中煮沸溶解，冷却至 80℃左右。先将 $FeSO_4$ 和 Na_2HPO_4 混匀倒入基础液中，混匀。将柠檬酸铋铵和 Na_2SO_3 混匀，倒入基础液中，再混匀。调节 pH 至 7.5±0.2，随即倾入琼脂液中，混合均匀，冷却至 50～55℃，加入煌绿水溶液，充分混匀后立即倾注平皿。

注：此培养基不需高压灭菌。制备过程中不宜过分加热，以免降低其选择性。应在临用前一天制备，贮存于室温暗处。超过 48h 不宜使用。

42. HE 琼脂培养基

成分：蛋白胨 12.0g，牛肉膏 3.0g，乳糖 12.0g，蔗糖 2.0g，水杨素 2.0g，胆盐 20.0g，NaCl 5.0g，琼脂 20.0g，蒸馏水 1 000mL，0.4％溴麝香草酚蓝溶液 16mL，Andrade 指示剂 20mL，甲液 20mL，乙液 20mL。

制法：将前七种成分溶解于 400mL 蒸馏水中。作为基础液，加入甲液和乙液，校正 pH 为 7.5±0.2，再加入指示剂；将琼脂溶于 600mL 蒸馏水中。二者合并，待冷却至 50～55℃，倾注平板。

注：①此培养基不可高压灭菌。②Andrade 指示剂：酸性复红 0.5g，1mol/L NaOH 溶液 16mL，蒸馏水 100mL。制法：将复红溶解于蒸馏水中，加入 NaOH 溶液。数小时后如果复红褪色不全，再加 NaOH 溶液 1～2mL。③甲液：$Na_2S_2O_3$ 34g，柠檬酸铁铵 4g，蒸馏水 100mL。④乙液：去氧胆酸钠 10g，蒸馏水 100mL。

43. 木糖赖氨酸脱氧胆盐（XLD）琼脂

成分：酵母膏 3.0g，L-赖氨酸 5.0g，木糖 3.75g，乳糖 7.5g，蔗糖 7.5g，去氧胆酸钠 2.5g，柠檬酸铁铵 0.8g，硫代硫酸钠 6.8g，NaCl 5.0g，琼脂 15.0g，酚红 0.08g，蒸馏水 1 000.0mL。

制法：将上述成分（酚红、琼脂除外）溶解于 400mL 蒸馏水，加热溶解。调至 pH7.4±0.2，另将琼脂加入 600mL 蒸馏水中，煮沸溶解，将上述两溶液混合均匀后，再加入指示剂，待冷却至 50～55℃倾注平皿。

注：本培养基不需要高压灭菌，在制备过程中不宜过分加热，避免降低其选择性，贮于室温暗处。本培养基宜于当天制备，第二天使用。

44. 三糖铁（TSI）琼脂

成分：蛋白胨 20.0g，硫代硫酸钠 0.2g，乳糖 10.0g，蒸馏水 1 000mL，硫酸亚铁铵（含 6 个结晶水）0.2g，蔗糖 10.0g，酚红 0.025g，NaCl 5g，牛肉膏 5.0g，琼脂 12.0g，葡萄糖 10.0g。

制法：除琼脂和酚红外，将其他成分加入 400mL 蒸馏水中，搅拌均匀，静置约 10min，加热煮沸至完全溶解，校正 pH 至 7.4±0.2。另将琼脂加入 600mL 蒸馏水中，搅拌均匀，静置约 10min，加热煮沸至完全溶解。

将上述两溶液混合均匀后，再加入酚红指示剂，混匀，分装试管，每管 2~4 mL。121℃高压灭菌 15min 后放置高层斜面备用，呈橘红色。

45. 蛋白胨水、靛基质试剂

（1）蛋白胨水：蛋白胨 20.0g，NaCl 5.0g，蒸馏水 1 000mL，pH7.4±0.2，121℃灭菌 15min。

（2）靛基质试剂：

柯凡克试剂：将 5g 对二甲氨基苯甲醛溶解于 75 mL 戊醇内然后缓慢加入浓盐酸 25mL。

欧-波试剂：将 1g 对二甲氨基苯甲醛溶解于 95 mL95％乙醇内然后缓慢加入浓盐酸 20mL。

实验方法：挑取小量培养物接种，在 36℃±1℃ 培养 1~2d，必要时可培养 4~5d。加入柯凡克试剂约 0.5 mL，轻摇试管，阳性者于试剂层呈深红色；或加入欧-波试剂约 0.5 mL，沿管壁流下，覆盖于培养液表面，阳性者于液面接触处呈玫瑰红色。

注：蛋白胨中应含有丰富的色氯酸。每批蛋白胨买来后，应先用已知菌种鉴定后方可使用。

46. 尿素琼脂

成分：蛋白胨 1.0g，葡萄糖 1.0g，0.4％酚红溶液 3mL，蒸馏水 1 000mL，NaCl 5.0g，K_2HPO_4 2.0g，琼脂 20.0g，20％尿素溶液 100mL。

制法：将除尿素、琼脂和酚红以外的成分加入 400mL 蒸馏水中，煮沸溶解，并调节 pH 至 7.2±0.2，另将琼脂加入 600mL 蒸馏水中，煮沸溶解。将上述两溶液混合均匀后，再加入指示剂后分装，121℃高压灭菌 15min，冷却至 50~55℃，加入经除菌过滤的尿素溶液。尿素的最终浓度为 2％。分装于灭菌试管内，放成斜面备用。

实验方法：挑取琼脂培养物接种，在 36℃±1℃培养 24h，观察结果。尿素酶阳性者由于产碱而使培养基变为红色。

47. 氰化钾（KCN）培养基

成分：蛋白胨 10.0g，NaCl 5.0g，KH_2PO_4 0.225g，磷酸氢二钠 5.64g，蒸馏水 1 000mL，0.5％氰化钾溶液 20mL。

制法：将除氰化钾以外的成分配好后分装烧瓶，121℃高压灭菌 15min。放在冰箱内使其充分冷却。每 100mL 培养基加入 0.5％氰化钾溶液 2.0mL（最后浓度为 1：10 000），分装于 12mm×100mm 灭菌试管，每管约 4mL，立刻用灭菌橡皮塞塞紧，放在 4℃冰箱内，至少可保存两个月。同时，将不加氰化钾的培养基作为对照培养基，分装试管备用。

实验方法：将琼脂培养物接种于蛋白胨水内成为稀释菌液，挑取 1 环接种于氰化钾（KCN）培养基。并另挑取 1 环接种于对照培养基。在 36℃±1℃培养 1~2d，观察结果，如有细菌生长即为阳性（不抑制），经 2d 细菌不生长为阴性（抑制）。

注：氰化钾是剧毒品，使用时应小心，切勿沾染，以免中毒。夏天分装培养基应在冰箱内进行，试验失败的主要原因是封口不严，氰化钾逐渐分解，产生氢氰酸气体逸出，以致药物浓度降低，细菌生长，因而造成假阳性反应。

48. 邻硝基酚 β-D-半乳糖苷（ONPG）培养基

（1）液体法（ONPG 法）：

成分：邻硝基酚 β-D-半乳糖苷（O-nitrophenyl-β-D-galactopyranoside）（ONPG）60.0mg，0.01mol/L 磷酸钠缓冲液（pH7.5）10mL，1％蛋白胨水（pH7.5）30mL。

制法：将 ONPG 溶于缓冲液内，加入蛋白胨水，以过滤法除菌，分装于 10mm×75mm 试管，每管 0.5mL，用橡皮塞塞紧。

实验方法：挑取琼脂培养物 1 环接种于 36℃±1℃培养 1～3h 和 24h 观察结果，如果 β-半乳糖苷酶产生，则于 1～3h 变黄色，如无此酶则 24h 不变色。

（2）平板法（X-Gal 法）：

成分：蛋白胨 20.0g，NaCl 3.0g，5-溴-4-氯-3-吲哚-β-D-半乳糖苷（X-Gal）200.0mg，琼脂 15.0g，蒸馏水 1 000.0mL。

制法：将各成分加热煮沸于 1L 水中，冷却至 25℃左右校正 pH 至 7.2±0.2，115℃高压灭菌 10min。倾注平板避光冷藏备用。

实验方法：挑取琼脂斜面培养物接种于平板，划线和点种均可，于 36℃±1℃培养 18～24h 观察结果。如果 β-D-半乳糖苷酶产生，则平板上培养物颜色变蓝色，如无此酶则培养物为无色或不透明色，培养 48～72h 后有部分转为淡粉红色。

49. 丙二酸钠培养基

成分：酵母浸膏 1.0g，硫酸铵 2.0g，K_2HPO_4 0.6g，KH_2PO_4 0.4g，NaCl 2.0g，丙二酸钠 3.0g，0.2% 溴麝香草酚蓝溶液 12mL，蒸馏水 1 000mL。

制法：先将酵母浸膏和盐类溶解于水，调节 pH 至 6.8±0.2，再加入指示剂，分装试管，121℃高压灭菌 15min。

实验方法：用新鲜的琼脂培养物接种，于 36℃±1℃培养 48d，观察结果。阳性者由绿色变为蓝色。

50. 志贺氏菌增菌肉汤-新生霉素

（1）志贺氏菌增菌肉汤：

成分：胰蛋白胨 20.0g，葡萄糖 1.0g，K_2HPO_4 2.0g，KH_2PO_4 2.0g，NaCl 5.0g，吐温-80 1.5ml，蒸馏水 1 000mL。

制法：将以上成分混合加热溶解，冷却至 25℃左右校正 pH 至 7.0±0.2，分装适当的容器，121℃灭菌 15min，取出后冷却至 50～55℃，加入除菌过滤的新生霉素溶液（0.5μg/mL），分装 225mL 备用。

注：如不立即使用，在 2～8℃条件下可储存一个月。

（2）新生霉素溶液：

成分：新生霉素 25.0mg，蒸馏水 1 000mL。

制法：将新生霉素溶解于蒸馏水中，用 0.22μm 过滤膜除菌，如不立即使用，在 2～8℃条件下可储存一个月。

（3）临用时每 225mL 志贺氏菌增菌肉汤加入 5mL 新生霉素溶液，混匀。

51. 麦康凯（MAC）琼脂

成分：蛋白胨 20.0g，乳糖 10.0g，3 号胆盐 1.5g，NaCl 5.0g，中性红 0.03g，结晶紫 0.001g，琼脂 15.0g，蒸馏水 1 000mL。

制法：将以上成分混合加热溶解，冷却至 25℃左右校正 pH 至 7.2±0.2，分装，121℃高压灭菌 15min。冷却至 45～50℃，倾注平板。

注：如不立即使用，在 2～8℃条件下可储存 2 周。

52. 木糖赖氨酸脱氧胆酸盐（XLD）琼脂

成分：酵母膏 3.0 g，L-赖氨酸 5.0 g，木糖 3.75 g，乳糖 7.5 g，蔗糖 7.5 g，脱氧胆酸钠 1.0 g，NaCl 5.0 g，硫代硫酸钠 6.8 g，柠檬酸铁铵 0.8 g，酚红 0.08 g，琼脂 15.0 g，蒸馏水 1 000.0 mL。

制法：除酚红和琼脂外，将其他成分加入 400 mL 蒸馏水中，煮沸溶解，校正 pH 至 7.4±0.2。另将琼脂加入 600 mL 蒸馏水中，煮沸溶解。

将上述两溶液混合均匀后，再加入指示剂，待冷却至 50～55℃倾注平皿。

注：本培养基不需要高压灭菌，在制备过程中不宜过分加热，避免降低其选择性，贮于室温暗处。本培养基宜于当天制备，第二天使用。使用前必须去除平板表面上的水珠，在 37～55℃温度下，琼脂面向下、平板盖亦向下烘干。另外如配制好的培养基不立即使用，在 2～8℃条件下可储存 2 周。

53. 葡萄糖铵培养基

成分：NaCl 5g，$MgSO_4 \cdot 7H_2O$ 0.2g，$NH_2H_2PO_4$ 1g，K_2HPO_4 1g，葡萄糖 2g，琼脂 20g，蒸馏水 1 000mL，0.2％溴麝香草酚蓝溶液 40mL，pH6.8。

制法：先将盐类和糖溶解于水，校正 pH，再加琼脂加热熔化，然后加入指示剂，混合均匀后分装试管，121℃高压灭菌 15min 后放成斜面。

54. 黏液酸盐培养基

（1）测试肉汤：

成分：酪蛋白胨 10.0g，溴麝香草酚蓝溶液 0.024g，蒸馏水 1 000.0mL，黏液酸 10.0g。

制法：慢慢加入 5mol/L NaOH 以溶解黏液酸，混匀。

其余成分加热溶解，加入上述黏液酸，冷却至 25℃左右校正 pH 至 7.4±0.2，分装试管，每管约 5mL，于 121℃高压灭菌 10min。

（2）质控肉汤：

成分：酪蛋白胨 10.0g，溴麝香草酚蓝溶液 0.024g，蒸馏水 1 000.0mL。

制法：所有成分加热溶解，冷却至 25℃左右校正 pH 至 7.4±0.2，分装试管，每管约 5mL，于 121℃高压灭菌 10min。

实验方法：将待测新鲜培养物接种测试肉汤和质控肉汤，于 36℃±1℃培养 48h 观察结果，肉汤颜色蓝色不变则为阴性结果，变为黄色或稻草黄色为阳性结果。

55. 改良 EC 肉汤（mEC＋n）

成分：胰蛋白胨 20.0g，3 号胆盐 1.12g，乳糖 5.0g，$K_2HPO_4 \cdot 7H_2O$ 4.0g，KH_2PO_4 1.5g，NaCl 5.0g，新生霉素钠盐溶液（20mg/mL）1.0mL，蒸馏水 1 000mL。

制法：除新生霉素外，所有成分溶解在水中，加热煮沸，在 20～25℃下校正 pH 至 6.9±0.1，分装。于 121℃高压灭菌 15min，备用。制备浓度为 20mg/mL 的新生霉素储备溶液，过滤法除菌。待培养基温度冷却至 50℃以下时，按 1 000mL 培养基内加 1mL 新生霉素储备液的比例，使最终浓度为 20mg/L。

56. 改良山梨醇麦康凯（CT-SMAC）琼脂

（1）山梨醇麦康凯（SMAC）琼脂：

成分：蛋白胨 20.0g，山梨醇 10.0g，3 号胆盐 1.5g，NaCl 5.0g，中性红 0.03g，结晶紫 0.001g，琼脂 15.0g，蒸馏水 1 000mL。

制法：除琼脂、结晶紫和中性红外，所有成分溶解在蒸馏水中，加热煮沸，在 20～25℃校正 pH 至 7.2±0.2，加入琼脂、结晶紫和中性红，煮沸溶解，分装。于 121℃高压灭菌 15min。

（2）亚碲酸钾溶液：

成分：亚碲酸钾 0.5g，蒸馏水 200mL。

制法：将亚碲酸钾溶于水，过滤法除菌。

（3）头孢克肟（cefixime）溶液：

成分：头孢克肟 1.0mg，95％乙醇 200mL。

制法：将头孢克肟溶解于 95％乙醇中，静置 1h，待其充分溶解后过滤除菌。分装试管，储存于 −20℃，有效期 1 年。解冻后的头孢克肟溶液不应再冻存，且在 2～8℃下有效期 14d。

（4）CT-SMAC 制法：取 1 000mL 灭菌熔化并冷却至 46℃±1℃的山梨醇麦康凯（SMAC）琼脂，加入 1mL 亚碲酸钾溶液和 10mL 头孢克肟溶液，使亚碲酸钾浓度达到 2.5mg/L，头孢克肟浓度达到

0.05mg/L，混匀后倾注平板。

57. 月桂基磺酸盐胰蛋白胨（MUG-LST）肉汤

LST 肉汤中添加 4-甲基伞形酮-β-D-葡萄糖醛酸苷（MUG），使终浓度为 0.1g/L。

58. 甘露醇卵黄多黏菌素（MYP）琼脂

成分：蛋白胨 10.0g，牛肉膏 1.0g，D-甘露醇 10.0g，NaCl 10.0g，琼脂 15.0g，蒸馏水 1 000mL，0.2％酚红溶液 13mL，50％卵黄液 50mL，多黏菌素 B 100 000IU。

制法：将前面 5 种成分加入蒸馏水中，加热溶解，校正 pH 至 7.3±0.2，加入酚红溶液。分装烧瓶，每瓶 100mL，121℃高压灭菌 15min。临用时加热熔化琼脂，冷却至 50℃，每瓶加入 50％卵黄液 5mL 和浓度为 100 000IU 多黏菌素 B 1mL，混匀后倾注平板。

50％卵黄液：取鲜鸡蛋，用硬刷将蛋壳彻底洗净，沥干，于 70％乙醇溶液中浸泡 30 min。用无菌操作取出卵黄，加入等量灭菌生理盐水，混匀后备用。

多黏菌素 B 溶液：在 50mL 灭菌蒸馏水中溶解 500 000 IU 的无菌硫酸盐多黏菌素B。

59. 胰酪胨大豆多黏菌素肉汤

成分：胰酪胨（或酪蛋白胨）17.0g，植物蛋白胨（或大豆蛋白胨）3.0g，NaCl 5.0g，无水 K_2HPO_4 2.5g，葡萄糖 2.5g，多黏菌素 B 100 IU/mL，蒸馏水 1 000mL。

制法：将前 5 种成分加入于蒸馏水中，加热溶解，校正 pH 至 7.3±0.2，121℃高压灭菌 15 min。临用时加入多黏菌素B溶液混匀即可。

多黏菌素 B 溶液：在 50 mL 灭菌蒸馏水中溶解 500 000 IU 的无菌硫酸盐多黏菌素B。

60. 酪蛋白琼脂培养基

成分：酪蛋白 10.0g，牛肉膏 3.0g，磷酸氢二钠 2.0g，NaCl 5.0g，琼脂 15.0g，蒸馏水 1 000mL，0.4％溴麝香草酚蓝溶液 12.5mL。

制法：将除指示剂外的各成分混合，加热溶解（但酪蛋白不溶解），校正 pH 至 7.4±0.2。加入指示剂，分装烧瓶，121℃高压灭菌 15min。临用时加热熔化琼脂，冷却至 50℃，倾注平板。

注：将菌株划线接种于平板上，如沿菌落周围有透明圈形成，即为能水解酪蛋白。

实验方法：用接种环挑取可疑菌落，点种于酪蛋白琼脂培养基上，36℃±1℃培养 48h±2h，阳性反应培养基菌落周围应出现澄清透明区（表示产生酪蛋白酶）。阴性反应时应继续培养 72h 再观察。

61. 动力培养基

成分：胰酪胨（或酪蛋白胨）10.0g，酵母粉 2.5g，葡萄糖 5.0g，无水 Na_2HPO_4 2.5g，琼脂粉 3.0～5.0g，蒸馏水 1 000mL。

制法：将上述成分溶于蒸馏水，校正 pH 至 7.2±0.2，加热溶解。分装每管 2～3mL。115℃高压灭菌 20min，备用。

实验方法：用接种针挑取培养物穿刺接种于动力培养基中，30℃±1℃培养 48h±2h。蜡样芽孢杆菌应沿穿刺线呈扩散生长，而蕈状芽孢杆菌常常呈绒毛状生长，形成蜂巢状扩散。动力试验也可用悬滴法检查。蜡样芽孢杆菌和苏云金芽孢杆菌通常运动极为活泼，而炭疽杆菌则不运动。

62. 硝酸盐肉汤

成分：蛋白胨 5.0g，KNO_3 0.2g，蒸馏水 1 000mL。

制法：将上述成分溶解于蒸馏水。校正 pH 至 7.4，分装每管 5mL，121℃高压灭菌 15min。

硝酸盐还原试剂：

甲液：将对氨基苯磺酸 0.8g 溶解于 2.5mol/L 乙酸溶液 100mL 中。

乙液：将甲萘胺 0.5g 溶解于 2.5mol/L 乙酸溶液 100mL 中。

实验方法：接种后在 36℃±1℃培养 24h～72h。加甲液和乙液各 1 滴，观察结果，阳性反应立即或数分钟内显红色。如为阴性，可再加入锌粉少许，如出现红色，表示硝酸盐未被还原，为阴性。反之，则表示硝酸盐已被还原，为阳性。

63. 硫酸锰营养琼脂培养基

成分：胰蛋白胨 5.0g，葡萄糖 5.0g，酵母浸膏 5.0g，K_2HPO_4 4.0g，3.08％硫酸锰（$MnSO_4 \cdot H_2O$）1.0mL，琼脂粉 15.0g，蒸馏水 1 000mL。

制法：将上所述成分溶解于蒸馏水。校正 pH 至 7.2±0.2。121℃高压灭菌 15min，备用。

64. VP 培养基

成分：K_2HPO_4 5.0g，蛋白胨 7.0g，葡萄糖 5.0g，NaCl 5.0g，蒸馏水 1 000mL。

制法：将上述成分溶解于蒸馏水。校正 pH 至 7.0±0.2，分装每管 1mL。115℃高压灭菌 20min，备用。

实验方法：用营养琼脂培养物接种于本培养基中，36℃±1℃培养 48～72h。加入 6％α-萘酚-乙醇溶液 0.5mL 和 40％氢氧化钾溶液 0.2mL，充分振摇试管，观察结果，阳性反应立即或于数分钟内出现红色。如为阴性，应放在 36℃±1℃培养 4h 再观察。

65. 胰酪胨大豆羊血（TSSB）琼脂

成分：胰酪胨（或酪蛋白胨）15.0g，植物蛋白胨（或大豆蛋白胨）5.0g，NaCl 5.0g，无水 K_2HPO_4 2.5g，葡萄糖 2.5g，琼脂粉 12.0～15.0g，蒸馏水 1 000mL。

制法：将上述各成分于蒸馏水中加热溶解。校正 pH 至 7.2±0.2，分装每瓶 100mL。121℃高压灭菌 15min。水浴中冷却至 45～50℃，每 100mL 加入 5～10mL 无菌脱纤维羊血，混匀后倾注平板。

66. 溶菌酶营养肉汤

成分：牛肉粉 3.0g，蛋白胨 5.0g，蒸馏水 990.0mL，0.1％溶菌酶溶液 10.0mL。

制法：除溶菌酶溶液外，将上述成分溶解于蒸馏水。校正 pH 至 6.8±0.1，分装每瓶 99mL。121℃高压灭菌 15min。每瓶加入 0.1％溶菌酶溶液 1mL，混匀后分装灭菌试管，每管 2.5mL。

0.1％溶菌酶溶液配制：在 65mL 灭菌的 0.1mol/L 盐酸中加入 0.1g 溶菌酶，隔水煮沸 20min 溶解后，再用灭菌的 0.1mol/L 盐酸稀释至 100mL。或者称取 0.1g 溶菌酶溶于 100mL 的无菌蒸馏水后，用孔径为 0.45μm 硝酸纤维膜过滤。使用前测试是否无菌。

实验方法：用接种环取纯菌悬液一环，接种于溶菌酶肉汤中，36℃±1℃培养 24h。蜡样芽孢杆菌在本培养基（含 0.001％溶菌酶）中能生长。如出现阴性反应，应继续培养 24h。

67. 明胶培养基

成分：蛋白胨 5.0g，牛肉粉 3.0g，明胶 120.0g，蒸馏水 1 000mL。

制法：将上述成分混合，置流动蒸汽灭菌器内，加热溶解，校正 pH 至 7.4～7.6，过滤。分装试管，121℃高压灭菌 10min，备用。

实验方法：挑取可疑菌落接种于明胶培养基，36℃±1℃培养 24h±2h，取出，2～8℃放置 30min，取出，观察明胶液化情况。

68. 3％氯化钠碱性蛋白胨水（APW）

成分：蛋白胨 10.0g，NaCl 30.0g，蒸馏水 1 000mL，pH 8.5±0.2。

制法：将上述成分混合，校正 pH 至 8.5±0.2，121℃高压灭菌 10min

69. 硫代硫酸盐柠檬酸盐-胆盐-蔗糖（TCBS）琼脂

（1）配方 1 成分：酵母膏 5.0g，蛋白胨 10.0g，蔗糖 20.0g，硫代硫酸钠 10.0g，柠檬酸钠 10.0g，胆酸钠 3.0g，牛胆汁粉 5.0g，NaCl 10.0g，柠檬酸铁 1.0g，溴麝香草酚蓝 0.04g，琼脂 15.0g，蒸馏水 1 000mL。

制法：将上述成分加蒸馏水至 1 000mL，混合，使全部溶解，校正 pH 为 8.6±0.2，加热煮沸，不需高压灭菌，倾注平皿 15～20mL。

注：不分解蔗糖的副溶血性弧菌，在此培养基上生长呈绿色菌落，分解蔗糖的细菌呈黄色菌落。

（2）配方 2 成分：酵母浸膏 5g，多价蛋白胨 10g，硫代硫酸钠 10g，柠檬酸钠 10g，牛胆粉 5g，蔗糖 20g，NaCl 10g，柠檬酸铁 1g，溴麝香草酚蓝 0.04g，琼脂约 13g，水 1 000mL，pH8.5～8.7。

制法：除指示剂外，将剩余成分混合于 1 000mL 水中，煮沸溶解。pH 调至 8.5～8.7，加入指示剂，混匀。再次煮沸 1～2min。无须高压灭菌。

70. 3%氯化钠胰蛋白胨大豆（TSA）琼脂

成分：胰蛋白胨 15.0g，大豆蛋白胨 5.0g，NaCl 30.0g，琼脂约 15.0g，蒸馏水 1 000mL。

制法：按量将各成分溶解，加热使其完全溶解，调 pH 至 7.3±0.2，121℃灭菌 15min。

71. 3%氯化钠三糖铁琼脂

成分：蛋白胨 15.0g，胨蛋白胨 5.0g，牛肉膏 3.0g，乳糖 10.0g，蔗糖 10.0g，葡萄糖 1.0g，NaCl 30.0g，硫酸亚铁 0.2g，硫代硫酸钠 0.3g，琼脂 12.0g，酚红 0.024g，蒸馏水 1 000mL。

制法：将除琼脂和酚红以外的各成分溶解于蒸馏水中，校正 pH 至 7.4±0.2，加入琼脂，加热煮沸使琼脂熔化，加入 0.2%酚红溶液 12.5mL，摇匀，分装试管，121℃高压灭菌 15min，放置高层斜面备用。

72. 嗜盐性试验培养基

成分：胰蛋白胨 10.0g，NaCl 按不同量加入，蒸馏水 1 000mL。

制法：配制胰蛋白胨水，校正 pH 至 7.2±0.2，共配制 5 瓶，每瓶 100mL。每瓶分别加入不同量的 NaCl：①不加；②3g；③6g；④8g；⑤10g。分装试管，121℃高压灭菌 15min。

73. 3%氯化钠甘露醇试验培养基

成分：牛肉膏 5.0g，蛋白胨 10.0g，NaCl 30.0g，十二水磷酸二氢钠 2.0g，溴麝香草酚蓝 0.024g，蒸馏水 1 000.0mL。

制法：将各成分溶于蒸馏水中，校正 pH 至 7.4±0.2，分装小试管，121℃高压灭菌 10min。

实验方法：从琼脂斜面上挑取培养物接种，于 36℃±1℃培养不少于 24h，观察结果。甘露醇阳性者培养物呈黄色，阴性者为绿色或蓝色。

74. 我妻氏血琼脂

成分：酵母浸膏 3.0g，蛋白胨 10.0g，NaCl 70.0g，KH_2PO_4 5.0g，甘露醇 10.0g，结晶紫 0.001g，琼脂 15.0g，蒸馏水 1 000.0mL。

制法：将上述成分混合，校正 pH 至 8.0±0.2，加热至 100℃保持 30min，冷却至 46～50℃，与 50mL 预先洗涤的新鲜人或兔红细胞（含抗凝血剂）混合，倾注平板。彻底干燥平板，尽快使用。

75. Bolton 肉汤（Bolton broth）

（1）基础培养基：

成分：动物组织酶解物 10.0g，乳白蛋白水解物 5.0g，酵母浸膏 5.0g，NaCl 5.0g，丙酮酸钠 0.5g，偏亚硫酸氢钠 0.5g，碳酸钠 0.6g，α-酮戊二酸 1.0g，水 1 000mL。

制法：用水溶解基础培养基成分，如需要可加热促其溶解。将基础培养基分装至合适的锥形瓶内，121℃灭菌 15min。

（2）无菌裂解脱纤维羊或马血：

对无菌脱纤维羊或马血通过反复冻融进行裂解或使用皂角苷进行裂解。

（3）抗生素溶液：

成分：头孢哌酮 0.02g，万古霉素 0.02g，三甲氧苄氨嘧啶乳酸盐 0.02g，两性霉素 B 0.01g，多黏菌素 B 0.01g，乙醇/灭菌水（50/50，V/V）5.0mL。

制法：将各成分溶解于乙醇/灭菌水混合溶液中。

（4）完全培养基：

成分：基础培养基 1 000.0mL，无菌裂解脱纤维绵羊或马血 50.0mL，抗生素溶液 5.0mL。

制法：当基础培养基的温度约为 45℃时，以无菌操作加入绵羊或马血和抗生素溶液，混匀，校正 pH 至 7.4±0.2（25℃），常温下放置不得超过 4h，或在 4℃左右避光保存不得超过 7d。

76. 改良 CCD（mCCDA）琼脂

（1）基础培养基：

成分：肉浸液 10.0g，动物组织酶解物 10.0g，NaCl 5.0g，木炭 4.0g，酪蛋白酶解物 3.0g，去氧胆酸钠 1.0g，硫酸亚铁 0.25g，丙酮酸钠 0.25g，琼脂 8.0～18.0g，水 1 000mL。

制法：用水溶解基础培养基成分，煮沸。分装至合适的锥形瓶内，121℃高压灭菌 15min。

（2）抗生素溶液：

成分：头孢哌酮 0.032g，两性霉素 B 0.01g，利福平 0.01g，乙醇/灭菌水（50/50，V/V）5mL。

制法：将上述成分溶解于乙醇/灭菌水混合溶液中。

（3）完全培养基：

成分：基础培养基 1 000mL，抗生素溶液 5mL。

制法：当基础培养基的温度约为 45℃时，加入抗生素溶液，混匀。将完全培养基的 pH 调至 7.2±0.2（25℃）。倾注约 15mL 于无菌平皿中，静置至培养基凝固。使用前需预先干燥平板。可将平皿盖打开，使培养基面朝下，置于干燥箱中约 30min，直到琼脂表面干燥。预先制备的平板未干燥时在室温放置不得超过 4h，或在 4℃左右冷藏不得超过 7d。

77. 布氏肉汤

成分：酪蛋白酶解物 10.0g，动物组织酶解物 10.0g，葡萄糖 1.0g，酵母浸膏 2.0g，NaCl 5.0g，亚硫酸氢钠 0.1g，水 1 000mL。

制法：将基础培养基成分溶解于水中，如需要可加热促其溶解。将高压灭菌后培养基的 pH 调至 7.0±0.2（25℃）。将培养基分装至合适的试管中，每管 10mL，121℃高压灭菌 15min。

78. Skirrow 血琼脂

（1）基础培养基：

成分：蛋白胨 15.0g，胰蛋白胨 2.5g，酵母浸膏 5.0g，NaCl 5.0g，琼脂 15.0g，水 1 000mL。

制法：将基础培养基成分溶解于水中，加热并搅拌促其溶解，121℃高压灭菌 15min。

（2）FBP 溶液：

成分：丙酮酸钠 0.25g，焦亚硫酸钠 0.25g，硫酸亚铁 0.25g，蒸馏水 5mL。

制法：将各成分溶于 100mL 水中，经 0.22μm 滤膜过滤除菌。FBP 最好根据需要量现用现配，在 −70℃储存不超过 3 个月或 −20℃储存不超过 1 个月。

（3）抗生素溶液：

成分：头孢哌酮 0.032g，两性霉素 B 0.01g，利福平 0.01g，乙醇/灭菌水（50/50，V/V）5.0mL。

制法：将上述各成分溶解于乙醇/灭菌水混合溶液中。

（4）无菌脱纤维绵羊血：无菌操作条件下，将绵羊血倒入盛有灭菌玻璃珠的容器中，振摇约 10min，静置后除去附有血纤维的玻璃珠即可。

（5）完全培养基：

成分：基础培养基 1 000.0mL，FBP 溶液 5.0mL，抗生素溶液 5.0mL，无菌脱纤维绵羊血 50.0mL。

制法：当基础培养基的温度约为 45℃时，加入 FBP 溶液、抗生素溶液与冻融的无菌脱纤维绵羊血，混匀。校正 pH 至 7.4±0.2（25℃）。倾注 15mL 于无菌平皿中，静置至培养基凝固。预先制备的平板未干燥时在室温放置不得超过 4h，或在 4℃左右冷藏不得超过 7d。

79. 0.1%蛋白胨水

成分：蛋白胨 1.0g，水 1 000mL。

制法：溶解蛋白胨于水中，将 pH 调至 7.0±0.2（25℃），121℃高压灭菌 15min。

80. 庖肉培养基

成分：新鲜牛肉 500.0g，蛋白胨 30.0g，酵母浸膏 5.0g，NaH_2PO_4 5.0g，葡萄糖 3.0g，可溶性淀

粉 2.0g，蒸馏水 1 000mL。

制法：称取新鲜除去脂肪与筋膜的牛肉 500.0g，切碎，加入蒸馏水 1 000mL 和 1mol/L 氢氧化钠溶液 25mL，搅拌煮沸 15min，充分冷却，除去表层脂肪，纱布过滤并挤出肉渣余液，分别收集肉汤和碎肉渣。

在肉汤中加入成分表中其他物质并用蒸馏水补足至 1 000mL，调节 pH 至 7.4±0.1，肉渣晾至半干。在 20mm×150mm 试管中先加入碎肉渣 1～2cm 高，每管加入还原铁粉 0.1～0.2g 或少许铁屑，再加入配制肉汤 15mL，最后加入液体石蜡覆盖培养基 0.3～0.4cm，121℃高压蒸汽灭菌 20min。

81. 胰蛋白酶胰蛋白胨葡萄糖酵母膏肉汤（TPGYT）

（1）基础成分（TPGY 肉汤）：

成分：胰酪胨（trypticase）50.0g，蛋白胨 5.0g，酵母浸膏 20.0g，葡萄糖 4.0g，硫乙醇酸钠 1.0g，蒸馏水 1 000.0mL。

（2）胰酶液：

称取胰酶（1∶250）1.5g，加入 100mL 蒸馏水中溶解，膜过滤除菌，4℃保存备用。

制法：将 TPGY 肉汤中各成分溶于蒸馏水中，调节 pH 至 7.2±0.1，分装 20mm×150mm 试管，每管 15mL，加入液体石蜡覆盖培养基 0.3～0.4cm，121℃高压蒸汽灭菌 10min。冰箱冷藏，两周内使用。临用接种样品时，每管加入胰酶液 1.0mL。

82. 卵黄琼脂培养基

成分：酵母浸膏 5.0g，胰胨 5.0g，胨胨（proteose peptone）20.0g，NaCl 5.0g，琼脂 20.0g，蒸馏水 1 000mL。

卵黄乳液：用硬刷清洗鸡蛋 2～3 个，沥干，表面杀菌，无菌打开取出内容物，弃去蛋白，用无菌注射器吸取蛋黄，放入无菌容器中，加等量无菌生理盐水，充分混合调匀，4℃保存备用。

制法：将各成分溶于蒸馏水中，调节 pH 至 7.0±0.2，分装锥形瓶，121℃高压蒸汽灭菌 15min，冷却至 50℃左右，按每 100mL 基础培养基加入 15mL 卵黄乳液，充分混匀，倾注平板，35℃培养 24h 进行无菌检查后，冷藏备用。

83. 胰酪胨大豆肉汤

成分：胰酪胨（或胰蛋白胨）17.0g，植物蛋白胨（或大豆蛋白胨）3.0g，NaCl 5.0g，K_2HPO_4 2.5g，葡萄糖 2.5g，蒸馏水 1 000mL。

制法：将上述成分混合，加热并轻轻搅拌溶液，调 pH 至 7.2±0.2，分装后 121℃高压灭菌 15min。

注意：加 6g 酵母膏即为含 0.6% 酵母浸膏的胰酪胨大豆肉汤，再加琼脂 15g 即制成含 0.6% 酵母浸膏的胰酪胨大豆琼脂。

84. 李氏增菌肉汤（LB_1，LB_2）

成分：胰胨 5.0g，多价胨 5.0g，酵母膏 5.0g，NaCl 20.0g，KH_2PO_4 1.4g，Na_2HPO_4 12.0g，七叶苷 1.0g，蒸馏水 1 000mL。

制法：将上述成分加热溶解，调 pH 至 7.2±0.2，分装，121℃高压灭菌 15min，备用。

（1）李氏 I 液（LB_1）225mL 中加入 1% 萘啶酮酸（用 0.05mol/L NaOH 溶液配制）0.5mL，1% 吖啶黄（用无菌蒸馏水配制）0.3mL。

（2）李氏 II 液（LB_2）200mL 中加入 1% 萘啶酮酸 0.4mL，1% 吖啶黄 0.5mL。

85. PALCAM 琼脂

成分：酵母膏 8.0g，葡萄糖 0.5g，七叶苷 0.8g，柠檬酸铁铵 0.5g，甘露醇 10.0g，酚红 0.1g，氯化锂 15.0g，酪蛋白胰酶消化物 10.0g，心胰酶消化物 3.0g，玉米淀粉 1.0g，肉胃酶消化物 5.0g，NaCl 5.0g，琼脂 15.0g，蒸馏水 1 000mL。

制法：将上述成分加热溶解，调 pH 至 7.2±0.2，分装，121℃高压灭菌 15min，备用。

PALCAM 选择性添加剂：多黏菌素 B 5.0mg，盐酸吖啶黄 2.5mg，头孢他啶 10.0mg，无菌蒸馏水 500mL。

制法：将 PALCAM 基础培养基熔化后冷却到 50℃，加入 2mL PALCAM 选择性添加剂，混匀后倾倒在无菌的平皿中备用。

86. SIM 动力培养基

成分：胰胨 20.0g，多价胨 6.0g，硫酸铁铵 0.2g，硫代硫酸钠 0.2g，琼脂 3.5g，蒸馏水 1 000mL。

制法：加热溶解，调 pH 至 7.2 ± 0.2，分装，121℃高压灭菌 15min 备用。

实验方法：挑取纯培养的单个可疑菌落穿刺接种到 SIM 动力培养基中，于 25～30℃培养 48h，观察结果。

87. 血琼脂培养基

成分：蛋白胨 1.0g，牛肉膏 0.3g，NaCl 0.5g，琼脂 1.5g，蒸馏水 100mL，脱纤维羊血 5～10mL。

制法：除新鲜脱纤维羊血外，加热熔化上述各组分，121℃高压灭菌 15min，冷却到 50℃，以无菌操作加入新鲜脱纤维羊血，摇匀，倾注平板。

88. 改良月桂基硫酸盐胰蛋白胨肉汤-万古霉素（mLST-Vm）培养基

（1）改良月桂基硫酸盐胰蛋白胨（mLST）肉汤：

成分：NaCl 34.0g，胰蛋白胨 20.0g，乳糖 5.0g，KH_2PO_4 2.75g，K_2HPO_4 2.75g，十二烷基硫酸钠 0.1g，蒸馏水 1 000mL，pH 6.8 ± 0.2。

制法：加热搅拌至溶解，调节 pH。分装每管 10mL，121℃高压灭菌 15min。

（2）万古霉素溶液：

成分：万古霉素 10.0mg，蒸馏水 10.0mL。

制法：10.0mg 万古霉素溶解于 10.0mL 蒸馏水，过滤除菌。万古霉素溶液可以在 0～5℃保存 15d。

（3）改良月桂基硫酸盐胰蛋白胨肉汤-万古霉素：

制法：每 10mL mLST 加入万古霉素溶液 0.1mL，混合液中万古霉素的终浓度为 $10\mu g/mL$。

注意：mLST-Vm 必须在 24h 之内使用。

89. 阪崎肠杆菌显色培养基（DFI）琼脂

成分：胰蛋白胨 15.0g，大豆蛋白胨 5.0g，NaCl 5.0g，柠檬酸铁铵 1.0g，硫代硫酸钠 1.0g，脱氧胆酸钠 1.0g，5-溴-4-氯-3-吲哚-α-D-吡喃葡萄糖 0.1g，琼脂 15g，蒸馏水 1 000mL。

制法：加热搅拌至完全溶解，调节 pH 7.3 ± 0.2，121℃高压 15min，冷却至 50℃，倾注平板。

90. 糖类发酵培养基

（1）基础培养基：

成分：酪蛋白（酶消化）10g，NaCl 5g，酚红 0.02g，蒸馏水 1 000mL。

制法：将各成分加热溶解，必要时调节 pH，使之在灭菌后（25℃）pH 为 6.8，每管分装 5mL，121℃灭菌 15min 备用。

（2）糖类溶液（D-山梨醇、L-鼠李糖、D-蔗糖、D-蜜二糖、苦杏仁苷）：

成分：糖 8g，蒸馏水 100mL。

制法：分别称取 D-山梨醇、L-鼠李糖、D-蔗糖、D-蜜二糖、苦杏仁苷等糖类成分各 8g，溶于 1 000mL 蒸馏水中，过滤除菌，制成 80mg/mL 的糖类溶液。

（3）完全培养基：

成分：基础培养基 875mL，糖类溶液 125mL。

制法：以无菌操作将每种糖类溶液加入基础培养基，混匀，分装到试管中，每管 10mL。

实验方法：挑取培养物接种于各类糖类发酵培养基，刚好在液体培养基的液面下，30℃±1℃，培养 24h±2h，观察结果。糖类发酵试验阳性者，培养基呈黄色，阴性者为红色。

91. 马丁（Martin）孟加拉红-链霉素琼脂培养基

成分：葡萄糖 10.0g，蛋白胨 5.0g，KH_2PO_4 1.0g，硫酸镁 0.5g，孟加拉红 0.033g，琼脂 20g，氯霉素 0.1g，蒸馏水 1 000mL，pH5.5～5.7。

制法：以上各成分溶解、调 pH、分装，于 121℃高压灭菌 15min。

92. 溴甲酚紫葡萄糖蛋白胨培养基

成分：蛋白胨 10.0g，葡萄糖 5.0g，2%溴甲酚紫乙醇溶液 0.6mL，琼脂 4.0g，蒸馏水 1 000mL。

制法：在蒸馏水中加入蛋白胨、葡萄糖、琼脂，加热搅拌至完全溶解，调节 pH 至 7.1±0.1，然后再加入溴甲酚紫乙醇溶液，混匀后，115℃高压灭菌 30min。

93. Ames 检测底层培养基

（1）磷酸盐储备液（50 倍）：

成分：$Na_2HPO_4 \cdot 4H_2O$ 17.5g，柠檬酸（$C_6H_8O_7 \cdot H_2O$）10.0g，K_2HPO_4 50.0g，$MgSO_4 \cdot 7H_2O$ 1.0g，蒸馏水 100mL，琼脂粉 15g。

制法：将除硫酸镁外的成分加蒸馏水至 100mL 溶解后，再缓慢放入硫酸镁使其继续溶解，否则容易析出沉淀，121℃高压灭菌 20min。

（2）40%葡萄糖溶液：

成分：葡萄糖 40.0g，蒸馏水 100mL。

制法：以上成分加蒸馏水至 100mL 溶解，112℃高压灭菌 20min。

（3）1.5%琼脂培养基：

琼脂粉 6.0g 加入 400mL 锥形瓶，加蒸馏水至 400mL，熔化后，121℃高压灭菌 20min。

在 400mL 灭菌的 1.5%琼脂培养基中依次加入磷酸盐储备液 8mL，40%葡萄糖溶液 20mL，充分混匀，冷却至 80℃左右时按每平皿 25mL（相对于 90mm 平皿）制备平板，冷凝固后倒置于 37℃培养箱中 24h，备用。

94. Ames 检测顶层培养基

（1）顶层琼脂：琼脂粉 3.0g，NaCl 2.5g，加蒸馏水至 500mL，121℃高压灭菌 20min。

（2）组氨酸-生物素溶液（0.5mmol/L）：D-生物素 30.5mg 和 L-组氨酸 19.4mg 加蒸馏水至 250mL，121℃高压灭菌 20min。

制法：加热熔化顶层琼脂，每 100mL 顶层琼脂中加 10mL 组氨酸-生物素溶液（0.5mmol/L）。混匀，分装在 4 个烧瓶中，121℃高压灭菌 20min。用时熔化分装小试管，每管 2mL，45℃水浴中保温。

95. 氨苄青霉素培养基和氨苄青霉素-四环素培养基（1 000mL）

成分：底层培养基 980mL，组氨酸水溶液（0.404 3g/100mL）10mL，0.5mol/L 生物素 6mL，0.8%氨苄青霉素溶液 3.15mL，0.8%四环素溶液 0.25mL。

制法：以上成分除抗生素外，均分别单独灭菌，使用时以无菌操作混合；使用灭菌细菌滤器加入氨苄青霉素溶液，即为氨苄青霉素培养基，摇匀，铺平板；以无菌操作同时加入氨苄青霉素和四环素制成氨苄青霉素-四环素培养基。

96. 组氨酸-生物素培养基（1 000mL）

成分：底层培养基 984mL，组氨酸水溶液（0.404 3g/100mL）10mL，0.5mol/L 生物素 6mL。

制法：以上成分均已分别灭菌，用时以无菌操作混匀。

97. 假单胞菌（CFC）选择培养基

基础成分：蛋白胨 16.0g，水解酪蛋白 10.0g，硫酸钾 10.0g，氯化镁 1.4g，琼脂 12～18g，蒸馏水 1 000mL，pH7.1±0.2。

CFC 选择添加物：溴化十六烷基三甲胺 1g/L，夫西地酸钠 1g/L，头孢菌素 1g/L，均过滤除菌，可以在 5℃±3℃存放 7d。

制法：先将基础成分加热煮沸使之完全溶解，121℃灭菌 15min。冷却到 50℃备用。100mL 基础培养基在水浴中冷却到 47℃±2℃，加入头孢菌素溶液 5mL、夫西地酸钠溶液 1mL、溴化十六烷基三甲胺溶液 1mL 混匀，使头孢菌素最终浓度为 50μg/mL，夫西地酸钠最终浓度为 10μg/mL，溴化十六烷基三甲胺最终浓度为 10μg/mL。完全混合后倒平板备用。

98. STAA 培养基

成分：蛋白胨 20.0g，酵母提出物 2.0g，K_2HPO_4 1.0g，硫酸镁 1.0g，甘油 15mL，琼脂 13.0g，乙酸铊 50mg，链霉素-硫酸盐 500mg，环己酰亚胺 50mg，蒸馏水 1 000mL，pH7.0±0.2。

制法：除乙酸铊、链霉素-硫酸盐、环己酰亚胺外，其余成分缓慢加热使其完全溶解；121℃下灭菌 15min。冷却到 50℃后，在无菌条件下加入上述三种物质的过滤除菌水溶液。

99. 葡萄糖肉汤培养基

成分及制法：蛋白胨 5g，葡萄糖 5g，酵母浸膏 1g，牛肉膏 5g，可溶性淀粉 1g，黄豆浸出液 50mL，水 1 000mL，0.4%溴甲酚紫 4mL，pH 7.0～7.2，115℃高压灭菌 15min。

注：加入琼脂 18～20g，即成固体培养基。

100. 酸性胰胨琼脂

胰蛋白胨 5g，酵母膏 5g，葡萄糖 5g，K_2HPO_4 4g，水 1 000mL，琼脂 18～22g，pH5.0，121℃高压灭菌 15min。

101. 芽孢培养基

成分及制法：牛肉膏 10g，蛋白胨 10g，NaCl 5g，K_2HPO_4 3g（$K_2HPO_4 \cdot 3H_2O$ 3.9g），$MnSO_4$ 0.03g，琼脂 25g，pH 7.2，121℃高压灭菌 15min。

102. 童汉氏蛋白胨水

成分及制法：蛋白胨 10g，NaCl 5g，蒸馏水 1 000mL，pH 7.4，121℃高压灭菌 15min。

103. 莫匹罗星锂盐和半胱氨酸盐酸盐改良的 MRS 培养基

成分：MRS 培养基、莫匹罗星锂盐储备液、半胱氨酸盐酸盐储备液。

莫匹罗星锂盐储备液制备：称取 50mg 莫匹罗星锂盐加入 50mL 蒸馏水中，用 0.22μm 微孔滤膜过滤除菌。

半胱氨酸盐酸盐储备液制备：称取 250mg 半胱氨酸盐酸盐加入 50mL 蒸馏水中，用 0.22μm 微孔滤膜过滤除菌。

制法：将制好备用的 MRS 培养基加热，熔化琼脂，在水浴中冷却至 48℃。用带有 0.22μm 微孔滤膜的注射器将莫匹罗星锂盐储备液及半胱氨酸盐酸盐储备液加入熔化琼脂中，使培养基中莫匹罗星锂盐的浓度为 50μg/mL、半胱氨酸盐酸盐的浓度为 500μg/mL。

104. MC 培养基

成分：大豆蛋白胨 5.0g，牛肉粉 3.0g，酵母粉 3.0g，葡萄糖 20.0g，乳糖 20.0g，碳酸钙 10.0g，琼脂 15.0g，蒸馏水 1 000mL，1%中性红溶液 5.0mL。

制法：将各成分加入蒸馏水中，加热溶解，调节 pH 至 6.0±0.2，加入中性红溶液。分装后 121℃高压灭菌 15～20min。

105. 乳酸杆菌糖发酵管

基础成分：牛肉膏 5.0g，蛋白胨 5.0g，酵母浸膏 5.0g，吐温-80 0.5mL，琼脂 1.5g，1.6%溴甲酚紫乙醇溶液 1.4mL，蒸馏水 1 000mL。

制法：按 0.5%加入所需糖类，并分装小试管，121℃高压灭菌 15～20min。

106. 七叶苷培养基（用于乳酸菌检验）

成分：蛋白胨 5.0g，K_2HPO_4 1.0g，七叶苷 3.0g，柠檬酸铁 0.5g，1.6%溴甲酚紫乙醇溶液 1.4mL，蒸馏水 100mL。

制法：将上述成分加入蒸馏水中加热溶解，121℃高压灭菌 15～20min。

附录Ⅳ　常用染色液的配制

1. 吕氏碱性美蓝染色液

A 液：美蓝 0.3g，95％乙醇 30mL。

B 液：KOH 0.01g，蒸馏水 100mL。

分别配制 A 液和 B 液，混合即可。

2. 草酸铵结晶紫染色液

A 液：结晶紫 2.5g，95％乙醇 25mL。

B 液：草酸铵 1.0g，蒸馏水 1 000mL。

制备时，将结晶紫研细，加入 95％乙醇溶解，配成 A 液。将草酸铵溶于蒸馏水，配成 B 液。两液混合静止 48h 后，过滤后使用。

3. 鲁格尔氏（路戈氏）碘液

碘 1.0g，KI 2.0g，蒸馏水 300mL。先用 3～5mL 蒸馏水溶解 KI，再加入碘片，稍加热溶解，加足水过滤后使用。

4. 沙黄（番红）染色液

2.5％沙黄（番红）乙醇溶液：沙黄（番红）2.5g，95％乙醇 100mL。

此母液存放于不透气的棕色瓶中，使用时取 20mL 母液加 80mL 蒸馏水使用。

5. 5％孔雀绿水溶液（芽孢染色用）

孔雀绿 5.0g，蒸馏水 100mL。先将孔雀绿放乳钵内研磨，加少许 95％乙醇溶解，再加蒸馏水。

6. 黑色素水溶液（荚膜负染色用）

黑色素 10g，蒸馏水 100mL，40％甲醛（福尔马林）0.5mL。将黑色素溶于蒸馏水中，煮沸 5min，再加福尔马林作防腐剂，用玻璃棉过滤。

7. 硝酸银鞭毛染色液

A 液：单宁酸 5.0g，$FeCl_3$ 1.5g，福尔马林（15％）2.0mL，1％NaOH 1.0mL，蒸馏水 100mL。

B 液：$AgNO_3$ 2.0g，蒸馏水 100mL。

将 $AgNO_3$ 溶解后，取出 10mL 备用，向其他的 90mL 硝酸银溶液中加浓氢氧化铵，则形成很厚的沉淀，再继续滴加氢氧化铵到刚刚溶解沉淀成为澄清溶液为止。再将备用的硝酸银溶液慢慢滴入，则出现薄雾，但轻轻摇动后，薄雾状的沉淀又消失，再滴入硝酸银溶液，直到摇动后，仍呈现轻微而稳定的薄雾状沉淀为止。如雾重，则银盐沉淀析出，不宜使用。

8. 改良利夫森（Leifson's）鞭毛染色液

A 液：20％单宁（鞣酸）2.0mL。

B 液：饱和钾明矾液（20％）2.0mL。

C 液：5％石炭酸 2.0mL。

D 液：碱性复红酒精（95％）饱和液 1.5mL。

将以上各液于染色前 1～3d，按 B 液加到 A 液中，C 液加到 A、B 混合液中，D 液加到 A、B、C 混合液中的顺序，混合均匀，马上过滤 15～20 次，2～3d 内使用效果较好。

9. 0.1％美蓝染色液

0.1g 美蓝溶解于 100mL 蒸馏水中。

10. 石炭酸复红染色液

A 液：碱性复红 0.3g，95％乙醇 10mL。

B 液：石炭酸（苯酚）5g，蒸馏水 95mL。

先将染料溶解于乙醇，将苯酚溶于水，A、B 两液混合即可。

11. 乳酸石炭酸棉蓝染色液

石炭酸（苯酚）10g，乳酸（相对密度1.21）10mL，甘油20mL，棉蓝（苯胺蓝）0.21g，蒸馏水10mL。

将石炭酸加入蒸馏水中，加热溶解，再加入乳酸和甘油，最后加棉蓝。

12. 脱色液

95％乙醇或丙酮乙醇溶液（95％乙醇70mL，丙酮30mL）。

13. 瑞氏染色液

瑞氏染料粉末0.3g，甘油3mL，甲醇97mL。将染料放乳钵内研磨，先加甘油，后加甲醇，过夜后过滤即可。

附录Ⅴ　常用缓冲液的配制

1. pH7.0磷酸盐缓冲液（PBS）（20℃，pH 7.0～7.1）

A液：KH_2PO_4 34.0g，蒸馏水1 000mL。

B液：K_2HPO_4 43.6g，蒸馏水1 000mL。

A液2份和B液3份混合即可。

2. 0.2mol/L醋酸缓冲液（pH7.0）

A液：醋酸34.0mL，蒸馏水1 000mL。

B液：醋酸钠43.6g，蒸馏水1 000mL。

A液72mL，B液28mL，NaCl 0.58g，配毕测pH，于121℃灭菌30min后备用。

3. 明胶磷酸盐缓冲液

成分：明胶2g，磷酸氢二钠4g，蒸馏水1 000mL，pH6.2。

制法：加热溶解，校正pH，121℃高压灭菌15min。

4. 包被缓冲液（pH9.6碳酸盐缓冲液）的制备

Na_2CO_3 1.59g，$NaHCO_3$ 2.93g，加蒸馏水至1 000mL。也可用pH9.6的磷酸盐缓冲液代替。

5. 洗液（PBS-T）的制备

PBS加0.05％（V/V）吐温-20。

6. 抗体稀释液的制备

BSA 1.0g加PBS-T至1 000mL；封闭液的制备同抗体稀释液。

7. 底物缓冲液的制备

A液（0.1mol/L柠檬酸水溶液）：柠檬酸（$C_6H_8O_7 \cdot H_2O$）21.01g，加蒸馏水至1 000mL。

B液（0.2mol/L磷酸氢二钠水溶液）：$Na_2HPO_4 \cdot 12H_2O$ 71.6g，加蒸馏水至1 000mL。

用前按A液∶B液∶蒸馏水（24.3∶25.7∶50）的比例（体积比）配制。

附录Ⅵ　常用试剂和指示剂的配制

1. 生理盐水

氯化钠8.5g，蒸馏水1 000mL。氯化钠溶解后，121℃高压灭菌15min。

2. 甲基红（MR）试剂

甲基红0.04g，95％乙醇60mL，蒸馏水40mL。

甲基红先用95％乙醇溶解，再加入蒸馏水，变色范围pH4.4～6.0。

3. 5％ α-萘酚

α-萘酚5g溶解于100mL无水乙醇中，保存于棕色瓶。该试剂易氧化，只能随配随用。

4. 吲哚试剂

对二甲基氨基苯甲醛 2g，95％乙醇 190mL，浓盐酸 40mL。

5. 硝酸盐还原试剂（格里斯试剂）

溶液 A：对氨基苯甲酸 0.5g 溶解于 30％醋酸溶液 150mL，保存于棕色瓶中。

溶液 B：将 0.5g α-萘胺溶解于 30％醋酸溶液 150mL，加蒸馏水 20mL，保存于棕色瓶中。

用时，A 液和 B 液等份混合，但此液不能较长时间保存。

6. 二苯胺试剂

称取二苯胺 1.0g，溶于 20mL 蒸馏水中，然后徐徐加入浓硫酸 100mL，保存在棕色瓶中。

盐酸二甲基对苯二胺试剂（测吲哚用）：二甲基对苯二胺 5g，戊醇（或丁醇）75mL，浓盐酸 25mL。

7. 0.1％酚红（中性红）水溶液

0.1g 酚红（中性红），1mol/L NaOH 1mL，再加入蒸馏水 99mL。

8. 1.6％溴甲酚紫（溴百里香草酚蓝）溶液

溴甲酚紫（溴百里香草酚蓝）1.6g，溶于 50mL95％的乙醇中，再加蒸馏水 50mL，过滤后使用。

9. 2.5％石蕊溶液

石蕊 2.5g，溶于 100mL 蒸馏水中，过滤后使用。

10. 碘液（淀粉糖化实验）

碘片 2g，碘化钾 4g，蒸馏水 100mL，配制方法同鲁格尔氏碘液。

11. 碘酊

碘化钾 10g，碘 10g，70％（V/V）乙醇 500mL。

12. 醇醚混合液

乙醇：乙醚＝3：7（V/V）混合即可。

13. PBS 缓冲液

甲液：KH_2PO_4 34.0g，蒸馏水 1 000mL。

乙液：K_2HPO_4 43.6g，蒸馏水 1 000mL。

甲液 2 份和乙液 3 份混合即可。

14. 斐林试剂

斐林试剂 A：溶解 3.5g 硫酸铜晶体（$CuSO_4 \cdot 5H_2O$）于 100mL 水中，浑浊时过滤。

斐林试剂 B：溶解酒石酸钾钠 17g 于 15～20mL 热水中，加入 20mL 20％的氢氧化钠溶液，稀释至 100mL。

此两种溶液要分别贮藏，使用时取等量试剂 A 和试剂 B 混合。

15. 0.1mol/L 柠檬酸钠

柠檬酸钠 3.1g，蒸馏水 100mL。溶解后每管分装 10mL 后，121℃高压灭菌 15min。

16. 1％L-胱氨酸-氢氧化钠溶液

L-胱氨酸 0.1g，1mol/L 氢氧化钠 1.5mL，蒸馏水 8.5mL。用氢氧化钠溶解 L-胱氨酸，再加入蒸馏水即可。

17. 3.5％生理盐水

氯化钠 3.5g，蒸馏水 100mL。

18. 头孢哌酮钠溶液

称取头孢哌酮钠 0.5g，用水溶解后定容于 100mL 容量瓶中。经 0.22μm 滤膜过滤。该溶液 4℃保存 5d。

19. 甲氧卞氨嘧啶乳酸液

称取三甲氧卞氨嘧啶乳酸盐 0.66g，用水溶解后定容于 100mL 容量瓶中。经 0.22μm 滤膜过滤。

该溶液 4℃保存 1 年。

20. 万古霉素溶液

称取万古霉素 0.5g，用水溶解后定容于 100mL 容量瓶中。经 0.22μm 滤膜过滤。该溶液 4℃保存 2个月。

21. 放线菌酮溶液

称取放线菌酮 1.25g，用乙醇溶解后用水定容于 100mL 容量瓶中。该溶液 4℃保存 1 年。

22. TMP、抗生素混合液

先配成乳酸 TMP 溶液，以乳酸 62mg（1～2 滴）混合于 100mL 灭菌蒸馏水中，然后加入 TMP 溶液（TMP 浓度 1mg/mL）即成。取乳酸 TMP 溶液 5mL，再加入万古霉素（10mg）及多黏菌素 B（2 500IU)摇匀后，即成 TMP、抗生素混合液。

23. 乙酰甲基甲醇试剂（VP 试剂）

5%α-萘酚-乙醇溶液，40%KOH 溶液。

24. 黄曲霉毒素 B₁ 标准溶液

用甲醇将黄曲霉毒素 B₁ 配制成 1mg/mL 溶液，−20℃冰箱贮存，再用甲醇-PBS 溶液（20：80）稀释至约 10μg/mL，紫外分光光度计测此溶液最大吸收峰的光密度值，代入下式计算：

$$黄曲霉毒素\ B_1\ 的浓度（\mu g/mL）= \frac{A \times M \times 1\,000 \times f}{E}$$

式中　　A——测得的光密度值；

M——黄曲霉毒素 B₁ 的相对分子质量 312；

E——摩尔消光系数，21 800；

f——使用仪器的校正因素。

根据计算将该溶液配制成 10μg/mL 标准溶液，检测时，用甲醇-PBS 溶液将该标准溶液稀释至所需浓度。

25. 0.5mmol/L 组氨酸-生物素溶液

D-生物素（相对分子质量 244）30.5mg，L-组氨酸（相对分子质量 155）17.4mg，加蒸馏水至 250mL。

26. 10%S-9 混合液（10mL）

成分：磷酸盐缓冲液（0.2mol/L，pH7.4）6.0mL，氯化钾溶液（1.65mol/L）0.2mL，氯化镁溶液（0.4mol/L）0.2mL，葡萄糖-6-磷酸盐溶液（0.05mol/L）1.0mL，辅酶Ⅱ溶液（0.025mol/L）1.6mL，肝 S-9 液 1.0mL。

制法：用哺乳动物如成年健壮大鼠，经诱导剂（一般腹腔注射多氯联苯）处理，一周后杀死大鼠，取肝组织制备匀浆，9 000r/min 离心，上清液为 S-9 组分，与辅助成分以适当比例组成 S-9 混合液，用作试验中的代谢活化系统。以上成分提前配成贮备液，临用时混合，置冰浴中待用。

27. 氧化酶试剂

N，N，N′，N′-四甲基对苯二胺盐酸盐 1g，蒸馏水 100mL，少许新鲜配制，于冰箱内避光保存，在 7d 内使用。

附录Ⅶ　常用消毒剂和杀菌剂的配制

（1）升汞水溶液：常用 0.1%。升汞 1g，盐酸 2.5mL 混合后加水 997.5mL。

（2）漂白粉：常用 10%。10g 漂白粉加水 100mL。

（3）甲醛：常用 1：250。10mL 甲醛加水 240mL。

（4）双氧水：常用 1：1。5mL 双氧水加 5mL 水。

（5）消毒乙醇：常用 75％。95％乙醇 100mL 加水 26.67mL。

（6）来苏儿：常用 2％。50％来苏儿 40mL 加水 96mL。

（7）新洁尔灭：常用 0.25％。5％新洁尔灭 5mL 加水 95mL。

（8）碘酊：用碘 7g，碘化钾 5g，溶于 100mL 95％乙醇中。

（9）高锰酸钾：常用 1∶1 000。1g 高锰酸钾溶于 1 000mL 水中。

参 考 文 献

常聪，张安，程述敏，等，2018. 高产红曲色素和 Monacolin K 红曲霉菌的诱变选育 [J]. 中国调味品，43 (1)：12-16.

陈生明，刘丽丽，1996. 微生物学研究法 [M]. 北京：中国农业科技出版社.

陈天寿，1995. 微生物培养基的制造与应用 [M]. 北京：中国农业出版社.

董改香，王俊国，段智变，等，2008. 具有胆盐水解酶活力乳酸菌的筛选及 16S rDNA 分子生物学鉴定 [J]. 中国乳品工业，36 (11)：7-10.

杜连祥，1992. 工业微生物实验技术 [M]. 天津：天津科学技术出版社.

范远景，2007. 食品免疫学 [M]. 合肥：合肥工业大学出版社.

高文庚，郭延成，2017. 发酵食品工艺实验与检验技术 [M]. 北京：中国林业出版社.

耿佳靖，袁梁，鲁辛辛，等，2008.18S rRNA 基因序列分析在临床常见酵母样真菌鉴定中的应用 [J]. 中华检验医学杂志，32 (6)：644-648.

郭兴华，凌代文，2013. 乳酸细菌现代研究实验技术 [M]. 北京：科学出版社.

国家食品药品监督管理总局科技和标准司，2017. 微生物检验方法食品安全国家标准实操指南 [M]. 北京：中国医药科技出版社.

郝林，2001. 食品微生物学实验技术 [M]. 北京：中国农业出版社.

郝士海，1992. 现代细菌学培养基和生化试验手册 [M]. 北京：中国科学出版社.

何学军，蒋国钦，2017. ATP 生物荧光法评价医疗器械清洗效果观察 [J]. 中国消毒学杂志，34 (5)：428-430.

贺稚非，李平兰，2010. 食品微生物学 [M]. 重庆：西南师范大学出版社.

洪义国，孙谧，张云波，等，2002.16S rRNA 在海洋微生物系统分子分类鉴定及分子检测中的应用 [J]. 海洋水产研究，23 (1)：58-63.

黄秀梨，辛明秀，2008. 微生物学实验指导 [M]. 2 版. 北京：高等教育出版社.

贾盘兴，1992. 微生物遗传学实验技术 [M]. 北京：中国科学出版社.

江成营，江洁，曹畅，2005. 甲醇毕赤酵母电转化条件的研究 [J]. 齐齐哈尔大学学报，21 (1)：8-11.

江汉湖，2010. 食品微生物学 [M]. 3 版. 北京：中国农业出版社.

焦振泉，刘秀梅，1998.16S rRNA 序列同源性分析与细菌系统分类鉴定 [J]. 国外医学：卫生学分册 (1)：12-16.

李彩霞，秦梦婷，李海龙，2018. 纸片法与 ATP 荧光检测法在餐饮具消毒中的一致性检验 [J]. 解放军预防医学杂志，36 (6)：804-805.

李阜棣，喻子牛，何绍江，1996. 农业微生物学实验技术 [M]. 北京：中国农业出版社.

李平兰，王成涛，2005. 发酵食品安全生产与品质控制 [M]. 北京：化学工业出版社.

李平兰，2006. 微生物与食品微生物 [M]. 北京：北京大学医学出版社.

李平兰，2019. 食品微生物学教程 [M]. 北京：中国林业出版社.

李影林，1991. 临床微生物学及检验 [M]. 长春：吉林科学技术出版社.

刘慧，2011. 现代食品微生物学 [M]. 2 版. 北京：中国轻工业出版社.

刘慧，2017. 现代食品微生物学实验技术 [M]. 2 版. 北京：中国轻工业出版社.

刘艳如，庄惠如，田宝玉，2010. 一株海洋金藻的 18S rRNA 基因序列分析及分类 [J]. Marine Sciences，34 (4)：53-57.

利迪亚德，2010. 免疫学 [M]. 北京：科学出版社.

卢圣栋，1993. 现代分子生物学实验技术 [M]. 北京：高等教育出版社.

罗雪云，刘宏道，1995. 食品卫生微生物检验标准手册 [M]. 北京：中国标准出版社.

马迪根，2001. 微生物生物学 [M]. 北京：科学出版社.

牛天贵，2002. 食品微生物学实验技术 [M]. 北京：中国农业大学出版社.

钱存柔，黄仪秀，2013. 食品微生物学实验教程 [M]. 2 版. 北京：北京大学出版社.

萨姆布鲁克，2008. 分子克隆实验指南（精编版）[M]. 北京：化学工业出版社.

沈萍，陈向东，2018. 微生物学实验 [M]. 5 版. 北京：高等教育出版社.

宋宏新，2012. 食品免疫学 [M]. 北京：中国轻工业出版社.

宋曦，甘伯中，贺晓玲，2009. 天祝放牧牦牛生活环境土壤中一株产凝乳酶细菌的分离与鉴定 [J]. 食品科学，30（11）：158-162.

苏世彦，1998. 食品微生物检验手册 [M]. 北京：中国轻工业出版社.

苏维奇，纪迎春，姜岩，2005. 16S rRNA 基因检测在临床细菌学鉴定中的应用 [J]. 世界感染杂志，5（1）：79-81.

涂彩虹，张驰松，刘一静，2017. 纳豆激酶产生菌的筛选及其在蚕豆发酵的应用 [J]. 食品科技，42（11）：18-10.

王福源，1998. 现代食品发酵技术 [M]. 北京：中国轻工业出版社.

王慧，岳永生，曾勇庆，1996. 随机扩增多态性 DNA（RAPD）技术及其应用 [J]. 山东畜牧兽医（2）：41-43.

王绍树，张彩，田强，1996. 食品微生物实验 [M]. 天津：天津大学出版社.

王世伟，李旭业，张伟伟，2008. 优化感受态细胞制备方法提高转化效率的研究 [J]. 齐齐哈尔大学学报，25（2）：86-91.

王叔淳，2002. 食品卫生检验技术手册 [M]. 2 版. 北京：化学工业出版社.

项奇，1992. 粮油食品微生物学检验 [M]. 北京：中国轻工业出版社.

胥传来，2007. 食品免疫学 [M]. 北京：化学工业出版社.

徐浩，1990. 工业微生物学基础及其应用 [M]. 北京：科学出版社.

许萍，习伟进，张晋童，2018. ATP 法测水中细菌数目效果评价及预警限值研究 [J]. 工业安全与环保，44（3）：90-94.

严杰，罗海波，陆德源，1997. 现代微生物学实验技术及其应用 [M]. 北京：人民卫生出版社.

杨洁彬，凌代文，郭兴华，1996. 乳酸菌：生物学基础及应用 [M]. 北京：中国轻工业出版社.

杨霞，陈陆，王川庆，2008. 16S rRNA 基因序列分析技术在细菌分类中应用的研究进展 [J]. 西北农林科技大学学报（自然科学版），36（2）：55-60.

杨小蓉，黄伟峰，黄玉兰，2017. 肉毒梭菌检验样本处理及培养研究 [J]. 中国卫生检验杂志，27（7）：968-970.

叶玲，刘建伟，刘静，等，2003. 酿酒酵母感受态细胞的低温保存及酵母菌落 PCR-快速筛选鉴定 [J]. 生物化学与生物物理进展，30（6）：956-959.

于守洋，刘志诚，1989. 营养与食品卫生监督检验方法指南 [M]. 北京：人民卫生出版社.

张刚，2007. 乳酸细菌：基础、技术和应用 [M]. 北京：化学工业出版社.

张磊，2000. 随机扩增多态性 DNA 技术鉴定双歧杆菌的研究 [D]. 南京：南京农业大学.

张龙翔，张庭芳，李令媛，1997. 生化实验方法和技术 [M]. 北京：高等教育出版社.

张启声，李珺，王翠峰，2014. 均匀设计在酿酒酵母电转化条件研究中的应用 [J]. 湖北农业科学，53（3）：693-696.

张维铭，2003. 现代分子生物学实验技术手册 [M]. 北京：科学技术出版社.

张伟，田野，孙巍，2017. 应用 ATP 生物荧光法进行表面微生物污染监测的可行性研究 [J]. 江苏预防医学，28（1）：15-17+21.

张文治，1995. 新编食品微生物学 [M]. 北京：中国轻工业出版社.

张雪梅，2010. 四川香肠生产过程中理化特性、微生物特性及产香葡萄球菌的筛选与应用 [D]. 成都：四川农业大学.

张玉静，2003. 分子遗传学 [M]. 北京：科学出版社.

赵斌，2014. 微生物学实验 [M]. 2 版. 北京：科学出版社.

赵贵明，2005. 食品微生物实验室工作指南 [M]. 北京：中国标准出版社.

赵志祥，肖敏，郑芬，2012. 热带雨林土壤真菌 18S rRNA 基因多样性分析 [J]. 安徽农业科学，40（11）：6378-6382.

中国科学院微生物研究所，1973. 常见细菌与常用真菌 [M]. 北京：科学出版社.

中国标准出版社，2017. 中华人民共和国国家标准：食品微生物学检验（2017 年修订版）[M]. 北京：中国标准出版社.

周德庆，2006. 微生物学实验教程 [M]. 2 版. 北京：高等教育出版社.

周克全，2001. 展青霉素的化学检测方法 [J]. 国外医学卫生学分册（1）：29-32.

周丽思，郭顺星，2020. 基于 18S rRNA 序列的云南大叶千斤拔与细叶千斤拔根内丛枝菌根真菌鉴定 [J]. 世界中医药（05）.

周庭银，赵虎，2001. 临床微生物学诊断与图解 [M]. 上海：上海科学技术出版社.

周阳生，1996. 动物性食品微生物检验［M］. 北京：中国农业出版社．

Arima K，Yu J，Iwasaki S，Tamura G，1968. Milk-clotting Enzyme from Microorganisms：V. Purification and Crystallization of Mucor Rennin from *Mucor pusillus* var. Lindt ［J］. Journal of Applied Microbiology，16（11）：1727-1733.

Atlas R M，1993. Handbook of Microbiological Media ［M］. Florida：CRC press.

Aukrust T W，Brurberg M B，Nes I F，1995. Transformation of Lactobacillus by electroporation ［J］. Methods in Molecular Biology，47：201-208.

Benson H J，1990. Microbiological Applications，A Laboratory Manual in General Microbiology ［M］. 5th ed. Lowa：Wm C Brown Publishers.

Cappuccino J G，Sherman N，1992. Microbiology：A Laboratory Manual ［M］. 3rd ed. Menlo Park：The Benjamin/Cumming Company，inc.

Cohen S N，Chang A C，Hsu L，1972. Nonchromosomal Antibiotic Resistance in Bacteria：Genetic Transformation of *Escherichia coli* by R-Factor DNA ［J］. Proceedings of the National Academy of Sciences，69（8）：2110-2114.

Dower W J，Miller J F，Ragsdale C W，1988. High efficiency transformation of *E. coli* by high voltage electroporation ［J］. Nucleic Acids Research，16（13）：6127-6145.

Johnson T R，1995. Laboratory Experiments in Microbiology：Brief Edition ［M］. 4th ed. Menlo Park：The Benjamin/Cummings Publishing Company，Inc.

Mandel M，Higa A，1970. Calcium-dependent bacteriophage DNA infection ［J］. Journal of Molecular Biology，53（1）：159-162.

Neumann E M，Schaefer-Ridder M，Wang Y，et al，1982. Gene transfer into mouse lyoma cells by electroporation in high electric fields ［J］. EMBO Journal，1（7）：841-845.

Panja S，Saha S，Jana B，et al，2006. Role of membrane potential on artificial transformation of *E. coli* with plasmid DNA ［J］. Journal of Biotechnology，127（1）：14-20.

Shivarova N，Förster W，Jacob H E，et al，1983. Microbiological implications of electric field effects Ⅶ. Stimulation of plasmid transformation of Bacillus cereus protoplasts by electric field pulses ［J］. Journal of Basic Microbiology，23（9）：595-599.

Welsh J，McClelland M，1990. Fingerprinting genomes using PCR with arbitrary primers ［J］. Nucleic Acids Research，18（24）：7213-7218.

Williams J G，Kubelik A R，Livak K J，et al，1990. DNA polymorphisms amplified by arbitrary primers are useful as genetic markers ［J］. Nucleic Acids Research，18（22）：6531-6535.

Zimmermann U，Vienken J，1982. Electric field-induced cell-to-cell fusion ［J］. Journal of Membrane Biology，67（3）：165-182.

图书在版编目（CIP）数据

食品微生物学实验原理与技术 / 李平兰，贺稚非主编 . —3 版 . —北京：中国农业出版社，2021.6

"十二五"普通高等教育本科国家级规划教材　普通高等教育农业农村部"十三五"规划教材　北京高等教育精品教材　全国高等农业院校优秀教材

ISBN 978-7-109-27863-9

Ⅰ. ①食… Ⅱ. ①李… ②贺… Ⅲ. ①食品微生物—微生物学—实验—高等学校—教材 Ⅳ. ①TS201.3-33

中国版本图书馆 CIP 数据核字（2021）第 021929 号

中国农业出版社出版

地址：北京市朝阳区麦子店街 18 号楼

邮编：100125

责任编辑：甘敏敏　张柳茵

版式设计：杜　然　责任校对：刘丽香　责任印制：王　宏

印刷：中农印务有限公司

版次：2005 年 8 月第 1 版　2021 年 6 月第 3 版

印次：2021 年 6 月第 3 版北京第 1 次印刷

发行：新华书店北京发行所

开本：889mm×1194mm　1/16

印张：15.75

字数：460 千字

定价：36.50 元

版权所有·侵权必究

凡购买本社图书，如有印装质量问题，我社负责调换。

服务电话：010-59195115　010-59194918